ART
DESIGN

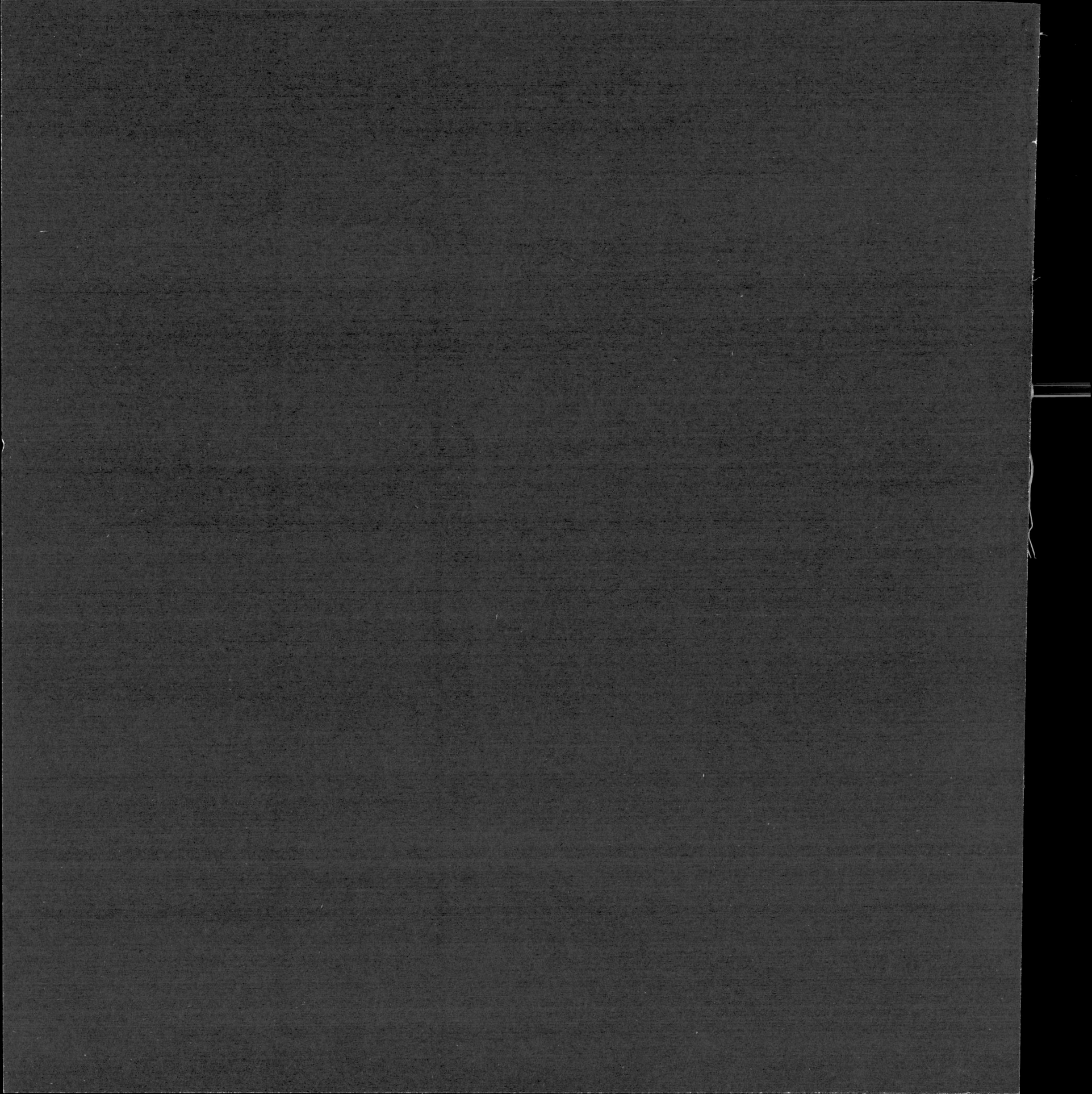

cd

世界经典设计丛书
A Series of World Classical Design
丛书主编 朱和平

世界经典
服装设计

CLASSICAL
DESIGN

主编 朱和平

副主编 邹 婧

参编 汪婷婷 吴宏艳

湖南大学出版社

内 容 简 介

本书以世界著名服装品牌诞生年代为主线，精选19世纪末以来世界服装设计中的经典佳作200余件，遵循赏、析并重的原则，以对佳作的设计风格、艺术特征及结构制作分析为主，介绍不同服装品牌和服装设计师作品中的设计理念和设计风格，并将设计启示融入其中。

本书适合从事服装设计的专业人员及相关专业的高校在校师生学习借鉴，也可供时装爱好者阅读欣赏。

图书在版编目（CIP）数据

世界经典报装设计 / 朱和平主编.—湖南长沙：湖南大学出版社，2009.12
（世界经典设计丛书）
ISBN 978-7-81113-736-1
Ⅰ.①世... Ⅱ.①朱... Ⅲ.①服装–设计–作品集–世界
Ⅳ.①TS941.2

中国版本图书馆CIP数据核字（2009）第237278号

世界经典设计丛书

世界经典服装设计
Shijie Jingdian Fuzhuang Sheji

主　　编：朱和平

副 主 编：邹　婧

责任编辑：李　由

特邀编辑：朱　林

责任校对：全　健　　　　　　责任印制：陈　燕

出版发行：湖南大学出版社

社　　址：湖南·长沙·岳麓山　　　邮　　编：410082

电　　话：0731-88821691（发行部），88649149（编辑室），88821006（出版部）

传　　真：0731-88649312（发行部），88822264（总编室）

电子邮箱：pressliyou@hnu.cn

网　　址：http://press.hnu.cn

印　　装：湖南东方速印科技股份有限公司

开　　本：787×1092 12开　　　印张：19　　　　　　字数：424千

版　　次：2010年1月第1版　　　印次：2010年1月第1次印刷　　　印数：1～3 000册

书　　号：ISBN 978-7-81113-736-1/J·164

定　　价：98.00元

PREFACE

设计与人类的起源和发展同步，在经历了漫长的传统手工艺阶段以后，到19世纪末，伴随着工业革命的发生、发展，终于迎来了机械化、标准化和批量化生产为特征的现代设计阶段。从那时至今，在一百多年的发展过程中，现代设计在调适生产方式、功能拓展、科技进步和大众审美变迁的背景之下，经历了不同的发展历程，到21世纪，已进入多元并存的后现代主义设计时期。

现代设计诞生以后，其发展的道路是曲折前进的，也是充满戏剧性的。踯躅于这历史长廊中，回眸琳琅满目、各具特色的设计作品，我们会为设计的奥妙、设计的魅力、设计的作用而叹为观止！尽管因为时代变迁，生产、生活方式改变，大众审美和价值取向变换，留存下来的作品有如大浪淘沙，但在厚厚历史尘埃淹没之余所凸现的吉光片羽，却体现了历史发展的规律：人间正道是沧桑！同时也表明：历史是不能隔断的！前一时期是后一时期的准备期，是

变革的孕育期；后一时期又是历史的必然！而展现这一切的人类造物活动，则是凝聚和积淀了具有划时代意义、堪称经典的设计作品。

透过经典，在其表象后面，我们可以洞悉历史进程，领略人类的智慧和独具匠心，丰富我们的知识，启迪我们的思想，激发我们的思维火花，真正达到向前人学习，向历史学习，以史为鉴的作用和功效！正是基于此，我们这次拟定出版一套"世界经典设计"丛书。

以"经典设计"命名的出版物为数颇多，但在仔细诵读之余，我们深深地感受到存在着不少问题，如"经典"的取舍标准和"经典"的诠释这类根本性问题，大都或避而不谈，或断章取义，多以单纯的图录、图典汇编形式出现，让人无法触及设计发展的脉搏和经典的时代与历史的意义。有鉴于此，与以往相类似之书相比，我们力求突出以下特色：

一是充分展示经典的历史性和续承性。对各个门类百多年设计发展的历史，通过纵向和横向的爬梳，以大浪淘沙的方式，提炼出

各个时期、各个国家堪称为"经典"的设计作品。

二是对"经典"的理解和取舍。我们秉承设计的要素与意义，权衡材料、技术、形态、结构、色彩、装饰风格特征和对社会经济影响等诸多方面，撷取其中具有划时代影响和重大突破之点，为大众认同，并在一定历史时期、一定范围内流传的作品进行赏析。简言之，就是历史性、独特性、大众性相结合。

三是注重对"经典"设计本体的品读，力求知其言的同时知其所以言。通过对作品出现年代、社会经济背景、技术条件和设计师个人阅历的发掘、阐述，揭示设计作品的创意源泉、文化意蕴、表现技法、风格特征和社会影响。正因为此，所以本套丛书不同于一般的图典，也不同于纯粹的设计类学术专著，而是力图实现两者的结合，达到精美图片和经典品读两者的相得益彰！

四是在鲜明的国际视野背景下，充分展示民族设计的发展态势和路径所在，以及中国特色现代设计的发展历程。为此，我们在各个门类经典作品的选择中，对国内的优秀设计都作了充分的发掘，旨在增强、弘扬民族自信心的同时，为我国当代设计提供借鉴和启迪！

本套丛书撰写作者大多为具有一定理论水平和设计实践能力的年轻学者。之所以这样选择作者队伍，一方面，是丛书编写的宗旨要求作者既要有一定的实践能力，又要熟谙某一门类设计发展的全貌和历史，同时要求文字表达能力强，而这些要求在很大程度上是具有上进心的年轻一代的优势所在。另一方面，年轻学者思维活跃，动手能力强，且敢于创新，能够在较短的时间里完成任务。当然，这种做法也不可避免地带来了一系列问题，如经典作品选取的偏颇、解读的浅薄、文字的稚嫩等。尽管我们试图去克服这类问题，但限于时间和水平，各类中仍不同程度地存在，我们衷心地希望读者们批评指正！

朱和平

于伟大祖国六十华诞

目录

CONTENTS

3
现代主义设计
成熟期
(1940—1959)

4 从"中性化"到"奇装异服"(1960—1979)

绪 论

INTRODUCTION

1 | 服装设计的概念

从古至今，服装都是人类生活中不可或缺的一项重要因素。古语"衣、食、住、行"中以"衣"为先，可见，作为人类生活的必需品，服装在人们的生活中起到了举足轻重的作用。人类文明发展到一定的阶段，服装必然成为彰显穿着者身份和地位的象征，品牌的价值从而得以体现。许多服装品牌在经历了岁月的检验后被人们赞誉为永恒的经典，并被永久地珍藏。

那么到底什么是经典呢？经典就是能够持久相传且被誉为最佳的东西。一代又一代的人们都无法舍弃它，不惜一切代价想拥有它，从而得以永久流传的作品——那就是经典。它所折射出的东西，是贯穿始终的，即过去有的，现在流行着，未来还会一直延续下去的东西。人们总能够从这些过程中挖掘出对自己有现实帮助的东西，这是经典的现实意义。

说到服装的经典设计，首先就要提到奢侈品。奢侈品(luxury)一词，在国际上被定义为"非生活必需品，是一种超出人们生存与发展需要范围的，具有独特、稀缺、珍奇等特点的消费品"。奢侈品的最初意义源于拉丁文的"光"(lux)，由此可推断出，奢侈品应是闪光的、明亮的、让人享受的；奢侈品的品牌魅力也应是富贵、豪华且充满个性的。但是，在这里我们并不是将所有的奢侈品都划分在经典设计中，而是说在这些基础上能够让人们看到设计"本身的价值"，这种价值首先是专业价值，其次才是社会价值，最后才成为经典之作。

对于服装设计来讲，产品的市场占有率和曝光率并不是决定其品牌地位的唯一手段，恰恰相反，因为一物难求，更能彰显其永恒与奢华的本性。由品牌所造就出的"奢侈品"更是一种文化现象，需要时间的积累和涵养的熏陶。而真正享用此类作品的人则是懂得品味、欣赏并陶醉于其中的人，他们对某一品牌服装的钟爱往往成为此品牌聚集人气的风向标。然而对于大多数消费者来说，绝大多数品牌服装的消费是可望而不可即的，可能永远只是一个梦，也正因为如此，才更加激起人们对品牌追逐的欲望。无论是从价值与品质的比值来看，还是从无形价值与有形价值的比值来看，经典服装作为奢侈品均使服装品牌在生活当中享有特殊的市场和社会地位。

服装产业发展到今天，消费者对衣服的需求已远远不只是对其保暖、质量的基本要求。如今的服装所体现的东西越来越复杂化，衣服穿在人的身上所体现的是穿着者的地位、气质、美感、形象等等。由于出现了消费者的多样化及消费者需求的多样化，对服装的要求也越来越细分化，从而品牌的出现也体现了人类从物质生活向精神享受的过渡。因此，如今的服装设计要想长久立足，明确其品牌定位是其根本，而后通过时间的积淀才会成为经典。

基于以上对服装品牌的认知，我们可以得出经典服装长久生存的两大特点：一是引人注目，二是品质真实。有了好的概念，固然能够引起人们的注目，但是缺乏产品特点的支撑，终会让其作品流于空泛。可以说，这也是绝大多数品牌服装起起伏伏的重要原因。如任何设计概念都涉及一下，而没有自己的设计重心，则品牌难以长久。所以设计师在对其作品创作和定位过程中一定要避免进入重概念、轻产品区别的误区。经典的设计作品往往与这两大特点相辅相成，其设计不仅在视觉上引起人们的注目，而且在材质和质量上能够体现品质的真实性，对自身的品牌定位也很准确，终身的售后服务更是品牌长久不衰的品质保证。

2 服装设计的等级划分

服装设计是伴随着服装品牌的出现而立足于世的，它反映了一定历史时期的文化、艺术、科学与技术的发展水平，也是服装文化发展到一定高度的必然现象。在经济高速发展之后，时装界则对服装的设计与定位进行了细分，将服装设计划分成两个等级：一是以手工制作为起源的高级时装，一是以机械生产、批量加工的高级成衣。

（1）高级时装

顾名思义，时装就是时髦的、具有鲜明时代感的流行服装，是相对于历史服装和在一定历史时期内很少变化的常规性服装而言的变化较为明显的新颖装束。其特征具有流行性和周期性。

高级时装，也称高级女装，是法语haute couture的意译，其中haute意为高级，couture意为裁缝，是时装界的极品等级。高级时装诞生于19世纪中叶的法国，是法国文化的代表，是社会发展过程中文明、道德、秩序和创造力的象征，其设计本质是为皇室、贵族、上流人士制作正规礼仪场合穿着的时装。高级时装是1857年由一位来自英国的年轻设计师查尔斯·弗雷德里克·沃斯（Charles Frederick Worth）最先创立的，他在巴黎创建以自己名字命名的高级时装店，以上层社会的贵妇人、电影女明星为顾客群体，将名字绣在其设计制作的高级手工女装的服装内衬中进行宣传，首次将设计带入时装领域，营造了顾主选择设计师的新理念。人们称沃斯的时装店为高级时装屋，设计师沃斯更被誉为"高级时装之父"。

19世纪末20世纪初期，随着欧洲资本主义的全面发展和兴盛，工业革命的飞速发展和科学技术的进步，中产阶级地位的攀升，都为服装产业奠定了一定的发展基础，此时的服饰艺术以法国为中心向世界扩散。随着服装产业的逐步普及化，不同文化背景催生了不同的穿衣风格。高级时装最初的创作，来源于欧洲古代和近代宫廷贵族的礼服，它的出现正是皇室、贵族们向人们炫耀身份、地位的一种工具，无论设计还是缝制均要求达到极高的精细程度，服装的款式、形式变化极快，同一时期所涌现的服装样式繁多，人们在对待时装的态度上，其着迷的程度与前人相比有增无减。当时有人这样描述人类追求服装的心理："人们希望得到称赞的欲望并没有因为人类越来越开化而消失，无论是住在非洲的丛林里，还是住在纽约市的派克大街，人们的这种欲望必须得到满足。唯一不同的是表达这种欲望的方式。"与此同时，享有盛名的服装设计师的作品也是层出不穷，尤其是在女装方面更像是万花筒，变化多端，五彩缤纷，所设计的作品都能充分展示女性的优雅风姿。此时所涌现的服装设计师更是将高级时装推向了艺术化。

⑤ 每季至少要推出65套新设计的服装；

⑥ 每年至少要为客户做45次不对外公开的新装展示。

能够符合以上所有条件的时装品牌目前只有18家。而它们制作的高级时装是真正的"女人华衣"。高级时装定制的产品，是设计师高度创造能力和艺术才华的象征表现，它推动着世界时装的流行趋势。拥有高专业水准且具有审美情趣和创造力的设计师们为繁荣的大都市创造了具有吸引力的产品。所创造出来的品质即便久经岁月的洗礼，其内在价值依然不会降低，并且这类品牌的客户群都拥有很高的社会地位，有这个能力也愿意购买价格昂贵的产品，因为它们的品质是独一无二的。时装品牌的知名度依靠一小群有着消费潜力的顾客群来维持，慢慢地其销售额也随着世界经济的发展和新贵们的出现而增长。

高级时装是由一流材料、顶级设计、高度精细的做工、高昂的价格、高收入的消费群体和高级的使用场所等要素构成的。这些作品能够充分显示出设计师的艺术修养和创造才华，同时也充分体现了传统手工艺的精湛和独特。其定位是以高档次、高格调及文化内涵为主要特征，在设计作品的造型和风格上往往与国际流行趋势相呼应，在满足消费者物质需求的同时，渗透着一种浓郁的民族精神和文化气息，从而使消费者的审美情操得到熏陶和升华。

高级时装是原创、唯一、唯美的设计和卓越的缝纫技术的结晶，不是任何一件量身定做的衣服都能成为高级时装。高级时装这个头衔是由巴黎高级定做时装公会颁授的，且必须具备以下六大条件：

① 在巴黎设有设计师工作室；

② 至少雇佣20名全职人员；

③ 衣服一定要亲自量身制作，不能预先裁剪；

④ 其品牌时装必须每年举行两次发布会，时间为元月和7月的最后一星期；

高级时装的定位是：即使在不利环境中它们的战略和风格依然保持不变，保持产品档次的高水准，使得产品所代表的特权性，吸引人们产生拥有它的愿望，让更多尊贵的客人感受到奢侈品高雅、奢华的魅力。高级时装在自身发展的同时，还带动了一系列服饰用品业，如首饰、香水、化妆品、花边、鞋帽、拎包、手套、腰带、方巾等行业的发展。所有这些相关行业都冠以同一个高级时装品牌，这些行业所带来的高额利润，更是为社会的经济发展注入了相当大的活力。

（2） 高级成衣

成衣，英语为ready-to-wear，意为"现成的、做好的"，是

工业时代的产物。指按一定规格、型号标准批量生产的成品衣服，是相对于量体裁衣式的定做和自制的衣服而出现的一个概念，是对高级时装作适量简化后的小批量生产的产品。由工业化生产线进行大批量生产，相对于高级时装来说，其成本低、价格低。根据人体的身材比例规定出相对标准的尺码（比如大号、中号、小号，35、36、37、38、40等级别），对于每个个体而言它的版型是比较模糊的标准。我们平时在街面上所见的大多数成衣时装并不属于此列，它们属于大众化普及产品，只能归类为中级成衣或低级成衣。如商场、服装商城、服装连锁店、精品店出售的都是中低级成衣。

高级成衣，译自法语pret-a-porter，是指高级时装设计师以中产阶级为消费对象，从前一年发表的高级时装中选择方便于成衣化的设计，在一定程度上保留或继承了高级时装的某些技术，小批量生产多品种的高档成衣。该名称于二战以后使用较多，本是高级时装的副业，是介于高级时装和以一般大众为对象的大批量生产的廉价成衣之间的一种服装产业。

在高级时装盛行的手工业时期，高级成衣本来是不受重视的。但自20世纪30年代开始，由于消费群体的单一化，随着机器工业的发展，人们生活方式的转变，高级时装业的定制市场开始走向萎缩、衰落的局面。到20世纪60年代，高级成衣业蓬勃兴起并且逐渐占领服装市场，大有取代高级时装之势。与单纯的成衣相比，高级

成衣的版型、规格更多一些。

高级成衣的批量生产在今天已经成为服装业中的主流。很多曾经以高级定制为主的高级时装品牌，为了扩大规模和市场，都推出了高级成衣。巴黎、米兰等城市在每年3月左右举行的服装发布会与博览会，主要是进行高级成衣信息的发布和相关的交易活动。

高级成衣的设计关键在于其设计的个性和品位。比起单纯成衣来说，其面料更为考究，用一些高成本的面料；在制作工艺、装饰细节上也比较讲究，甚至会有一定手工缝制的加入，很大程度上提高了加工成本。因此，国际上的高级成衣大体都是一些设计师的品牌作品，讲究品牌风格和理念，并且明确客户群体，如商务人士、白领阶层、高级职员等等。

我们在此所说的高级成衣，一般所指的是大众品牌，是以产品的销售量和覆盖面为主要创作特征的一类产品。如果说高级成衣只是一个概念上的文字叙述，那么在设计时的定位就成为不了一种真正的品牌个性文化。产品的定位，是设计师在创作过程中，以其实用性、普及性和质朴自然的整体风貌来赢得消费者而立足市场的根本。高级成衣的产生遵循与高级时装同样的设计原则，所有的高级成衣在形成过程中，都吸取了高级时装的设计和流行元素。高级成衣是借助高级时装的光辉才产生了经济价值。成衣界，因为受到高级时装的启示而将流行趋势具体化，让消费者或者说大众能潜移默化地感受到设计师在创作中所要表达的思想与理念。

ONE

现代主义设计诞生于19世纪末20世纪初，它的出现具有重要的意义。从历史的角度来，品牌的概念即是从这一时期才开始为人们所认知。而在众多经典品牌的设计中，服装以奢侈品的身份出现并作为一种消费时，最初是代表着皇室与贵族的专属，在特定的时期，这一无形资产是身份地位的象征。

20世纪20年代，整个社会都弥漫着优雅的女性气息，尽管当时的服装在视觉上给人一种奢侈华丽的印象，但它和19世纪的"装饰艺术"还是有着许多共同之处，在设计中强调的是技术与艺术的结合。当技术与艺术达到动态的平衡时，其风格表现为一种较为稳定的状态，设计创作的活跃性也为所有人提供了表达的自由。"装饰艺术"运动的诞生与现代主义设计的结合，使服装具有了手工艺和工业化的双重特点。在设计上采取了折衷主义立场，设法把豪华、奢侈的手工艺制作和代表未来的工业化特征合而为一，一些设计师们在时尚领域中以发挥充分的创造力和表现自由的设计而闻名于世，从而出现了一种具有发展潜力的新风格。

在人类历史进入20世纪最初的20年中，受法国设计和艺术的影响，法国的服装设计成了西方现代文化生活重构的重要动力因素。源起于19世纪末20世纪初的服装设计受"新艺术运动"（Art Nouveau）和"装饰运动"（Art Deco）的影响，以面向工业、回归自然的思想引领了世界潮流，其美学思想贯穿其中，开启了设计艺术的新纪元，为人们进入新世纪的生活勾画了理想蓝图。20世纪前半叶，法国的服装设计在现代化的旅程中，确定了传统与现代、浪漫与理性、精英与大众的文化体系，从而使服装设计一方面有效地参与了社会现代化的建设，另一方面又内在地保存了民族文化传统。在此，我们不得不提到享有"高级时装之父"称号的查尔斯·弗雷德里克·沃斯和世界第一个时装设计家保罗·波烈（Paul Poiret）。他们开启了法国高级服装设计的先河，为后起之秀奠定了坚实的基础，为高级服装持续发展提供了一定借鉴。

英国的设计在受到法国艺术设计的影响下，以工业革命作为一个开端，进而使时装走向了产业化的道路。逐步抛弃贵族式的正规、华丽和繁琐的服饰造型，而以简单为贵。服装经历了一个从传统封闭式观念向着现代开放式观念转变的过程。与法国不同的是，英国很少跟随欧洲的时尚潮流，其设计师们总是我行我素，走自身的个性路线。第一次世界大战前后的英国，在努力设法寻求高级时装继续发展的同时，工业化所带来的是正处于萌芽状态的成衣业，服装开始走上功能化和轻便化的道路。纺织公司依赖大批量的面料销售的经营方式已经不合时宜。他们开始尝试着开辟诸如披风或斗篷等便装，以期这些无须紧跟时尚潮流的小服饰市场能在日新月异、竞争激烈的服装王国中站稳脚跟，在时装界自成一体、独树一帜，以其优雅的转身来诠释这世纪之交的变革。

意大利在第二次世界大战以前一直是一个拥有灿烂历史文化的农业国。浓厚的个人气息和艺术特征，使这个国家在制造业上多具有小型化、家族化的特点。意大利的传统中，家庭式生产是国民生产中一个非常重要的组成部分，很多名牌产品都是从家庭产业中发展起来的。在时装设计上，它不像其他欧洲国家那样集中于某一个城市或地域，而是多中心多地域地分散式发展，这也是意大利时装设计一个突出的特征。

意大利的高级时装在二战以前没有像英国那样有着大规模的工业化生产行业，它一直是隐匿于法国的光环之下。伴随着19世纪末高级时装在法国的兴起，很多来自意大利的工匠们多受雇于法国的一些高级时装公司，从事刺绣和饰品的制作，如制鞋业、女式内衣等。在此期间，意大利同英国一样，有效仿法国高级时装的运作模式，不同的是，英国的时装一直走的是民族路线，而意大利则是在对服装的审美取向上也同样受到法国服装设计的影响。自20年代以后，意大利的服装业开始了工业化的进程，其高级时装也开始逐步走向高速发展的道路。尽管以都灵和米兰为中心进行创作、生产和出口，但来自巴黎的时尚风潮仍然占据意大利时尚界的主导地位，其高级时装、高级成衣的设计风格更是对意大利有着极大的影响。

01 "巴斯尔样式" 礼服

设计：查尔斯·弗雷德里克·沃斯（Charles Frederick Worth）

法国，1881

查尔斯·弗雷德里克·沃斯于1825年出生于英格兰东海岸林肯郡的波恩，其设计当时在时尚界已成为服装市场的流行风格，是法国巴黎"高级时装"的奠基者。这位出生于英国的设计大师于19世纪末到20世纪初为"高级时装"的发展作出了重大贡献：第一，他创立了服装的品牌概念，以自己的名字作为服装品牌名称，从而达到促进服装流行的目的；第二，他每年推出本年度的流行款式，采取一系列方式来促成流行风格的建立，从而刺激消费；第三，他于1892年独创的"羊腿袖"服装造型，对服装造型风格的创新作出了重大贡献。这些创新理念和经营方式直到今天仍是时装界最基本的促销手段和市场运营手段。

作品赏析

受象征主义艺术的影响，19世纪60年代，沃斯在设计中开始摒弃浪漫主义女装所使用的庞大的圆钟形克里诺林（Crinoline）式裙撑造型，设计重心进而向后转移，腹前呈流畅的直线形或多层褶裥装饰。用马毛织品做成的用来支撑背后裙褶的垫子，取代了裙撑。在裙身上点缀一些花朵、丝带、蝴蝶结等，优雅地垂挂下来在后臀处呈现弓形。这种被称为巴斯尔样式（Bustle Style）的裙撑，60年代开始在沃斯设计的礼服中广为采用。这款设计在造型上强调女性的曲线形体美，结构重心在胸部和后臀部。少了夸张的圆钟形裙撑，整体的服装效果让人感觉轻盈了许多。从侧面看，礼服呈现典型的S形曲线，使女性体态极尽曲线美。

沃斯在设计中将多余的面料置于女性的后臀部，使用各种撑垫将臀部高高托起，采用各种材质制成堆积的褶裥效果来装饰臀部，与前凸的胸部相呼应。上身的紧身敞胸衣则衬托出胸部线条，把乳房高高地托起，以呈现女性丰满健康的形象，从视觉效果上起到了用服装支撑、平衡全身的作用，所呈现的曲线优美而挺拔，其装饰雍容而华贵。设计中，腰间的勒紧更加衬托出女性腰部线条的纤细。在胸前、袖口、裙身和裙摆处用多层褶裥和花边进行装饰，用丝带和花朵进行点缀。作品中运用象征自由的天蓝色、高贵的宝石蓝、纯洁的奶油白、深邃的紫色和热情的红色等，在服饰上进行不同色彩的搭配使用，从而增加了服饰的华丽感与层次感。从沃斯的作品中可以看出其象征主义艺术表现手法色彩浓厚。他摒弃了宫廷服饰所强调的严谨结构，款式开始向着随意宽松、富有变化的方向迈进，也更加突出了女性自然体态的柔美。

02 "象征主义风格" 晚礼服

设计：Charles Frederick Worth

法国，1889

作品赏析

如图所示，象征主义艺术中的启示性，在沃斯这款服装的整体造型中强调了个性，注重视觉感官刺激，运用象征主义中烘托、联想的手段，多夸张和修饰人体，紧胸、束腰、翘臀。虽然结构上采用的是简单的造型，但从服装的装饰性上仍然能够看出，设计者强调了穿着者的雍容与华贵。

赋予了生命和活力。从技巧上来看，这是一种尝试使用多种装饰手段来表现服饰构成技巧及手法的创作。在创作这款作品时，我们可以感受到他并没有直接向人们去解释设计中所蕴涵的意义，而是通过作品本身向人们阐释了新生活的含义。真正的艺术作品是有一定象征性的艺术，它本身就具备了一定的启示性。沃斯的这款服装设计就具有强烈的启示性，他启示人们用心灵去感受由作品本身所带来的视觉冲击力，即穿着服饰的过程也是一种享受而非其他，因而在经历了历史沉淀之后的今天，人们仍能感受到其设计中蕴藏的深层内涵。

在选材上，运用蕴涵象征主义艺术主题的植物、花卉等来装点服饰的独创性与华美，各种饰带、花边、刺绣、假花、羽毛等华丽花哨的装饰，也在服装的各个部位纷纷呈现；服饰中所表现出来的象征主义艺术，既是隐藏，又是启示；面料和装饰体现了服饰中最完美的主题表达，以此来寓意穿着者良好的内在修养与高雅的品位。装饰上，在裙身、裙摆处使用大面积的花卉、植物造型，使人产生艳丽奇幻的视觉效果，仿佛置身于大自然中尽情地汲取自然的芬芳。

从服装本身可以看出，服装的制作工艺已非纯手工制作，机械生产与手工结合是沃斯这款作品设计的特点。面料上采用了手工缝纫和刺绣工艺。整体服装给人以生命的象征，即将此款服装

03 "泡泡袖"舞会礼服

设计：Charles Frederick Worth

法国，1894

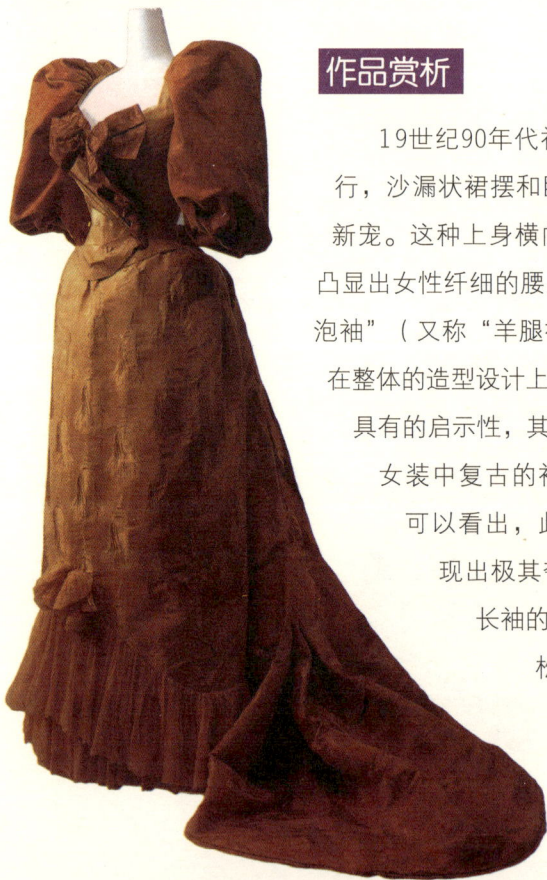

作品赏析

19世纪90年代初期，裙撑不复流行，沙漏状裙摆和巨大的泡泡袖成为新宠。这种上身横向发展的裙子更能凸显出女性纤细的腰身。沃斯作为"泡泡袖"（又称"羊腿袖"）的首创者，在整体的造型设计上强调了服装本身所具有的启示性，其中最具代表性的是女装中复古的袖子。从图中我们可以看出，此款服装的袖子呈现出极其夸张的复古式样，长袖的上半截做得肥大蓬松，下半截紧瘦。

此款式受启发于

动物——"羊"的腿部特征，当时被人们称作"羊腿袖"。

19世纪90年代中期，"泡泡袖"的造型越发变得夸张，此款袖子内部结构加进了垫肩，运用结构的表现制成灯笼状，使之隆起如圆鼓状，从而使肩部的横向线条展宽，上身的紧身胸衣则衬托出胸部线条，把乳房高高地托起，从而体现了女性丰满健康的形象，从视觉效果上起到了用服装整体支撑和平衡全身的作用。在纤腰下，裙身腹部以下自然流畅地垂落，腰部的线条醒目且呈收缩状，臀部的起伏主要依赖于人体的自然线条。裙身采用既分片剪裁又同时捏褶的方法，使腰部以下的褶裥展开，衬托丰满的臀部和展开的裙摆，并且将裙身的重心移至臀部，呈现拖摆燕尾式。庞大的羊腿袖造型增加了服装的豪华感，柔和的暖色调则衬托了穿着者的奢侈与华丽。沃斯所设计的时装大都采用天鹅绒作为面料，以华丽的绣花花边来象征富有与奢华。由于他的服装迎合了富人彰显尊荣的口味，因此在上流社会大受欢迎。

不再受胸衣和裙撑的压迫，突出沙漏形的身形。服装中没有用腰节线来强调人体曲线，在衣摆拖曳的同时，采用金属搭扣将后背的结构进行捏褶，既具有功能性，又增强了装饰性，与带有珠串流苏的宽边大帽进行搭配，柔软的宽边帽代替了早期的头巾式无檐帽和长袖衬衣。色彩方面更是大胆，采用色相、对比度强烈的颜色，使服装更添生气。

04　"和服"外套

设计：Charles Frederick Worth

法国，1910

作品赏析

1910年由沃斯设计的这款暗红色天鹅绒面料的"和服"外套，强调了颈部的曲线美，灵感取自日本和服，明显带有异国情调。1910年前后，东方情调风靡一时，通过俄罗斯芭蕾舞团在巴黎的初步公演，活跃在时尚前沿的设计师们的想象力由此变得更加丰富了。

这一时期给予了女性更多的宽容，如女性走出家庭参与工作、紧身胸衣的废除等，都体现了女性解放后社会地位的提升所带来的社会新气象。从这款服饰可以看出，在造型结构上，不同于日本和服的是这款服装设计重心在后背；注重腰部与臀部的修饰，使女性

05　"球服"

设计：捷克·杜塞（Jacques Doucet）

法国，1890

捷克·杜塞（1853—1929）出生于巴黎。在19、20世纪之交，与查尔斯·弗雷德里克·沃斯一起为法国巴黎的"高级时装"设计作出了不可磨灭的贡献。他的设计中最畅销的是茶会女礼服、女式西服和毛大衣，善于运用不同中间色调的绸缎，毛料在他的设计中显得尤为重要。

作品赏析

19世纪90年代以后，裙撑失去了独占鳌头的地位，杜塞的创作高峰正是处于由新的世纪所带来的"美好时期"。这一时期，他的作品总是在体现女性个性魅力的同时，不断地追求服装的创新。他的时装总能从不同角度反映当时人们生活幸福、安定的画面，以及自己在服装艺术上不断改革创新的要求。

随着工业不断地趋于多元化，许多女性开始走出家庭，尤其是中产阶级女性，往往具有一定的经济实力和支配金钱的自由。在供需所求下，高级时装也不单单只为一小部分贵族服务了。由图可以看出，当时的女性投身于社会，要求服装造型有一定的简化，以便于出行和劳作，于是在女性追求纤细腰身的前提下，以依附人体自身线条为起伏的款式，逐渐成为女性追捧的新时装，人们的创新意识也因而被唤醒了。

纤细、精练、富含装饰艺术是这款服饰的总体特征。不难看出，黑白相间的色彩搭配明显借鉴了英国维多利亚时期的装饰元素。剪裁精良，结构从简，廓形饱满，紧收的腰线、公主线开身，大面积的几何对称块面给整套时装融入了力量感和具有现代意义的审美效果。从这款服饰可以看出，女性在解放思想这层意识上已逐渐深入社会各阶层，服装很快脱离了烦琐的装饰风格，整体廓形接近自然人体形态，没有夸张的造型和多余的局部装饰，时装走向了简约、新潮的方向。

06 花边装饰晚礼服

设计：Jacques Doucet

法国，1901

作品赏析

此款服装是杜塞在20世纪初期设计的一款晚礼服，其总体造型为X形，以柔软的雪纺缎料设计出极富装饰性的沙漏状裙摆，并在袖子上缝缀雪纺纱作为装饰。臀部的起伏主要依其自然线条，另缝缀额外的装饰加以强调，使臀部两侧增加丰满感，裙子的造型自然地呈上小下大的喇叭状。

在高级时装的艺术表现方面，如果说查尔斯·弗雷德里克·沃斯是想把所有的女性都变成贵妇人的话，那么杜塞则是将难于抵挡的女性魅力赋予了她们。

杜塞不仅特别注重服装款式的创新，更是打破了自18世纪以来的传统晚装样式。从图中我们可以看出，当时的杜塞热衷于将18世纪绘画中的清淡色调和花边装饰运用到服饰之中，并且善于使用中间色调的缎料，设计出极富女性魅力的礼服。可以说纤细、带有梦幻色彩的花边装饰，是杜塞这款服装设计的主要特征，服装中更是衬托了女性由内而外散发的独特魅力。结构上，上衣仍注入了传统式的紧身造型，但是在装饰上却打破了传统的女装形式。受新艺术思潮的影响，生活和时代的变迁使得时装开始走向颠覆与创新的道路，在款式上更是体现了手工与机械生产的结合。此款时装在装饰与缝制手法上都非常讲究，令穿着者充满着高贵、典雅的气质。袖口处缝缀的雪纺纱，则衬托了女性浪漫的梦幻色彩。

无限风光。尽管时装整体在视觉上给人一种奢侈华丽的印象，但随着人们创新意识的被唤醒，由时装中所透露出来的这种创新思潮已成为新时代法国巴黎时尚的象征。

在20世纪，展现女性的曲线美必须借助紧身胸衣。然而，从图中我们不难看出，这一时期，紧身胸衣已经开始被女性所摒弃，她们所追求的是一场时装的革新。

07 塔夫绸薄纱礼服

设计：Jacques Doucet

法国，1909

作品赏析

20世纪最初的10年里，杜塞所设计的时装总是弥漫着优雅的女性气息。如图是杜塞在1909年设计的一款外出礼服，面料选用中间色调的塔夫绸，柔软而拖曳，在展现女性魅力的同时，给人一种轻松愉悦感。款式上袖子和前片部位的设计是整个时装的亮点，并用同型异质的装饰手法，使上衣袖子在剪裁方式上不仅有着两种面料的对比，更是在视觉上产生层次感。时装前片的斜裁造型使用了薄纱，并饰以淡雅的提花图案。领口的结构开始往低处走，将性感赋予时装中。

为了显示女性的端庄，杜塞还为礼服配上了外出所用的帽子。这个时期的帽子不仅比以前任何时候都要大，而且更注重装饰，以动物毛皮为材质，并缝制羽毛作为装饰，为女性增添了富贵华丽和

08 希腊风格礼服

设计：保罗·波烈（Paul Poiret）

法国，1906

保罗·波烈（1879—1944）出生于法国巴黎。曾经受雇于捷克·杜塞的工作室，在20世纪初建立了自己的工作室。从19世纪末到20世纪初，波烈在服装设计上发挥了他的天赋，并且逐渐成为其中的佼佼者。杜塞于1906年推出了具有希腊风格的礼服，废除了紧身衣。而波烈则将妇女从压抑、不舒服的紧身胸衣里解放出来，以化腐朽为神奇的本领推翻了紧身胸衣的长期垄断，并且于1910年推出喇叭裙，进而创作了新的时装，成为时装设计的第一人。

作品赏析

保罗·波烈在1906年推出了具有希腊风格的礼服，其设计打破了以S形曲线为主流的趋势。他本身也是首位将女性从紧身胸衣的束缚中解放出来的设计师。此后，他设计的时装将腰围线提高至胸围下，裙长只及踝骨处。这种将腰围线提高的时装被人们戏称为"帝政线条"。他的时装设计的重点是：从夸张造作的不自然线条，转移到了展现女性自然美的一面。

从图中我们能够看出，这个设计改变了以往将腰围线作为支点的紧身胸衣、裙撑式风格，把服装整体的支点提高到了肩部。这种轻松自由的服饰风格在当时引起了轰动。这款时装去掉了紧身衣，表现了女性丰满的胸部线条和纤细的腰部线条，外观造型接近于直线，整体感觉令人联想到远古的希腊女神，以及一个世纪前的服装所具有的悬垂褶裥美。这种革命性的设计，在20世纪初对时装界造成了旋风般的影响。波烈为人们带来了新鲜的美感享受，并且引导了这个世纪的时尚潮流。以其对时装界的贡献来说，可以把保罗·波烈的设计媲美于毕加索对艺术的贡献。

他的设计不需要女性的腰身承受钢丝架的重量，服装款式趋向简洁、宽松。设计中多采用高腰直线形的线条来呈现女性的体态美，不仅将服装结构中的腰线进行提升，而且刻意提高了胸部结构的位置，衣领也越开越低，使服装与传统的造型结构截然不同。与那些旧式女装相比，波烈的服装使女性看起来朴素、年轻和温柔。轻盈而简化的服装强调的是身体极度的自由和人体自身的美。他不仅是第一位将女性从紧身胸衣中解放出来的设计师，也是将女性从矫揉造作的S形曲线中彻底解脱出来的开拓者。因此，西方服装史学家们称保罗·波烈为简化造型的"20世纪第一人"。

09 天鹅绒裘皮大衣

设计：Paul Poiret

法国，1911

作品赏析

如图所示，波烈于1911年设计的这组天鹅绒裘皮大衣，明显地受到了法国野兽派画家拉乌尔·杜斐（Raoul Dufy）的影响，带给了人们强烈的视觉冲击力。设计中，以象牙色的天鹅绒作为主面料，将布朗高山山羊毛皮用来装点大衣的领围、袖口部位，在腰间

配以黄金搭扣作为装饰。面料上大胆地采用块面印刷图案，试图用图案和色彩来折射人们神奇的想象力，以对待物象形体的观念来刺激人们的眼球。波烈的服装以形体构成为主，所有的形象都被几何形化。

作品中裘皮的使用，向人们展示了20世纪初期新东方主义盛行的时代，皮草已占据了举足轻重的地位，并且作为一种身份与财富的象征被延续下来，进而成为时装界的主流之一。无论是春夏秋冬，无论是出于何种目的，裘皮都是最炫目的一道风景线。在视觉上，给人立体构成分析性的构图效果，这种丰富的图案配上简洁的服装款式，将东方情调发挥得淋漓尽致。

10 "一千零一夜"礼服

设计：Paul Poiret

法国，1911

作品赏析

一战前，服装界的主流是追求异国情调。波烈受到俄罗斯芭蕾舞服装的启发，设计的这款服装一改过去沉闷、中规中矩的造型结构，向着轻松简洁的装饰风格迈进。直线形裙装和宽松裤相结合，造型上使人体摆脱了过多的束缚，从中可以看出，直线A形裙重新占据了统治地位，而增添整体细节的修饰是这款服装的主要特点。面

料采用洛佩兹绿色的丝绸纱布，在上衣上缝缀蓝色、银色、珊瑚、粉红色以及绿松石等来进行装饰，使服装整体色彩趋于丰富，并且绚丽夺目。艳丽、豪华的东方色调，为作品增加了神秘感；而珠宝的镶嵌将作品衬托得美轮美奂；再配以穆斯林样式头巾，并插上羽毛作为装饰，使东方情调发挥到了极致。

11 "灯罩形果汁冰冻"礼服与"散步裙"

设计：Paul Poiret

法国，1911—1912

作品赏析

　　波烈是第一位足迹踏遍欧洲和美国的法国设计师，并且一直致力于推广法国的时装。早在1908年他就提出了"波烈线条"这一概念，帮助女性从紧身胸衣的桎梏下解放出来。而新的曲线观念，是

新的图案与色彩成长发展的最好土壤，波烈在此时期发表了大量的作品，"灯罩形果汁冰冻"礼服和"散步裙"便是其中之一。图中的左图和中图是波烈在1911年设计的"散步裙"，此裙造型上呈沙漏状，设计中将裙子的长度进行了缩短，因为他认为造型细长的裙子，虽然解放了臀部位置，却束缚了脚踝的活动。1912年设计的"灯罩形果汁冰冻"礼服（右图）则是波烈设计中的另外一个重大的创造，与"散步裙"相结合，为女性服饰加入了具有东方情调的美感。

波烈设计的服装中加入了许多东方元素，特别是中国、日本、印度和阿拉伯等国家的服装特色和风格。礼服上衣的领口设计使早期几乎没有任何空隙的紧闭领子被V领取代，并且提升了腰节线；受东方艺术思潮的影响，整体服装较少装饰，上衣衣摆处采用皮草来进行装饰点缀，集合了东西方的艺术特征。在服装的色彩上，波烈喜用鲜明、色彩对比强烈的色相。他擅长运用大红、大绿、紫色、青莲、橙色等，这无疑也是受到东方特色的启迪。

即使是高级时装的创始人沃斯，以及有着"服装界第一人"称号的杜塞，在其时装创作的生涯中也仅仅只是醉心于礼服的局部制作和细部刻画与装饰，而对于穿着者的主体来说一直是处于无视状态。这一现象从波烈提出了"波烈线条"概念以后得到了改善，波烈为服装造型设计增加了新鲜感，也为推动时装发展作出了重大贡献。

12 "歌剧大衣"

设计：Paul Poiret

法国，1912

作品赏析

法国的长袍总是带给人们浪漫迷人的视觉享受。这组由法国长袍改良的"歌剧大衣"，以黄色和淡蓝色的丝绸缎子作为主面料，腰间搭扣的装饰采用黑色天鹅绒材质。在黑色天鹅绒的衬托下，再配以梭织镂空钩花花样进行透叠，使主面料中的亮黄色与象牙白交相辉映。20世纪初期，是波烈勇于尝试和开拓创新的时期，这款大衣，是当时的款式在现存服装中比较具有代表性的。大翻驳领的设计一直开到腰节线部位，结构上不仅延续了"帝政线条"（即高腰线洋装）的流线概念，更是将服装的色彩演绎得丰富绚丽，既有艳丽、豪华的东方色调，又强调了简约的装饰风格。

13 "华夏风格"外套

设计：Paul Poiret

法国，1925

作品赏析

波烈在1925年设计的这款大衣，受到了东方艺术文化的启迪，在时装的造型上除了向功能性和简洁朴素迈进外，因受到现代派艺术和个性解放的强烈影响，还体现了超现实主义的一面。这是由于一战后青春文化占据了主流，社会生活内容及其方式都在百废待兴。而人类在对待时装的态度上，着迷的程度与前人相比更是有增无减。在经济大萧条时期，一方面展现的是浮华享乐，另一方面是人们，尤其是年青一代普遍感到的迷惘和失落。对于当时的一部分人来说，时装与便装的界限越来越不明显，尤其在一些文化修养水平较高的阶层，时装的便装化是审美趣味提高的标志，然而绝大多数人仍把辉煌华丽、造型奇异的服装当作时髦的象征。但这些时装，与前几个世纪相比，在造型上则是变得更趋向于自然、简洁与

合乎人体健康和舒适度。

　　这些特征从图中就不难看出，受东方艺术风格中"华夏风"的影响，保罗·波烈时装设计中的这款名为"华夏风格"（"Mandarin" Coat）的黑色外套，采用的是黑色羊毛斜纹面料，上面并列缝绣菊花、飞鸟以及云纹等吉祥图案。领口的设计为翼领结构，内衬黑色双绉。款式上所展现的宽大而无曲线的造型风格，尤其是服饰本身所独具的体现中国元素的图案特征与东方格调相呼应，不仅增添了人们的想象空间，而且在色彩方面使时装本身和穿着者更富有生气，整体充满着异国情调。他的作品对主体造型极为重视，希望穿着者能够以最佳的状态去体验由服装所带来的舒适感，而这款服饰最大的特点恰恰便是体现了穿着者的舒适、自由和随意。外轮廓的直线线条，将人们的注意力放在了服装的细节部位上，与旧时代服装造型相比，这种去掉紧身胸衣后解放身体，并且直接从时装的外轮廓入手的服装，为人们带来了新的美感和新鲜感，更是奠定了现代女性服装的雏形。

14　舞会礼服

设计：简·帕昆（Jeanne Paquin）

法国，1903

　　简·帕昆（1864—1936）是法国早期最有影响力的时装设计师之一，她甚至比保罗·波烈还出现更早一些。帕昆的设计对象主要以高档女装为主，她在1905—1906年受保罗·波烈的影响，相继推出了胸围下的高腰身造型，为了加大裙摆的庞大感，开始在服装上使用毛皮边作为装饰。帕昆与查尔斯·弗雷德里克·沃斯一样，都擅长设计豪华舞会礼服。她的作品是以温柔、调和的中间色调和18世纪的装饰造型作为设计的主体。而帕昆善于大量地使用花边和刺绣，以及昂贵的材料与工业高科技相结合，使其作品有着丰富性和精美感。而贵重皮毛的使用也可以说是帕昆服装设计中又一个具有代表性的特点。

　　简·帕昆的设计风格以18世纪帝政风格为灵感，设计的晚礼服柔情而高贵，日装礼服则简洁典雅，无论是日装还是晚装在当时都引起了不小的轰动。她本人经常出入巴黎高级宴会场所，结交各种

艺术家和名媛贵族，极富高贵气质，对女性时装有着独到的认识。加上其曾在著名的"Ruff"时装屋积累了丰富的服装工艺知识和经验，这一切使得帕昆的设计娇柔而不做作，高贵而非奢华，十足地展现了20世纪初的女性气质。

此款为法国帝政时期风格的日装礼服。从这套礼服裙我们依稀可以见到19个世纪末束胸女装的特点：收紧的上身，突出的胸部和曼妙的腰线，腰围的分界线提高至胸部，向下打开呈半撑开的"伞"形下摆，裙身内有裙撑支撑。宽松的泡泡袖于正中线开始打开袖口，呈喇叭形，并在正中处抽褶，突出女性丰盈的肩部和上肢线条。下摆线呈不规则椭圆形，后面的弧度大于前半身的弧度。复古的盘发显示出古罗马时期的特征，上面装饰着由礼服面料精心制作的发带；如果出行，一定会配上衣身料缝制的太阳帽。整套礼服依然是欧洲古典女装所常见的X形，肩部夸张的造型支撑着整个身体下部庞杂的裙摆，也有修饰纤细腰身的意义。此套礼服的色彩柔和、层次分明，藕荷色的主料轻垂细滑，裙摆的拼接面料为散点式的大朵木棉花印花面料——奶黄色地，粉、紫两色花朵，生动而祥和，带有明显的装饰艺术风格和自然主义特征。对于此套礼服的装饰手法，设计师处理得很精简，相对于19世纪末的巴斯特式女装而言，仅在前胸和后背的领口处有立体刺绣图案的面料相拼装饰，袖口处有花边装饰。设计师将时装的装饰工艺同时装的缝制工艺进行了统一，没有过多夸张的表现，旨在凸显女性自身的气息，将装饰作为女性特征的调配和点缀，而不再是衣装胜人。

在当时来讲，这套设计虽然没有完全突破束胸女装的旧制，但是我们能看到它的轮廓线条已经显现出自然主义的柔和特征，不再像过去那样僵化和生硬；从装饰手法上讲，它是内敛的也是适度的，可以看出设计师在构思的过程中已经充分观察到着装者本身的美丽和气质。可以说这件礼服已经初显了现代主义女装的端倪。

15 刺绣披风礼服

设计：Jeanne Paquin

法国，1912

作品赏析

　　如图所示，这是简·帕昆于1912年设计的一套真丝缎料外出服。其款式上没有任何装饰和垫衬，完全自然的线条。外形给人的整体感觉是轮廓呈自然的、合身的H形线条，时装廓形是几何形态构成（两个矩形的相交组成）。从结构上看，是直筒形线条的连身裙外罩一款连帽长袖连袖罩衫；从其罩衫设计可以看出有中世纪斗篷的原型。整件服装的面料为橙色绣花真丝缎料，抽象的自然主义植物纹样，花朵呈散点式构图布满于藤蔓之间，带有明显的新艺术风格特征——提取于自然植物的藤蔓的卷曲特征，进行无规则的重复延伸，形成满地花纹样。立体的绣花工艺又带有亲切的工艺美学情怀，给此套设计融入了新式的古典主义风格。

　　此款外出日装的设计是完全的现代主义设计，它首先完全遵循女性的身体特征展现自然形态；另外，很重要的是它有高级成衣的风格——可以批量生产，适合大多数顾客的着装条件，无过多的手工工艺和装饰痕迹。可以想象设计师曾经多么沉醉于优雅的古典风格，却又以大胆的手笔切除了多余冗杂的细节，设计者受当时的现代主义风格萌芽的影响是毋庸置疑的。

16 外出服

设计：卡洛特姐妹（Callot Soeurs）

法国，1910—1914

　　"卡洛特姐妹"是由一位俄罗斯富商的四个女儿所创设的一个品牌，即玛丽·卡洛特·葛本（Marie Callot Gerber）、玛尔特·卡洛特·本特瑞（Marthe Callot Bertrand）、里贾纳·卡洛特·坦尼森（Regina Callot Tennyson-Chantrell）、约瑟芬·卡洛特·克瑞蒙（Joséphine Callot Crimont）四人。四姐妹的母亲本身是一位经验丰富的缝纫师，也是蕾丝面料的生产商。四姐妹于1895年在巴黎的泰布街24号开设时装店，其设计以古典的绸缎礼服和高档的真丝衬衫等衣物为主，后于1914年将时装店扩大到巴黎

的马蒂尼翁大楼。卡洛特姐妹的时装以超乎寻常的细节设计和精细的做工著称，是巴黎早期首家采用金属纤维面料制作时装的时装品牌。到了20世纪年代她们的时装成为引领巴黎流行时尚的品牌之一，拥有来自欧洲各国乃至美国的大批顾客。卡洛特时装旨在满足每位顾客的特殊需求，并不跟随流行。1928年其时装屋由玛丽·卡洛特·葛本的儿子接手，后由于其不能适应市场的竞争于1937年关闭。卡洛特品牌于1988年由法国著名的时装品牌纽门（Lummen Family）收购。

作品赏析

此图是两款外出装设计，分别于1910年和1914年设计。随着20世纪初女性地位的提高，越来越多的女性从家庭中走出来，运动场上、话剧院里、咖啡店、沙龙里等，很多新兴中产阶级的女性们也开始跻身各种社交场所，礼服不再是女性们唯一的选择，她们还需要更多出入不同场合穿的日装。所谓日装，是相对于晚装而言的一种白天外出或者在室内穿着的正装，囊括了日礼服、外套、大衣等类型。相对于晚装而言，日装显得较为封闭，面料较为厚、密，有一定的防晒功能。

如图中的这两款20世纪初的日装，左图为1910年设计的外出服，款式为Y形交叉领开襟，沿着左侧随意开至下摆处，门襟边缘及下摆有黑色的仿皮草装饰，中长连身袖设计。腰部有本布设计腰带，束出纤细的腰身。柔软的羊绒面料拼接黑色皮草，非正式的设计款式加上严肃的边缘装饰，使得整套设计有了更为正式的风格。加上长筒手套的搭配，便有了更为合适的外出装的意义。无论是出于防护还是社交、礼仪需要，这套设计都是完全现代意义上的高档日装。右图为1914年设计的款式，显得更为随意。作为日装，此套设计的结构也处理得相对简单、随意，以自然的缠、系、裹等较为容易的方式构成。全身为天鹅绒缎面料制作，V字开口的大翻领设计修饰了女性平坦、骨感的肩部线条，另外，其宽广的领面完全盖住了胸部，胸部的起伏被宽松的衣身所覆盖。束紧的腰带将宽松的上身面料堆积在腰部，向下形成自然的褶皱，延续着上衣的下摆自然垂落于两侧，设计师给其下摆进行了蕾丝装饰，缓解了天鹅绒面料带来的厚重感，赋予了该套设计更为正式的礼仪意义及女性的温柔气质。自然悬垂的下摆长及脚背，前中有弧线形的开口，给行走带来了方便，也给封闭的下摆打开了一个"窥视"外界的视窗。

17 晚礼服

设计：Callot Soeurs

法国，1921

作品赏析

此图是一款真丝提花绸缎礼服，其不对称的造型设计是这套礼服的最大亮点。极富艺术感的结构设计展示了设计师对女装结构的独到创意。上身为横裁的包裹胸衣设计，于后背中扣合，无规则地在胸腰之间形成了自然的褶皱，没有特意地强调女性的腰身曲线，这种结构只在当时的女性内衣上出现过。胸部以上连接着同色系半透明雪纺纱V字领挂肩，使整个上半身看起来层次丰富，富于浪漫气息。腰部以下为斜裁的不对称造型，在保持整幅面料的完整性的前提下，设计师将裙摆与上身的接口处进行了不规则的抽褶，并从左侧开始向后中线逐渐提高拼接线的位置，使得下摆的弧线也随之提高，形成了不对称的弧线下摆。这种处理方式在当时来看可能是设计师在制作过程中的无意识尝试，或是她一开始就有突破常规的想法。无论如何，她的这种处理方式给此套设计增添了前卫感和现代主义的设计意义；而且很重要的一点是，此套设计完全摆脱了紧身胸衣时期的女装结构和造型，让女性的身体完全自然舒展。另外，与同色系绸缎软帽相搭配，弥补了由空旷的肩部、颈部设计所带来的不完整感，使整套设计的最终重点指向了着装者本身最重要的部位——头部。

　　此款礼服设计的处理手法，和后来出自巴伦夏加、夏奈尔的时装设计如出一辙，能找到很多相似的元素。可见卡洛特姐妹的设计思想影响了后来的一大批时装大师，如玛德琳·维奥奈、巴伦夏加、夏奈尔以及格丽等。卡洛特姐妹与最初精湛于细节和蕾丝装饰的设计风格已经拉开了很大的一段距离。

18　梭织羊绒刺绣装

设计：Callot Soeurs

法国，1924

作品赏析

　　20世纪20年代是一个充满了青春活力的年代，服装也充分地反映了这一时代的特征。当时服装界最革命性的进步就是，在历史上首次将妇女膝盖以下的肢体从服装中解放出来。这一带有性感意味的革新，不仅是作为妇女解放运动的一个信号，同时也成为服装界变革与前进的新焦点。卡洛特姐妹的作品便体现了这一强烈的特征。如图所示，这是卡洛特姐妹于1924年设计的一款带有中国风格与波斯风格的日装。独特的刺绣，精巧的手工，饱满的色彩，是这款服装的特点。

　　款式上，在采用中国式旗袍低开衩式样进行剪裁的同时，也对波斯服饰进行了借鉴。带有层次的交叠的裙摆、无领外裙，主要体

现在袖式和襟形的变化上；袖子窄角袖口无疑是借鉴了波斯的服饰风格；作品中的刺绣，有着中国风格的花、鸟等纹样，采用上等的绢、金银丝线和黑色天鹅绒等材料，完美地表达了卡洛特姐妹对东方情调的热爱与理解。

19 绸缎缝缀亮片晚礼服

设计：（不详）

英国，1902

20世纪初期，妇女解放运动在英国率先发起，这一时期讲求性别的近乎平等。时装上，虽进入了过去与现代之间的断层，但仍然或多或少地保留着英国维多利亚时期的遗风。如图所示，设计师从古典与浪漫主义相结合的服装造型中吸取了设计元素及制作方法，科技的发展带动了手工业的发展，服装的制作工艺有所提升。在结合了现代主义风格的装饰与表现手法之后，款式结构的简洁风格取代了以往的浮华繁冗，服装不再将女性包裹得密不透风。这款服装强调的仍然是女性的S形曲线，领口部位呈现U字形，与以往不同的只是"健康胸衣"解放了女性的胸部。其结构为直线形，用衬垫、骨架或衔缝使之硬挺，再配以U字形领口，不仅突出了乳房的优美线条，而且收缩了腰部线条。丝绸面料上缝缀金属亮片，随着裙摆呈长长的喇叭形一直拖曳到地面，多片剪裁的办法使面料在后臀部聚集，强调了臀围的丰满。装饰风格上趋于简洁，对穿着者来说，既具有现代感，又不失身份地位。这个设计重新诠释了英国的高级时装在走向改革时期的优雅与奢华。

20 尚蒂伊花边晚礼服、外套

设计：贝克女士（Mrs. Baker）

英国，1903—1904

作品赏析

20世纪初期，英国最早进入工业化阶段，形成了早期的中产阶级消费群体。贝克女士（Mrs. Baker）作为英国的高级裁缝，在紧跟时代步伐的同时，积极进行服装创作。这一时期，英国的时装仍然依附法国的服装路线，不同的是，英国将自身本土的民族风格继续延续，而未受到法国高级时装过多的牵制。从图中的两款服装中我们能够看出，贝克女士的设计，在20世纪初期，已经摒弃了传统的

21 羊毛套装

设计：（不详）

英国，1911

紧身胸衣和骨架裙撑的束缚而自成一家。服装款式的走向，是以舒适、轻便作为主要诉求，外套中的宝塔袖、披肩式大翻领、尚蒂伊花边以及柔和色调的人造纤维薄纱边配黑色天鹅绒缎带进行搭配，刺绣花边的绿色牙线叶子和粉红色玫瑰花的纹样与之交相呼应，更添几分女性的妩媚。晚礼服更是呈喇叭形悬垂而下。这些轻薄美丽的材质和款式运用于服装设计中，使高级时装的成本大大降低了，服饰中样式的阶级差别逐渐消失了，不仅增加了设计的美感，还促进了时装的普及和发展。

作品赏析

第一次世界大战前后，有很多的女性参与了英国的生产和服务行业，为适应工作需要，服装的造型多以宽松舒适为主，女性的服装因年龄而出现的穿着差别已经十分明显。年青一代女性服装的款式向着简洁、轻便的方向发展。女服有了质的变化，即体现了人类观念的内在变化。图中，由创新时装所带来的是为当时女性"量身定造"的西装。条纹羊毛材质面料，打破了以往礼服的沉闷与严肃，挺括的肩线、饱满的胸形和强调腰围线条的设计，以及臀部结构，俨然一副新时代女性形象，进而衬托其干练而不失娇媚的气质。值得注意的是裙子的长度，裙长不再拖曳至地面，且能够露出脚面，这在当时来说是对传统的一种挑战。从人体工程学的角度来说，为避免女性在外出工作时裙裾被踩踏、被钩挂或是上汽车时迈不开脚步而进行的服装款式改良，是适应了现代人多侧面、快节奏的生活需要。而在这套女装上衣的款式结构中，采用了男装西服领子的设计元素，这又不得不说，在某种意义上体现了与男性平等的地位提升。

日式晨衣与褶皱长袍

22

设计：马利诺·佛尔切尼（Mariano Fortuny）

意大利，1910

马利诺·佛尔切尼.（1871—1949）出生于西班牙古拉那达的一个艺术之家，从小受到艺术的熏陶和感染，为他以后对艺术的接受能力和创作能力的提高提供了极为丰富的土壤。作为19世纪末到20世纪中叶的服装设计师，佛尔切尼的作品涉及了众多领域，而且具有多元化的时代特征。佛尔切尼的设计以面料褶皱加工和特色印染闻名于世，他在1906年与妻子共同开发服装面料，并且在1909年获得了褶皱加工法的专利。他的作品善于使用高档柔软的绢和天鹅绒等手感极佳的材质，打破了艺术与技术、科学与手工之间的条条框

框，使它们更加融合、更加自由。

作品赏析

　　马利诺·佛尔切尼在1909年前后受到日本型纸的影响，取得了使用印花纸板对粗绢面料进行多色印刷的专利。受日本设计和印染技术的影响，他的服饰中带有典型的东方色彩。此图是佛尔切尼在1910年设计的一款带有装饰纹样的日式外套。佛尔切尼设计出千幅以上的纹样，将其巧妙地搭配起来，采用模版印刷的手法将这些象征着富贵吉祥的图案运用在面料上。这种创意不在于刻画女性曲线，而是强调身体的舒适度和面料创新的新体验。佛尔切尼采用不同寻常的设计手法，将服装的造型与面料特点相结合，把整套服装的着眼点放在了服装的材质上。他设计的褶皱晚礼服，往往伴随着带有装饰图案的晨衣、披肩，或夹克衫，在最初设计时须配穿茶袍。也就是说，他的目的是为了"脱衣服"，是在家里穿的非正式娱乐活动服装。图中这款日式和服外套和柔软的绢料褶皱茶会长裙，就给了身体活动的最大可能。

23　绸料晨衣与茶会长袍

设计：Mariano Fortuny

意大利，1930

作品赏析

　　此款晨衣和茶会长袍的结合，除了体现其作品中完全符合人体曲线且活动自由的特征之外，特殊的处理手法和半手工加工法的设计和制作，也使服装面料在装饰纹样上呈现出纤细、质感和色感，从而具有更为深刻的内涵；兼具功能性、舒适性和美观于一身，一切从生活出发，艺术已不仅仅只是艺术了。

晨衣局部设计中加宽而缩短长度的袖子，使款式在创新上被置于未来主义思潮的浪漫中。流线型的连身剪裁，面料更凸显了其舒适度，插肩袖的设计更是体现了相对宽松的剪裁特点。而在面料上采用金和银颜料来绘制印刷装饰图案，也是佛尔切尼在运用面料时的本质特色。茶会长袍的剪裁完全符合身体的曲线特征，并且紧贴身体，在款式上不失奢华与庄重的同时，体现了女性对平等社会的追求，而在创新意识上明显具有极力摆脱法国服装影响的趋势，造型上显示出追求独立创新的气息。

24 蓝色褶皱绸料套装

设计：Mariano Fortuny

意大利，1934

作品赏析

这款时装是由佛尔切尼设计的褶皱绸料套装，随着身体的变化而出现色彩变化和透明感。面料的原材料是来自中国和日本的绢，根据使用方法不同，可用于各种各样的场合。但是这种材质必须依据身体的曲线来制作，而且还必须能使身体自由活动，同样符合人体工程学原理。

这个设计一反当时使用紧身胸衣或裙撑等内衣来改变女性形体的流行趋势，将反潮流、服饰革新进行到底。上衣与短裙的搭配，在视觉上强调了女性身体的黄金比例。局部设计上，佛尔切尼对手臂的袖子结构进行了开口，使袖子呈现一片袖的切割造型，并且在肩膀与袖子的接缝部位进行穿孔钉珠，使之交错相连。他的这款设计明显带有古典希腊遗风，但却不是单一地复制。佛尔切尼将优等的绢进行机械压褶，褶裥形成规律的条纹状，其后，发展为不规则的褶痕，赋予了整套服装以奢华感，强调了庄重的平衡对称。

格力丝绸绒裙

25

设计：玛丽·蒙纳西·加仑（Maria Monaci Gallenga）

意大利，1917

　　玛丽·蒙纳西·加仑（1880—1944）出生于意大利罗马。她不仅是位设计师，而且同时是位画家。她的艺术创作曾受到马利诺·佛尔切尼图案印刷技术的启发。玛丽的设计重点在于追求服装本身的功能性，并且善于在服装面料上进行装饰、绘画以及对其进行造型艺术。她的独特之处在于，即使设计风格可能会重复，但结构和模式却都是不同的，而且给人以耳目一新的视觉效果。常用的面料有天鹅绒和薄纱，如雪纺、乔其纱等。

作品赏析

　　玛丽·蒙纳西·加仑在图中所示的创作中，采用了东方设计艺术元素，其自然飘逸的风格，能表现人体活动时的真实曲线美。她受马利诺·佛尔切尼图案印刷技术的启发，运用了带有中国特色纹样的面料，把没有接袖的连袖式、长而宽松的直线条裙子衬托得优雅迷人。宽松的自然线型，将时代气息带入了作品中，其结构简易、线条自然。犹如盘扣的腰带造型，随意搭在腰线部位，强调了正常腰线。整个作品把重点放在了袖子的造型上，其设计采用一片袖结构，并在袖中处开口，夸大了袖子的长度和造型，在富有装饰意义的同时，将符合艺术形式创新的本质美进行了发展和演变。

2

"典雅之风"
回归时期
(1920 — 1939)

自1927年由经济危机引发的经济衰退影响各国以后，高级时装的设计与制作走向了衰退，其流行趋势走向了造型简洁和工业化的路线，强调寻求复古风格的女性服装在这一时期再度复兴。1929年简·巴度（Jean Patou）的时装发布会决定了20世纪30年代服装的流行趋势。20世纪20年代以来，占据整个时装界的是加布瑞拉·夏奈尔、玛德莱尔·维奥奈及30年代出现的阿丽克斯（Grès格蕾）等，巴黎的高级时装店都相继推出了由巴度最初所倡导的长礼服式样。

这种用于晚装、日装的礼服，是极具功能性的长至膝盖的长裙。20世纪20~30年代，服装从革新走向了复古。20年代的服装以清瘦苗条为主，追求飘逸的动感创新性。30年代的服装最具代表性的外形是宽肩、正常腰位、窄裙子的细长造型。发型再次恢复到发髻式，流行斜戴无檐帽和贝雷帽等小帽。男式的裤子在女性当中也流行起来。20世纪最初的10年运动服装开始流行，20年代开始出现了睡衣，后期得到了普及。在此期间，简·朗万（Jeanne Lanvin）、简·巴度和爱马仕（Hermès）等这些擅长制作运动服的高级时装店率先推出了裤子式样，进入到30年代后期，它们作为轻便服逐渐渗透到社会的各个阶层。

20世纪20~30年代，明星是推动整个社会服装产业发展的主要动力源。第一次世界大战后，各国电影公司不断推出明星，尤以美国好莱坞为最。高级时装也因这些明星的喜好而不断变化着，其服饰的流行成为人们模仿的对象，对一般女性产生了极大的影响。在新材料日益多元化、款式不断创新化的新时期，一种复古的典雅之风吹至时尚界，它在强调恢复女性曲线美的同时，以新的材料、新的造型为服装的发展注入了新的活力与动力。

从1914年第一次世界大战爆发以后，中产阶级在这一时期开始抬头，生产的批量化给社会带来了新的生活方式。女装在生活中发生了巨大的变化，战争中女性出入于公司和工厂，长裙的不方便，过剩的装饰已经不再适合，环境、劳动和资金不足迫使女装走向了简洁化。自由恋爱、有学问、有职业是战后新女性的理想形象。服装走向了简洁，浓妆则成为时髦。伴随着流行的发展，女性的审美意识也发生了变化，19世纪的丰满体型已不再时髦，清瘦苗条的体型令新世纪女性向往。

到了20世纪30年代，服装界新材料得到了开发。20~30年代的10年间，是一个革新的时代。摆脱战前的旧观念是巴黎高级时装设计师的共同新目标。这一时期新旧交替、万象更新，而巴黎的服装界，在这鼎盛的10年间是一个女性设计师辈出的时代。如果按年代排序，为简·帕昆、卡洛特姐妹、玛德莱尔·维奥奈、加布瑞拉·夏奈尔、简·朗万等。

TWO

01 针织套装

设计：加布瑞拉·夏奈尔（Gabrielle Chanel）

法国，1920

　　加布瑞拉·夏奈尔（1883—1971）出生于法国奥佛涅。夏奈尔的成就首先是从帽子业开始的，其设计风格以简朴取代烦琐。此后，于1912年在特布尔开店，并推出针织服装。在世纪之交之际，夏奈尔的服装以其造型简单化、男性化为代表来反映时代特征，使妇女摆脱了烦琐冗长的造型结构，并以其独特的创作手法作为服装设计的主要素材，来适应新时代女性的需求。夏奈尔在造型上追求服装的纯粹性和统一性，其设计充分体现了战后不断增加的都市女性新思维和变动的服饰流行趋势。

设计师，1920年发布的这款针织毛料套装（见图），将织料做成舒适方便、休闲时髦的新衣服。其设计的核心是高水准的质量，通过剪裁和比例使身体的优点发挥到极致。它能使女性在身材具有吸引力的同时，不过分暴露自己的身体，将时代气息注入服装之中，为新时代女性的生活带来了全新的气息。

02 "小黑裙"

设计：Gabrielle Chanel

法国，1927

作品赏析

　　提到夏奈尔，人们更多的是对"夏奈尔套装"有着更深刻的了解。她给后人留下了一种永存的风格特征。简洁的短套装、针织面料，精致的纺织带、羊毛编织带、缎带镶边，纽扣敞开，胸前常常佩戴典型的"夏奈尔"式珍珠项链或彩色人造宝石饰品，下着直筒裙或百褶裙。这便是夏奈尔带给众多女性的优雅动人一面。

　　夏奈尔是第一个能巧用羊毛运动衫织料的

作品赏析

　　小黑裙系列，是夏奈尔女士于1927年发布的精品时装。其服装款式有着"百搭易穿、永不失手"的声誉，因而深受女士们的喜爱，成为衣橱里的必备品之一。

　　尽管在此之前已有黑裙入主消费市场，但是由夏奈儿女士所设计的这款黑裙，其款式、廓形却是前所未有的。首先，它卸去了战前的大帽、窄裙摆；其次，小黑裙的长度齐膝，带有几分帅气和纤细；并且它所需要的配饰也是越少越好。对于想要有新妩媚造型的人来说，小黑裙强调了女性的曲线美，使穿着者更显婀娜多姿。尽管小黑裙使女性显得"营养不良"，但依然被越来越多的人纳入自己的衣橱。可以说，在时装史的众多转折点上，小黑裙不断地被重新演绎着，并且作为一种服饰的经典被载入史册。

03 休闲套装

设计：Gabrielle Chanel

法国，1927

作品赏析

伴随着流行的发展，20世纪20年代的女性在审美意识上开始发生变化。这一时期，女服的普遍特征是：平时穿的裙子以及膝长度为最佳标准。精练、长至膝盖的宽松套装，是女装史上一个巨大的转变——女子大方露出一双秀丽而健美的小腿，使女服造型的整体外观起到了突破性的变化，充满了时代气息，是新时代女性的标志。此图是夏奈尔设计风格开始走向成熟的标志：宽松套装的设计主张有序、均衡的原则，造型简洁，色彩单纯，并且注重服装的实用性。将时代气息准确地反映到服装上，是夏奈尔设计这款套装最大的特征。服装充满了功能性，是其个性的再现。女服的直线造型被加以特别强调，把仅有的腰线曲度掩盖了起来。上衣是直而长的，衣身和裙子的分界线降低到了臀围以下。身为一位拥有成功事业的女性，夏奈尔及时将时代的气息注入到了服装之中，为新时代女性的生活带来了新的气息。

04 绿色外套

设计：Gabrielle Chanel

法国，1927

这款黑色和绿色渐变的外套，是夏奈尔进入20世纪20年代所设计的高级成衣。这一时期，金融风暴引起的世界性经济危机，使20年代的服装走上了造型简洁的道路，强调复古风格的女性服装再度复兴起来。而夏奈尔的设计思想则是建立在一种较高层次的美学观点上。她认为服装设计所应遵循的原则是"适用、简练、朴素、活泼、年轻"，因此在服装的颜色选择上也是朴素淡雅的。

真丝提花的菊花图案在腰线、手腕部位进行有序排列，强调了服装整体的视觉效果。外型挺括，上衣的肩部装有垫肩，使肩部横向线条增宽、增高。剪裁的方式、扣式、做工等都是过去所没有的，简洁、利索而又不失娇媚是此款服装区别以往服饰风格的特征，体现了现代服装设计的发展趋势。

05 丝绸薄纱晚礼服

设计：Gabrielle Chanel

法国，1936

作品赏析

20世纪30年代以来，将服装与材质完美结合，追求新的创造性是夏奈尔艺术创作的另一个重要特点。这一时期，新材料的开发开始崭露头角，并且重新出现了强调女性曲线美的流行趋势。此图是夏奈尔设计的具有鲜明时代特征的薄纱晚礼服，领围的蕾丝、加垫肩的肩部线条、正常的腰位、窄而细的长裙造型，以及象牙色与花边蕾丝的搭配，更加凸显了夏奈尔礼服中的优雅和鲜明的现代感。手工与机械的完美结合，使夏奈尔的这款礼服摒弃了以往的形式主义。

黑色薄纱缀珠晚礼服

06

设计：简·朗万（Jeanne Lanvin）

法国，1920

简·朗万（1867—1946）出生于巴黎，是一位对服装设计有着极大的热情和敬业精神的设计师。她的时装设计生涯，从严格意

义上来说是从1897年女儿玛格丽特（Margaret）出生后开始的。起初，朗万在时装界的贡献是帽子的设计及制作。她的作品充满了爱意和聪明才智，具有协调性。无论是在造型外观上还是毫不起眼的细小部位上，朗万都会投入最大的热情将其设计与制作达到最完美的状态。精湛的手工技艺、完美的制作是朗万设计的一大特色。她不仅开启了少女时装款式的流行先河，而且还把儿童服装从成人服饰的模式中解放出来，将儿童的天真无邪表现得淋漓尽致。她于1938年被授予荣誉官方勋章奖。1945年将以"Lanvin"命名的高级时装店推向了世界。

07 塔夫绸质连衣裙

设计：Jeanne Lanvin

法国，1924

作品赏析

　　1910~1920年的10年间，朗万继续走着优雅和成熟的造型风格路线，其前卫创新是，在这一时期设计了众多蓬松的合成纤维长裙和浪漫的装饰风格礼服。从图中这款黑色薄纱缀珠的晚礼服中我们就能够看到这一特点。黑色塔夫绸外罩一袭雪纺薄纱，增添了礼服的浪漫色彩，将银色的珠子缝缀在带有阿兹特克风格的几何图案雪纺薄纱上，使礼服显示出了异国情调。20世纪20年代，服装的简洁、利索是新时代女性所追崇的，朗万的这一设计有着强烈的时代气息。大胆的无袖设计，U字形的领口，以及简洁适体的裙服使女性摆脱了衬裙的桎梏，不仅举止端庄，且不失青春朝气，腰臀曲线在塔夫绸与雪纺薄纱的衬托下备显活泼、身轻如燕，更是凸显了女性魅力，而在20世纪以前这一得体的女性服饰并不被看好，更难登大雅之堂。

作品赏析

自从女儿玛格丽特出生以后，朗万才开始尝试设计服装，即早期的儿童服。她的设计手工缝缀居多，如精致褶边的无袖长裙、有着虾鼠图案的大衣、皮质柔软的绑腿、银线织成的拿破仑式礼帽等等。每件作品都制作精细，并且充满着爱意，是智慧的结晶。图中的这几款连衣裙是朗万在1924年设计的一组少女服饰，采用的是象牙色与黑色混搭的塔夫绸面料。将充满蓬勃朝气的蔓藤花纹图案，以块面的方式分别缝缀在胸口和裙摆处。花卉图案的运用，不仅诠释了少女的花季青春，而且为这款现代洋服加入了浪漫主义色彩，从而使服装充满了活力，从早期刻板的款式中脱颖而出。

新式样。这一时期女性的打扮主要是强调大而圆的眼睛，而在朗万的设计中则是将儿童式的天真无邪表现得淋漓尽致。

08 "风格之袍"

设计：Jeanne Lanvin

法国，1929

作品赏析

简单利索的剪裁，是"风格之袍"礼服的最大特点，带有艺术气质的精致优雅，使人印象深刻。朗万，作为第一个为不同年龄段女性设计服装的设计师，用简单而直白的剪裁方式，加上鲜艳的色彩运用，令各年龄层的女性都显得年轻、浪漫且女人味十足。她设计的这款礼服既得体又高雅，在时装史中被称为"风格之袍"。她于20世纪初期取得了突破性的成绩，将高级时装的完美设计推到了顶峰。

在今天的巴黎高级时装店中，最古老品牌之一的"朗万"，穿梭了百年时光，以绚丽的姿态呈现在我们面前。她从女性以紧身胸衣为中心的S形和A形的传统式样中汲取精华，设计出自由、轻松的

09 黑色镶金塔夫绸夜礼服

设计：Jeanne Lanvin

法国，1934

开，衬托丰满的臀部和自然下垂的喇叭裙摆，长长地拖至地面。自然的线条使人想起古希腊穿裙袍的女神，日式披风外套的造型更加衬托了礼服的立体感，而象征日本家族徽章的"三菱形"图案在黑色与柔和的暖色调搭配下，更加提升了穿着者的端庄与美丽。

作品赏析

自20世纪30年代开始，复古之风逐渐占据整个高级时装市场。朗万在设计图中这款礼服时，将女性的腰围和臀部线条重新进行了强调。为了使肩部线条挺括立体，她并没有采用垫肩的方式，而是搭配一件具有日本和服风格的披风式外套，采用直线剪裁的手法，将肩部线条进行了展宽，款式简易，长裙线条流畅。

立体剪裁的呈喇叭形状的裙子自然下垂，臀部的起伏主要依赖于人体的自然线条，腰部的线条醒目且呈收缩状，裙身采用分片剪裁而形成自然下垂的褶裥，使臀围以下的面料得以展

10 夹克式晚装

设计：Jeanne Lanvin

法国，1936

作品赏析

图中的设计灵感取自中国古代服饰特征。款式上，朗万把具有旗袍圆滑的轮廓造型赋予其中，夹克式加边饰的外套又带有古代蒙古勇士的影子，可以说是一款具有现代感的东方主义的设计。朗万的设计不盲从流行，也不会推翻旧有的流行来创造新的流行，她的设计只是对本质的一种追求。在时装的设想上，渗入了一种

竭尽所能的坚持和刚毅的女性特质。复古的夹克式外套，造型低调文雅地展现出女性的俭朴，调皮中且带有青春的气味。长裙呈A字形，若隐若现地透露出女性的娇媚，这是一种永恒的、低调的奢华，仿佛是对历史的重新诠释，让人得以从中体味珍贵。这个时期，时装的款式风格走着复古的路线，高级成衣在发展的过程中也不可避免地进行着有规律的演变，使时装的造型具备了无限的延伸性。朗万的设计就是兼具复古、前卫与大胆，从而引领了时尚的潮流。

11 "中国风"晚礼服

设计：格雷（Grès）

法国，1935

格蕾（1899—1993）的设计充满了飘逸的灵动美，有着精致的褶裥、丰富的色彩以及不对称的搭叠等特色。在设计上一贯以造型流畅、高贵、典雅，充分展现女性柔美曲线的特质而著称。格蕾对面料的运用有着特殊的创造力。她的早期作品并不只钟情于使用高档的面料，而是以棉布来见分晓，善于用柔软的材质制作出自然的褶皱效果，因而有着"布料的雕塑大师"的美誉。她于1947年荣获

荣誉勋位团勋章（骑士称号）；1976年，获第一届金顶针奖；于1980年荣获荣誉勋位团勋章（士官称号）。

作品赏析

　　格蕾采用多彩刺绣丝绸面料设计的这款具有中国风的礼服（见图），其设计灵感来自中国式旗袍和芭蕾舞蹈服。20世纪30年代后期，正是成衣业兴起、时装发布会运作模式日趋成熟的时期，传统的民族服装冲击着时尚界，形成了强大的影响力，复古之风开始大肆流行。

　　不同的是，格蕾在款式和材质上进行了创新，同日装相比，此款礼服的设计更有利于格蕾发挥设计的天分。她将具有民族特色的中国式旗袍注入了新的设计元素，连衣裙摆借用了芭蕾舞蹈服的造型，袖口处呈喇叭水袖状的设计透露着异域风情，裙身是典型的不对称的立体构成，并且打破了传统造型设计中的沉闷与规整，整体给人一种活泼灵动的美感，充分展现了女性柔美曲线的特质。刺绣丝绸面料的运用，更是增添了女性优雅而含蓄的内涵。因此，人们看到的此款作品是多民族的文化汇集于其中，并且带有一种特有的优雅格调。

12 白色丝绸晚礼服

设计：Grès

法国，1944

作品赏析

　　格蕾的作品受希腊的雕刻艺术影响很大，这也许是她早年对雕塑痴迷的缘故。这中间最出名的就要数悬垂式女装了。如图所示，古希腊风格的平纹丝绸礼服，隐蔽的接缝，这是为女演员Daniele Delorme 在一次影展上设计的礼服。细腻而柔滑的丝绸呈半透明

状，于隐约间体现了女性的性感。这件礼服由两部分组成：紧身的褶皱式胸衣，V字形领，于胸围线上分割，下面是自然下垂的裙摆，在中间有集中的褶皱。另一部分是挂在右肩的披帛。这种充满了古典气息的礼服不同于战时披风的严谨和古板，充满了神圣、高贵的风格，是设计师自身艺术修养的体现。

　　装饰艺术时期，格蕾开始了自己的设计生涯，因她本身有着很深厚的文化修养，所以对服装的理解并没有被当时时兴的巴黎时装风貌所左右，其设计元素中并没有僵硬的轮廓和多余的垫衬。当时随着战

后女性解放文化的渲染，更多女性走入了社会，高贵、奢华的时装不再是女性的唯一选择，自然、舒适的轻便设计逐渐被更多的女性所拥护。与20世纪20年代相比较，格蕾所处的时代对女性的信息报道少得可怜，取而代之的是时尚的衣装和化妆品。男人们的主要职责不只在于养家糊口，而更多地体现在对各种时尚风格的仲裁权上；这个时代的时装引领者们如迪奥、雅克·发斯、巴尔曼、巴伦夏加、亚当·卡内基和诺尔都是男性，夏奈尔在1939年退休了，艾丽莎·夏帕莱丽的影响刚开始并不那么引起关注，只有格蕾女士继续活跃在时装界，不断地推出新的没有紧身胸衣的时装设计。

13 鸵鸟毛装饰礼服

设计：Grès

法国，1978

作品赏析

时间进入20世纪70年代，随着二战后人口的增长，年轻人逐渐成为社会的主力军。这些年轻人经历了战后的腾飞、世界政治格局的逐渐形成，不再像60年代一样，表现得依然青春、激荡，而逐渐接受社会的种种变化，并以自己的方式去经营自己的事业和生活。越战的结束、能源危机的爆发，导致这些年轻人压力不小，对时装并不像先前那样狂热，更多的人逐渐接受了可以日常穿着的高级成衣，这样可以在家庭和办公室间方便出入。故整个70年代人们的穿着都是十分随意的，这种着装意识的随意化、简单化也影响到了礼服风格的确立。

不过对格蕾而言，时装的概念从来都是随意舒适地伴随着女性的妩媚和柔情的，而不是去固化她们的身体和形象，故流行似乎对她的影响不大。作为维奥奈的唯一传人，格蕾也精通斜裁技法，即便是不用任何衬垫，她的作品仍然有完美的立体感。无论是在战后不久还是在20世纪70年代，她始终保持了自己的一贯路线。如图中的这件鸵鸟

羽毛装饰的雪纺礼服设计：上身是宽松的扇形剪裁，半透明的黑色雪纺纱将身体隐藏于薄幕中，有呼之欲出的性感，却又含蓄自然。鸵鸟羽毛由松到紧地排列，增加了雪纺纱的重量感，而且羽毛丰腴、松软的质感同雪纺纱面料有了鲜明的肌理对比，使二者的材质特征相得益彰。裙身是她常用的斜裁法，多块黑白双层雪纺布以不同角度的斜裁法拼接成半封闭的裙身，黑白两色自然穿插，行走间无意交替出现的双层色彩，营造了一个层次丰富、线条流畅的通透空间。垂及小腿的围巾装饰强调了雪纺的悬垂和飘逸感，即使没有任何花朵、图案等女性化的装饰符号，这件礼服也充满了女性的柔情。这便是女性设计师

不同于男性设计师的地方，她们更清楚女性需要的是什么，需要怎样的"第二层肌肤"来保护自己。

14 "中国绸" 五彩花卉长裙

设计：简·巴度（Jean Patou）

法国，1931

出生于法国诺曼底的简·巴度（1896—1936），其服装设计中的哲学思想极具简洁性特征。在20世纪20年代初期，他所设计的运动装系列曾为时装界开辟了新的设计方向。自然的腰围线和流畅的外轮廓造型，特别是在毛衣设计方面对立体造型艺术的运用，这些都使简·巴度的设计有着独到之处。他曾在1919年以自己的名字重开时装沙龙，继而推出钟形裙、高腰身礼服、带有刺绣的俄罗斯服饰造型等，一时间风靡整个时尚界，成为引领高级时装和高级成衣发展的风云人物。

作品赏析

图中简·巴度的这款礼服设计灵感来自于中国丝绸，已经渗透到巴黎的异域文化被他巧妙地运用到服饰的创造上，无论是日装还是晚礼服，他没有盲从当时西方时装夸张的几何形造型，而是选择了柔和、自然的腰围线和流畅的外轮廓来美化身体的自然曲线。巴度的女装创作不断地在休闲与正装之间寻求一种和谐，而简洁的造型是他最终的追求。剪裁简易的荷叶边袖形、长而曳地的长裙有着自然的线条和流畅的褶裥，而长长的曳地拖裙，仿佛华托裙的再现。素有高贵和优雅之称的真丝绸缎，衬托和呼应了女性的动态和神态美，更显示了着装者奢华与娇媚的气质。从作品中可以看出，他的设计从不去限定人体着装的姿态和风格，只是在极力追求身体与服装之间完美的和谐，让女性在穿衣的过程中，享受到极致的自由。

15 黑色缎被华达呢套装

设计：Jean Patou

法国，1937

作品赏析

一战后，新女性形象开始风靡欧洲大陆，纺织业的发展给服装业带来了更多原材料的选择，为高级成衣的制造和批量生产作出了巨大贡献。女性在着装上的新诉求，使巴度设计时装在追求端庄优雅的同时，更多地走向了简练，强调的是整洁与优雅。图中，巴度采用天然纤维织物"毛华达呢"来体现此款套装的优雅与舒适。外型上强调了女性举止端庄优雅的风度，将设计重点放在了上衣的结构上。上衣的设计采用无领一粒扣的造型结构，突出了套装的简练与严谨。透叠镂空的菱形纹装饰，打破了套装一成不变的严谨与呆板常规，使服装的整体造型不仅增添了活泼的气息，而且增加了层次感。毛制的华达呢，使这款成衣的外型平整光洁，手感挺括结实，色泽柔和，而经纬纱高密度的结合更是强调了套装经久耐穿的特性。

16 裹布礼服

设计：玛德莱尔·维奥奈（Madeleine Vionnet）

法国

玛德莱尔·维奥奈（1867—1975）在服装界被巴伦夏加评价为"艺术巨匠"，迪奥则以"追求服装艺术无尽的可能性，并具有如此高超技巧，恐怕只有维奥奈"来高度评价其成就。维奥奈的艺术成就，在20世纪成为众多设计师的航标，为高级时装注入了经久不衰的活力。不追随流行是其服装艺术的一个重要特征，而独创的"斜裁"的设计手法也打破了长久以来服装剪裁的众多常规，为时装界开创了先河。

作品赏析

玛德莱尔·维奥奈同保罗·波烈一样，都是将女性从紧身胸衣的束缚中解放出来的设计师，最终目的是给女性最大的自由与快乐。不同的是，维奥奈的设计以古代文明作为设计灵感。如图所示，去掉一切不必要的烦琐，让服装重归自然，展现了身体是最完美的这一特质，赞美身体的美，讴歌身体的美，把布料缠裹在身体上，让身体随意活动在运动和自由中。寻求流动的曲线美是维奥奈设计的主要特征。长裙的面料必须剪裁得体，不是平面剪裁，而是使面料拥有立体感，新颖的剪裁方式才是维

奥奈所追求的独特风格。长方形的面料简单地搭在肩上，腰间束一条纽带，使其出现漂亮的垂褶，犹如古希腊女神。维奥奈的设计并不是单纯地模仿他人，而是取其精华，把朴素的造型结构与装饰作为创作构思的源泉。尽可能减少面料与面料的衔接处，只取其一个接口，将面料平稳地与身体相吻合，使这两者达到最佳的和谐状态。

子自然地垂落，并起褶。漂亮、柔滑的线条与身体完全吻合。服装犹如一件精美的艺术品，展现着女性的优雅与浪漫。

18 黑色加绒丝绸礼服

设计：Madeleine Vionnet

法国，1938

作品赏析

因早年在服装店工作的经历，维奥奈对面料的材质极为敏感，对布料的选择经验丰富，因此使用和鉴赏布料的眼光非常高。在工业化进程发展的过程中，面料的改革与创新为维奥奈的设计提供了更多的原材料，而她从高级成衣的批量生产中也受益匪浅。维奥奈的设计中

17 晚礼服

设计：Madeleine Vionnet

法国，1935

作品赏析

如图所示，斜裁是维奥奈设计中的重要特征。她引领的剪裁改革，重点不在于华丽和流行，而是放在舒适度上。这一开创性技术，使她改变了以往的"斜裁"方法，那种舒适流动的线条美，从外表看起来非常简单，但实际创作过程中却非常复杂、烦琐。通过将肩部、腰部的面料进行自然的衔接、组合，以及利用面料所具有的下垂性和弹性，使长裙的料

也经常会尝试使用新材料进行创作，如泡泡纱、绉绸等。图中的这款礼服，便是采用丝绸外罩黑色泡泡纱，镶缀黑色天鹅绒饰带。通过泡泡纱与丝绸衬裙的结合，产生了透叠的效果，领围紧贴脖子的轮廓，包袖的设计将女性的手臂自然裸露，透叠的设计表达了女性体态中的含蓄美与性感。长裙自然下垂并收褶裥于腰部，整套服装的设计是宽松且舒适的，女性特有的妩媚洋溢其中，通过不同的剪裁手法对女性的肩、胸、腰线条进行修饰，这种随意的设计完全不同于同时期欧洲的设计风格，以其独特的舒适风格重新定义了女性的优雅。

19　日装礼服

设计：艾丽莎·夏帕莱莉（Elsa Schiaparelli）

法国，1937

艾丽莎·夏帕莱莉（1890—1973）所创立的品牌，无论是对服装史还是对二战期间对服饰文化感兴趣的人来说，总是充满创意，是个性化、独创性及功能性的完美结合。她的设计灵活多变，不为固定一个模式而设计。善于将图案与材质相结合，在视觉效果上给人以强烈的冲击力，旁人能从其作品中看到一位设计师浓浓的创作热情，以及对时尚所具有的独到的敏锐感。

作品赏析

图中，是夏帕莱莉的第二系列作品。其设计灵感取自雕刻艺术，以及非洲大陆的刺青图案。自幼就对多种艺术非常敏感的夏帕莱莉，有着极大的好奇心与想象力，她将抽象图案运用在服装设计中，给人以遐想的空间。此款礼服的设计重点放在了服装的背部，整体图案以刺绣的手法进行表现，仿佛将一件铁艺花盆架镶嵌在服装上，整体图案以人的面部造型来突出后背与腰部的设计，强调了女性纤细的腰身。抽象图案修饰了女性平坦、具有雕塑骨感的背部线条，犹如铁艺

花盆的支架向下延伸，在视觉上形成自然的褶皱效果，给人以强烈的冲击力。作为日装，此套设计的结构也处理得相对简单、随意，以自然的线条来突出身材的比例，延续着上衣的下摆自然悬垂而落，再配以穆斯林头巾，既不失礼仪而又极具女性的温柔气质。

20 羊毛面料女西装

设计：Elsa Schiaparelli

法国，1937

正常腰线更是将人体的比例趋向协调，在追逐优雅复古之风的年代，夏帕莱莉以新的材质、新的造型、新的剪裁方式表达了富有创意的时代气息。

作品赏析

一战后，高级成衣的普及从另一方面说明了当时工业化生产的进步，手工缝制已不能满足日益大批量的生产需求。从图中服装的结构可以看出，工艺已非纯手工制作，机械生产与手工结合是这款作品设计的主要特点。夏帕莱莉采用羊毛纺织面料进行制作，这种面料与合成纤维的新工艺相结合，体现了结实耐用、好洗易干、不缩水，且不经熨烫就可以自然挺括的特性。为了体现女性的知性美，成衣的结构上加入了男服的设计元素，造型更趋向于简朴、实用。半圆小立领紧贴人体轮廓，垫肩的加入使肩部线条明显加宽，公主线剪裁方式体贴而合身，胸围至腰线部位加入的贴片工艺加强了上衣结构的硬挺，并且体现了此款女装中男性元素的运用。

21 夹克式礼服

设计：Elsa Schiaparelli

法国，1938

作品赏析

图中的成衣造型属于套装结构，整体服装由简洁走向了强调女性身体曲线的优雅复古之风。夏帕莱莉所要强调的是服饰的实用性，而新女性形象则是这两款设计的最终诉求。从款式上来看，宽肩、正常腰位、窄裙子的细长造型，正是20世纪30年代高级成衣发展的代表。而夏帕莱莉在上衣面料上以金属线和多彩亮片形成绉绣图案，并且配上造型别致且带有昆虫图案的塑料纽扣，打破了套装本身的严肃与拘谨，突出了时代气息。

3

现代主义设计
成熟期
（1940 — 1959）

THREE

无论在和平年代还是战争年代，政治、经济元素对服装的影响都是毋庸置疑的。1940—1949年的10年间，第二次世界大战给整个欧洲的服装业蒙上了沉重的色彩。几乎在一夜之间，欧洲式的奢华完全消失，代之而来的是简朴和配给制，并出现了实用性服装和女式军装，美国的服装业也受到了一定的限制，但是没有欧洲那样严重。

物资的匮乏、面料的紧张、政策的牵制等因素，使这个时期的时装顿然失去了上个时代巴黎风貌的细腻、精致，但是巴黎的女人穿着仍然不失体面，各种陪衬应有尽有。与满目疮痍的战争气氛完全不同的是，时装一经20世纪初的觉醒，便一发不可收拾。纵观近代女装的发展经历，时装在这个时期一反20世纪20年代的中性风格，30年代的复古典雅，变得精练、简约、自然、和谐，具有实用主义风格。19世纪的女装风格在现代与经典之间徘徊，而到了这个时代开始径直转向现代主义风格。一切以实用主义为主，却又不失精细的细节点缀，从某种意义上讲，这场战争对简约、自然的现代主义服装风格的形成有相当大的促进作用。

后起之秀的美国在欧洲各国在为前线物资挠首的时候，开始致力于新型生产技术和新材料的开发，如一种人造弹性纤维（elastex）和尼龙（nylon），这些新技术和新材料给服装业带来了全新的革命。再者，一批为了躲避战乱而到美国来的欧洲设计师们也是美国服装业发展的必然条件。

从某种程度上来说，服装业的发展是这个时期生活方式的写照，无论是在战场还是在后方，女人们主要的使命还是生育，所以她们理所当然地可以对美化自身持有特权。战争的疲乏，使得人们对真实生活的认识越发真挚、强烈，这个时期的服装既代表了非常时期人们对和平生活的渴望，也凸显了设计师们对现代主义风格的把握程度。同时，由于战后迅速成长起来的中产阶级数量的增加，人们对高品质的成衣的需求增大，时装不再是少数贵族、名流才能享受的奢侈品，传统的经典和19世纪的奢华风格到了20世纪50年代末期已开始走向终点。时装从此由英雄时代转变成了参与时代。早期的经典、仪态万千的时装逐渐被成衣化时代的多元风格和换代更新的流行形象取代了。

法国有着悠久的时装文化，也有着发展成熟的服装产业，这是任何国家都不能相比的。在战前，巴黎的多家时装屋都已经发展得有声

有色，设计师不同的服装设计风格造就了不同的时尚。二战时期欧洲的其他国家多少都受到战争的影响，有的无法供应时装需要的材料，有的因战事紧张而无法顾及设计、生产，唯独法国时装依然在缝隙中顽强伸展，最终枝繁叶茂，成为当之无愧的世界时装中心。

法国政府早在20世纪初就成立了时装商业协会，自20年代全球经济大萧条以来，巴黎女装业是法国贸易出口的活力源泉。法国政府因此批准注册设计师们休假两周，以便他们在重返秀台前打造出作品。尽管战争给法国的服装业造成了一定程度的破坏，而物资的匮乏、面料的紧缺，使得这个时期巴黎的服装顿时失去了先前的细腻和奢华，但是巴黎的女性们依然打扮得精致动人。这都是因为巴黎的服装设计师们从没有放弃过对现代主义服装风格的探索和对精良时装所饱含的激情。这时期涌现的大师级人物也成了巴黎时装界永远的骄傲，如克里斯托瓦尔·巴伦夏加（Cristobal Balenciaga, 1895—1972）、皮尔·巴尔曼（Pierre Balmain）、克里斯汀·迪奥（Christian Dior）、雅克·发斯（Jacques Fath）等。

在以实用主义风格为主线的引导下，巴黎的服装在外形上追求简洁、流畅、自然，典型的表现是平直的肩线、饱满的胸型、收紧的腰部和紧裹的臀部；日常着装以西服套装和乡村风格的连身裙为主；时装的风格也逐渐脱离古典时期的矫情与奢华，而是以精致的剪裁、舒适的结构来凸显女性的优雅。战时的物资配给制度也没有难倒巴黎的设计师们，他们将设计经典转向了帽子和鞋履的设计，手袋也是不可或缺的装扮。高高耸立的立体堆褶帽子，虽然没有了大片的皮草羽毛装饰全身，可是帽檐上却少不了它们的点缀；松糕鞋底由木头或者软木来取代橡胶，一样让女性的身段显得俏丽和高挑。由于受到资源匮乏的限制，战时的服装相对简洁、庄重；战后的时装则以迪奥的"新面貌"装为代表，华丽、优雅而高贵。

今天的意大利与巴黎、纽约，是世界顶级的三大时尚地。不过在1945年前，意大利还只是个有着灿烂历史文化的农业国。在第二次世界大战后，意大利的经济腾飞了。1945年以后的意大利时尚以一种从未有过的速度向前飞奔。是什么原因导致意大利走在时尚前列？它又是如何发展得如此迅猛呢？意大利的时尚历史反映了悠久而复杂的意大利本身历史。相对于巴黎作为法国的政治、经济和文化的首都已有

好几个世纪，罗马却不能充当意大利的这个角色，历史上意大利的时尚之都不仅仅是罗马，还有威尼斯、佛罗伦萨、米兰和都灵。

在20世纪40年代的前期，美国没有像其他欧洲国家一样受到物资匮乏的困扰，相对于其他欧洲国家它甚至是富裕的，从而大量的欧洲艺术家和设计师为了逃避战乱而进入了美国。美国政府在这个时期也开始重视发展服装纺织业。美国人羡慕欧洲深厚的文化底蕴，对中东国家丰富的石油资源虎视眈眈，但是从不停止对新财富途径的开发。他们逐步建立起完备的服装生产装备，如从法国搜集最新的流行款式和版式，根据物资缺乏的实际情况，对服装的长短、用料的修改，对新的低成本、大众化的新材料的开发……使得美国的汗衫、牛仔成为全世界的人们都可以享有的现代设计产物，人们也逐渐接受这种工业时代外表整齐、结构合理、装饰朴素的成衣风貌。

在20世纪40年代初期的美国，无论是成衣还是定制系列都不完全与欧洲的风格相同。日装的轮廓是纤细而光滑的，而只有出现打开的下摆和荷叶边装饰时才会呈现摇曳而动感的效果。晚装的轮廓同样是纤细的线条，比较接近巴黎的时装轮廓。外套的袖子比较长、高领、蝙蝠袖都是流行元素，下摆更为打开，身体被紧身的胸衣夸张地修饰得更为修长，紧裹的臀部是当时很时髦的设计。由于美国开发了人造纤维和尼龙等新材料，他们首先推出了新式女内衣，也是现代女性胸衣的雏形。

从20世纪40年代中期开始美国的时尚渐渐由美国本土的设计师来主导。诺曼·诺内尔（Norman Norell）开始成为战时美国时装的代表，他的首个系列服装推出来便获得满堂彩。麦卡黛尔（Clair Mc Cardell），受法国别致优雅风格影响的设计师，她的服装被美国的职业女性们作为必要的选择。美国商业榜和制衣工业协会共同选出了32位在1943年以前产生的最具现代主义实用风格设计路线的设计师，这些设计师不仅具有精湛的剪裁技能，而且能很好地把握新材料和新工艺的运用，是早期现代意义上商业模式下的服装设计师。当然，一些具有多重风格的时装设计也是有市场的。

战争结束后，美国以艺术和经济领域的爆炸式发展从法国的时装风格中解放出来。设计师从他们自己的文化中得到了鼓舞，不再依赖欧洲的纺织业发展模式，而且首先开始在商业领域内大量运用本土的产品。已经延伸到成衣领域的时尚行业也成就了不少的设计师。本·祖克曼（Ben Zukerman）是精湛缝制工艺的领袖。好莱坞的设计师亚当（Adrian）和奥马·克莱曼（Omar Kiam）提供了妖媚迷人的舞台时装风貌。

当欧洲还在怀旧主义浪漫气息里徘徊时，美国的电影业已经蓬勃发展，好莱坞捧红了一个又一个的明星，如卡罗尔·贝克、丽塔·海沃斯（Rita Hayworth）、贝蒂·戴维斯及英格丽·褒曼、凯瑟琳·赫本等，她们的角色带给了人们无限的憧憬。明星们是战时时装的重要消费群体，在战后也是设计师们最佳的设计"推销者"。

战时的英国时装不像法国那样顽强发展，除了皇室需要而定制的时装外，其他几乎都是统一的暗沉、简朴而实用的风格。但是英国从来就不会缺高档时装的原材料——羊毛，即便如此，英国政府在1940年就已经从澳大利亚和新西兰进口了大量的羊毛以备战时国内的需要和出口贸易。所以即使是在严酷的战争期间，普通的英国人也能和平时一样保暖而体面。

英国的服装设计师几乎都是为皇室和有贵族头衔的上层人物制作服装的"御用设计师"。他们有着精湛的手艺和传承的家族名誉。和法国一样，英国也在战时实行了严格的物资配给制度，故在此时服装设计上也呈现了简约、实用主义的现代主义风格。

英国在战争期间和战后经济恢复时期的纺织服装业是持续发展的，一方面得益于其坚定的服装制作工艺的传承，另一方面是政府的支持和引导。战前的现代主义设计思潮对英国的服装设计有着不可忽略的影响，但这场战争却使其迅速摆脱陈旧的爱德华时代的外形、紧箍的胸围、拖曳的裙摆的主要推动力（物资配给制度的约束，战时妇女们参与生产、生活的需要，以及来自美国成衣业的影响等等）。此期间，英国也不乏优秀的时装设计师，如查尔斯·克里德（Charles Creed）、爱德华·毛利纽克斯（Edward Molyneux）、诺曼·哈特奈尔（Norman Hartne）等等，在英国后来的时装领域占领了一席之地，也为后来风格各异的英国式时装风格发展奠定了基础。

01 黑色丝缎礼服

设计：克里斯托瓦尔·巴伦夏加（Cristobal Balenciaga）

法国，1948

　　克里斯托瓦尔·巴伦夏加出生于西班牙一个裁缝世家，受母亲的影响学习服装制作，后在鲁布尔服装店担任设计师。于1919年在家人的支持下在萨·赛巴奇开设了以自己名字命名的巴伦夏加店。后接受西班牙皇室的邀请，为皇室成员设计服装，从此作为客商同巴黎的很多设计师交往。为了纪念母亲，巴伦夏加将其服装店的名称改为"埃伊沙"（母亲的名字）。巴伦夏加的客户一开始都是西班牙贵族。西班牙内战爆发后，巴伦夏加在朋友的帮助下于1937年在巴黎开设了其高级时装公司，于战后推出了"斗牛士"、"筒形"造型的裙子等，获得了空前好评。巴伦夏加以其精良的剪裁、宽大优雅的造型成为时装界独树一帜的人物。

作品赏析

　　"巴黎世家"服装一向是精于剪裁和缝制。斜裁是拿手好戏，以此起彼伏的流动线条强调人体的特定性感部位。结构上总是在服装宽度与合体之间保持协调，穿着舒适，身体也显得更漂亮。"巴黎世家"服装巧妙利用人的错觉，腰带策略性地放低一点，或把它提到肋骨以上，甚至可以巧妙地隐藏在紧身衣之中，使服装看上去更加完美。非理想身材的人，一旦穿上"巴黎世家"服装，顿时显得光彩照人。"巴黎世家"时装被喻为革命性的潮流指导，很多名流贵族都指定穿着他的时装，这些忠实的客户包括西班牙王后、比利时王后、温莎公爵夫人、摩洛哥王后等，他们都是当年曾被世界各大时装杂志评选为最佳衣着的名人。

　　20世纪40—50年代是法国时装最华丽最耀眼的年代，然而到了50年代中期，随着女性解放运动的深入，英国、意大利和美国时装各自走上具有本土风格的路线，高级时装的定义开始变得宽泛。迪奥的各种新廓形被认为是陷入了一个持续不断地致力于创造更多改变和更多宣传的陷阱里了，尽管他宣称他一直考虑的是对堕落和平庸

的时代对生活的影响所坚持的长期斗争，但是离新的发明还很远，迪奥这样做实际就导致了他的时装设计系列看起来更复杂、更压缩和更艺术化。这时是巴伦夏加继续走着发展将来时装轮廓的路线。

　　巴伦夏加是简洁风格和优良剪裁的掌门人。他的设计是大胆的、纯粹戏剧化的，外观上很容易辨认。巴伦夏加的作品保持着顶尖的时装艺术感，他因此被任何一个时装设计师所羡慕，无论是有无竞争力的。图中的黑色礼服（黑色的塔夫绸，披肩式布料包裹着肩部，腰带是连身的，褶皱悬垂式的裙子），很合体的剪裁，在这件晚装的结构上他创造了难以想象的剪裁技术。它反映了长款的经典优雅形状的倾向，近似于19世纪的巴斯特风格，但是没有用到任何僵硬的箍架支撑，是对传统的摒弃，对新的自然主义线条的成功造型。这件礼服裙创作于1948年，它用了大量的面料，不过裙子看起来确实惊人的轻巧，不规则的褶皱集中于臀围的一侧，这样前面呈现的是横褶的效果，而后面依然是自然垂直的，这便是巴伦夏加精湛技术的代表作。

02 红色锦缎礼服

设计：Cristobal Balenciaga

法国，1954

作品赏析

　　这是巴伦夏加彩色系列设计的代表作，其灵感来源于西班牙浪漫的斗牛士装大红色。尽管他被人熟知的是他的深色服装，但是他对彩色服装的大胆处理天分深深植根于西班牙本土的民族特色，将来自西班牙的斗牛士服装色彩带给了巴黎时装界，如弗拉曼柯舞者的红色和粉紫色，橄榄的墨绿色，寄生在他父亲的船壁上的梭形珠蚌壳的浅灰色，修道院的修道士服装的石灰色，教堂斋期的黑色以及充满富贵感的金色和朝圣节用银器的银色。这个时期是早期的多元化时装路线形成的重要时期，也是成衣时代日益成型、完善的时期，巴伦夏加以对高级时装的忠诚一直延续着昔日的高贵、精致、隆重和奢华，就像图中这件日礼服，轮廓依稀是钟形的裙身，将女性的臀部以下修饰得神圣、抽象，上身高度的简练透露出女性的自然特征。但是整体上看，他是承认并欣赏女性的胴体美的，这相对于往日的紧身胸衣、鲸骨塑造出的女性身材是完全不同的。在制作手法上，它没有过多的装饰、点缀，重点放在了对着装者自身的气质的烘托，依旧是上下一身的礼服款式，但在腰身的分割时给上衣

的贴身设计和下摆的堆积面料形成的膨胀空间提供了可能，这是典型的用新时代的手法再现往日的经典廓形。

此图是巴伦夏加的另一件彩色系列设计作品，通过局部图可以看出是一件合身长外套，橄榄绿的羊毛精纺织物，开至胸口的宽驳领，厚重的绿色羊毛披肩有着柔软而绵重的质地，绕过整个肩膀垂至腰际，营造出纯粹、柔情而淡雅的女性气息。头上整片的鸵鸟毛发饰赋予了这套服装华丽而神秘的效果，大红色结饰富有微妙的戏剧化夸张效果，更衬托出绿色主题。

03 大衣（局部）

设计：Cristobal Balenciaga

法国，1950

04 天鹅绒大衣黑色缎面礼服

设计：Cristobal Balenciaga

法国，1950

作品赏析

图中，天鹅绒大衣和褶皱礼服的组合，长天鹅绒手套，黑色光泽柔和的硬塔夫绸裙。受17世纪西班牙画家苏巴朗的绘画影响，巴伦夏加重新对柔软和棱角进行了诠释。这套设计便是最具代表性的作品：整体线条都是不规则的曲线和直线，而不是柔和的弧线，但是由于

宽松的造型，使得外观看起来就像是飘在空中的空气垫，身体也跟着轻柔起来。

06 橙色外套

设计：Cristobal Balenciaga

法国，1960

05 巴伦夏加短上衣/晚装（局部）

设计：Cristobal Balenciaga

法国，1961

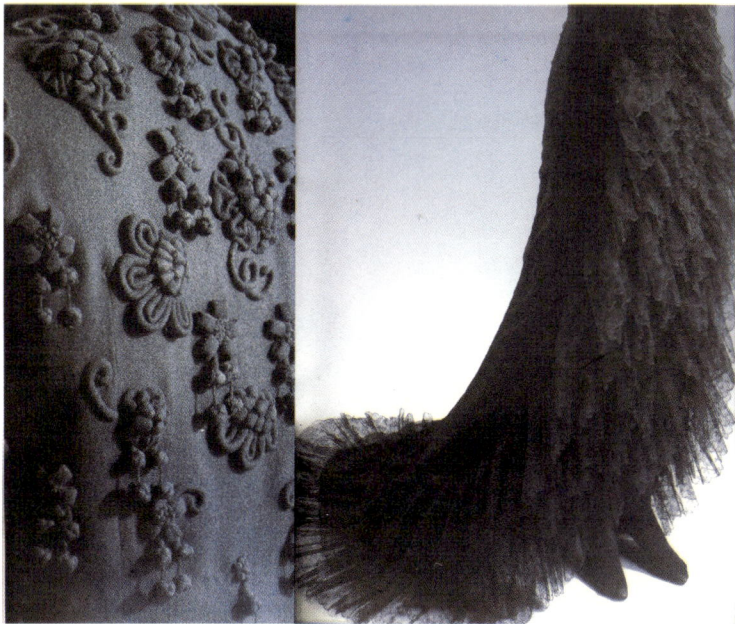

作品赏析

为了表示对女性的尊重，巴伦夏加设计服装时从不控制她们的身体，他的衣服看起来像是在一块很好的空气垫中休息似的，又像是有一种光环笼罩着整个身体。在晚装的设计上，他不依赖箍架和衬裙来撑起裙子，而是有极好的平衡感和建筑物似的结构。

此图是件橙色长外套（黄色丝织物大衣），上身加裙子，立领；前身伸出的门襟；高腰线的设计，落肩袖。巴伦夏加的这款橙色外套具有抽象的造型。这种衣很短，腰线提高，从肩部打开到底边的廓形开始流行，被冠以"玩具娃娃装"的美称。整体都是硬挺的丝织物。他的两项剪裁

作品赏析

　　左图为短上装的后背局部图，黑色的羊毛织物经过盘带打卷，做成立体的塑花，精美绝伦。右图是一件蕾丝礼服裙的前半部分的局部图，层层叠叠的蕾丝排列得均衡而起伏，直到脚底曳地，形成完美的纺锤形轮廓，就像评论家们所言：他的设计很多都是让人摸不清剪裁结构的，而只有让人感叹的分。在掌握了各种剪裁技术并对这些技术进行了发扬和创新后，巴伦夏加自己却认为手工艺是其设计的重心。这两款设计便是最好的说明。

技术受到个子矮而胖的女人的广泛推崇：一项是远离颈部基线的领部剪裁，拉长了颈部曲线；另一项是九分袖，这种设计缩短了袖子的长度，可以让手臂看起来更长。这款外套便是集这两项剪裁技术于一身的设计。

08 橙色真丝缎礼服

设计：Cristobal Balenciaga

法国，1967

作品赏析

此图是一件前面底边短后面底边长的斜线条的裙子，这是丝织物最大限度的硬挺了。巴伦夏加的这套设计灵感来源于西班牙教会的教士袍外形，他不用既定的时装制作模式，而是选择了可爱、自然下垂的西班牙女性风格作为设计元素。

当其他设计师致力于造型夸张的几何造型的时候，巴伦夏加却致力于基本的造型，他的服装衬托和呼应着装者动态和神态上的美，从来不去限定着装者的着装姿态和风格。他的设计作品在体现身材和服装设计上达到了完美的统一，让穿着者精神上的感受是完全自由和忘我的。

07 婚礼服

设计：Cristobal Balenciaga

法国，1967

作品赏析

图中是件婚礼服，由四部分组成：紧身胸衣型的上半部分、裙身、后垂部分和一条通过背部的肩带。简单的束身胸衣外形，宽松的腹部和背后的垂摆结合得很漂亮，具有完美的三维轮廓。全身都是木瓜黄底色印花图案，塔夫绸面料。

巴伦夏加的作品是以明显的西班牙意识与法国的优雅联系在一起的，如16郡的剪裁、斗牛场、宁静的教堂、委拉斯贵兹和戈雅的艺术。

09 风衣外套

设计：Cristobal Balenciaga

法国，1963

此图是巴伦夏加在后期的成衣时代到来时设计的高级成衣，立领、暗门襟，同样是九分袖，带肩章，深及膝盖的靴子。女模特的面孔带有明显的拉丁民族特点。模特乌黑深邃的大眼睛和蓬松的短发，赋予了这套设计中性化的气息，西班牙的民族风格也给这套设计带来异域文化的魅力。设计师自身的民族气质在其设计中自然而然地宣泄出来。他的设计在批量生产的成衣业被广泛复制，"囊"形装、和服袖大衣、水手装、到膝盖的靴子、裙裤等，其和服袖大衣是被复制得最多的，这些是巴伦夏加在女性服装界的珍贵遗产。

10 方格纹羊毛大衣

设计：皮尔·巴尔曼（Pierre Balmain）

法国，1949

皮尔·巴尔曼，出生于法国的萨瓦，1933—1934年在巴黎学习建筑设计。后在著名的巴黎毛利纽克斯（Molyneux）任助理设计师，于柳欣·勒朗（Lucien Lelong）任设计师。在这期间，巴尔曼积累了丰富的服装设计经验。战后，他于1945年成立巴尔曼服装公司，后于战后经济复苏的1950年推出了"漂亮夫人"系列，其优雅的风格、精致的做工使其获得了一批忠实的客户。

作品赏析

巴尔曼是一位具有相当理性气质的时装设计师，首先以建筑师身份出名的他对时装的结构和廓形有着相当高的造诣。由于对服装的兴趣，曾经师从于时装大师爱德华·毛利纽克斯（Edward Molyneux）及柳欣·勒朗（Lucien Lelong），这期间他掌握了设计的真谛和扎实的剪裁技术，故他总能找到最能表现女性优雅和淑女气质的线条和轮廓。如图所示，方格图案粗花呢大衣，推出于1949年。这件设计充满了女性的朝气和尊贵，潇洒而富有魅力，显示战后的女性完全摆脱了战争时代的痛苦创伤，投入了对新生活的憧憬。大衣的剪裁是宽松而流畅的，尽管没有处处贴合人体，但是依然有紧凑的结构感；宽厚的圆翻领，第一粒纽扣定在了锁骨正下方而不是紧挨领圈，给颈部的活动留出了足够的余地。肥大

大衣　1949年　巴尔曼

的袖笼让胳膊的活动完全包裹在袖管中，直裁法突出了纵深感。羊皮软腰带勾勒出女性纤细的腰线，也使身体有了良好的比例。搭配黑色天鹅绒手套，黑色羊绒呢软帽，女性的优雅风貌尽情展现。

点：前片由一整片长条形面料交错折叠而成，在颈底的绳带是其悬挂点，本布的腰带将身体的比例轻松勾画出来。这样的设计意义不在于刻画女性曲线，而是突出身体的舒适和着装新体验。它不同寻常地将肩线作为整套服装的着力点，给了手臂活动的最大可能。落肩9分袖设计，使穿着时行动方便。下身搭配

外出装　1950年　巴尔曼

合体铅笔裙。长筒黑天鹅绒手套依然是当时外出优雅夫人的必备。

11　羊毛针织外出服

设计：Pierre Balmain

法国，1950

作品赏析

　　图中是一套春夏时节的外出装，全套采用羊毛针织面料，柔软而悬垂，给人假日般的舒适和轻松感。剪裁上的创新是此款设计的亮

12　海獭毛披肩、外出装

设计：Pierre Balmain

法国，1950

作品赏析

　　图中是一套合体连身裙和海獭毛披肩的搭配设计。尽管巴尔曼和迪奥是同时期的设计师，但在巴尔曼的作品中却丝毫没有受到"新风貌装"的影响，如显出精雕细琢的固定外型，而是以自然的气息再现了古典的雍容华贵，让女性们俏丽而生动，一切像是由着

装者自己与生俱来的一样。在这套设计上，设计师将中心放在了身体的上半部分，宽大的圆形黑呢太阳帽将头部笼罩在半隐蔽而通透的空间里，宽阔的海獭毛披肩绕肩而过，顺着左胳膊直到腰际，奢华感油然而生；连身裙设计为细窄驳领，直开至腰线，斜裁的下摆倾向同一边，打破了过于均衡的传统视觉观。下裙设计为时髦的铅笔裙，下摆抵小腿中部，这是战后以来一直受女性们欢迎的设计。

多余的变化和造型，但是通过透明星状图案披帘的点缀，整套设计不乏新意和活力，女性的朝气和活跃感在星星点点间丝丝展现。

13 礼服

设计：Pierre Balmain

法国，1950

作品赏析

图中为带网状薄纱装饰晚礼服裙，推出于1950年。该设计由三部分组成：合身的胸衣外形上半部分，撑开的下摆由硬衬裙撑起，带五角星的欧根纱披帘。上下部分形成强烈的对比。全套采用纯色塔夫绸面料，带五角星图案的欧根纱赋予了礼服古典的气息。巴尔曼擅长在时装的领部、下摆及臀围和袖口等处进行精细的装点，以突出时装的精致和奢华感，如大量的刺绣和钉亮片、镶嵌宝石等，而在结构上是顺畅而简约的。如此套设计，其外形是简约而经典的，没有

14 塔夫绸晚礼服

设计：Pierre Balmain

法国，1950

作品赏析

同迪奥一样，20世纪50年代法国的巴尔曼是推崇传统式的优雅风貌的法国设计师之一。他从古典的服装外形及制作方法上吸取了设计元素，结合现代风格的装饰风格及装饰手法，重新诠释了高级时装的高贵和奢华。

如图中这款塔夫绸晚礼服是巴尔曼的代表性设计款式礼服。他的设计在有些评论家看来过于四平八稳，缺乏前卫感的构思。他本人也喜欢比较淡雅的色彩，如淡灰色、浅黄色、淡绿色等，这与他开朗风趣的性格有一定关系。如此套设计，红花朵图案印花塔夫绸面料礼服，色彩鲜艳的花朵图案一朵朵绽放在裙身上，黑色的罗缎带绕胸围成一周垂于后背。西方人的夜生活相对丰富，故他们的礼服和晚礼服与日常装有很大区别。在20世纪50年代的法国，日装会比较实用化，造型相对简洁，制作较为轻便，而晚礼服则可以耗尽工夫去点缀和装饰，造型上相对夸张、特别。如这套晚礼服，无肩抹胸式上衣，水平线条的上缘，挺括的造型中有衬垫，撑开的下摆有骨架支撑，形成了经典的锥形下摆空间，与收紧的腰身形成对比。这种X形廓形的设计是对19世纪初巴斯特风格的继承和延续，它对女性的形态美仍然定义在视觉表象上和直观层面上。这套礼服推出于1956年，继"漂亮夫人"系列推出后不久。这套设计具有装饰艺术运动的自然主义装饰风格，虽然是旧有的造型，但是在装饰手法上是简约、直白的，如黑色的罗缎拼接直接强调了胸部线条和身体的黄金比例。

巴尔曼的好友，美国作家Gertrude Stein，在她的作品里颂扬了巴尔曼"新法国款式"的创举，赞扬他是20世纪50年代时装设计的代表。20世纪60年代是巴尔曼继续创新的时期，他强调简单的结构及剪裁与款式的反差。巴尔曼为许多国际明星设计个人的全套服装。这期间，巴尔曼首次拜见了泰国的Sirikit女皇，并成为女皇的私人高级时装设计师。皮尔·巴尔曼的名字代表着对典雅独到的理解，意味着皇室和影视明星的委托人，成为举世公认的时尚标志。

15 "新面貌装"

设计：克里斯汀·迪奥（Christian Dior）

法国，1947

克里斯汀·迪奥1905年1月出生于法国。

1946年12月创设"克里斯汀·迪奥"品牌。在1947年春夏服装发布会初次亮相，发表的作品给服装界带来了很大的冲击。在美国获得"斯卡·德·拉服装设计师奖"。为女弟子卡特丽尔发表香水品牌"女士迪奥"。

1948年，"巴尔芬·克里斯汀·迪奥""克里斯汀·迪奥纽约公司"皮毛部门开业；作为设计师成功签署了一份出口合同；发表香水品牌"迪奥拉玛"。

1949—1950年秋冬服装发布会，发表"式样"仅一周就接受了1200套以上的订单。1951年，筒袜和手套部门开业，职工发展到900人。

1952年，设立专门店。在1954—1955年秋冬服装发布会，发表"式样"（裙长离地40cm）成为当时的话题。在英国被称为"打击式样"。

1954年，"克里斯汀·迪奥"进军伦敦。巴黎的设计员工发展到1000人，工作室28间，建筑物5栋，占法国高级服装出口的一半。

在"1954—1955年高级定购服装发表会"发表"H式样"。1955年开设装饰品部门。接受当时默默无闻的伊夫·圣罗兰为大弟子。推出"巴尔芬·克里斯汀·迪奥"发表口红品牌。1956年发表香水品牌"迪奥丽希梦"。

1956年因心脏病去世。伊夫·圣罗兰成为接班人。

作品赏析

"新面貌装"又称为"新风貌装"，它代表了战后女性的新时尚。一改战时的沉闷和严肃，带有明显的女性主义气息和浪漫风格。挺括的肩线、饱满的胸型和紧收的腰围，夸张的臀围，撑开的裙摆，俨然一个可爱的俏女郎。高级时装意味着精良的剪裁、精湛的工艺和一流奢华的面料，这套"新面貌装"也不例外。迪奥在1947年前一直是个默默无闻的裁缝，对工艺和剪裁的纯熟是他设计的宗旨。此套西服上装前胸饱满、曲线分明、内圆外直，肩部明显

有垫肩，胸部也有垫衬，袖型有19世纪初羊腿袖的影子——细长袖管有收拢的袖口，腰部以下打开的下摆对比出"蜂腰"的轮廓，撑开的裙摆是对上装的延伸。值得注意的是裙子的长度，阔摆结束于小腿中部，露出修长的小腿和脚腕，在当时来说十分性感和具有挑逗性。迪奥的这一创举在当时是前卫的，引导了战后几十年的潮流。尽管他强调自己本身并不是追求流行的人，但实际上他是很懂得追求变化和敢于尝试的设计师。

从这套时装中，除了以上提到的鲜明、俏丽、丰富的视觉效果外，我们还能感受到深厚的艺术氛围。时装不仅指的是包裹躯干的服装，也包括帽子、手套、披肩甚至雨伞等附件，就像迪奥给这套"新面貌装"搭配的帽子和长手套。战时流行无檐或者窄檐的羊毛呢帽，而他却选择了具有日本风格的斗笠式帽子，衬托出女性瘦削的肩型，也使整套时装更富有节奏感。熟悉西洋服装史的人可能会发现，其实此套服装略带有早期维多利亚时期大蓬裙摆服装的效果，只是裙长缩短了，色彩更鲜活了。日式风格的锥形帽，其风格却完全是新式的现代主义风格。斗笠形状的帽子赋予了整套时装以东方神秘而含蓄的韵味，从中能感受到设计师对战后新女性对性感、奢华、新奇的时装深切渴望的领会。另外从设计手法上，也能看出设计师对当时的未来主义思潮的理解以及对建筑、绘画等艺术的借鉴。这种设计手法也是真实意义上的现代主义设计的理想应用。尽管这套服装也有紧身胸衣、衬垫的支撑，有陈旧矫饰风格的存在，但整个外观呈现还是令人眼前一亮的，所以它能获得当时法国乃至美国大批的追随者。至此以后，迪奥游刃有余地创造了几个时代的时尚，整个强大的迪奥家族也自此壮大起来！

16 长大衣外套

设计：Christian Dior

法国，1947

作品赏析

这套天鹅绒长大衣是"新面貌装"的延续，推出于1947年秋冬。其外形同"新面貌"装一样，紧裹的上身由腰部开始往下到底摆成扇形打开，裙摆里有硬衬支撑。其雕塑感甚至要强于"新面貌装"。因为它是连身的剪裁，整身同样的面料更凸显了其轮廓感和体积感。连肩袖设计相对宽松，短上衣部分剪裁也不是完全紧贴身体的，但是宽腰带起到了收腰效果，强调了女性身体的黄金比例。尽管是厚重的外套，却也能感受到身体的曲线。局部设计上，迪奥在袖口补上了豹纹人造皮草，在连肩袖接片处和斜插袋的开口处有

金色穗带装饰，赋予整套服装以奢华感，强调了庄重的平衡对称性。在战时的服装中这套是用料较为充裕的设计，也是迪奥作品中少有的线条柔软的设计，充分体现了20世纪40年代的女性对着装的舒适和实用功能的诉求，设计师开始更多地关注到人性化需求。

17 日装

设计：Christian Dior

法国，1952

作品赏析

同样是X形设计，采用了较为挺括而轻薄的绸缎面料，上衣是针织弹力纺织面料，所以整体效果更显轻快和洒脱。上身是褶皱的V形开口领拼接在紧身的短上衣上，腹部有抓褶、联排小包扣，以古典的方式展现现代的形体感；蓬松的裙摆与紧束的上衣形成戏剧化的

对比，长及小腿中部的下摆体现摇曳的动感。挺括的海军式小礼帽上点缀着自然形态的布料褶花，使整套服装更有纵深感，从而增添了优雅气质。这是20世纪40年代女性的装扮。

18 羊毛外套
设计：Christian Dior
法国，1948

这是迪奥的代表作"后开式伊丽莎白领"羊毛外套。女装的丰富变化主要体现在领、袖、门襟的开合方式及裙子的设计上，其主要部分是围绕着躯干的前后片，故比较固定。这件大衣的设计便是如此，正统的合体上衣，适体的装袖长及手腕，羊皮长手套，钟形礼帽在后面有蝴蝶结装饰。后开式伊丽莎白领设计是其亮点。伊丽莎白领的名称来源于维多利亚时期英国女王的宫廷着装，其夸张的造型是对女性颈项部位的强调，以超大的半翻式连身立领加宽加长而成，有较强的力量感和戏剧化的效果。背后单排纽扣开至腰线，臀部两侧各有一带沿插袋。撑开的下摆衬托出纤细的腰身。

19 礼服
设计：Christian Dior
法国，1956

作品赏析

裹胸式松石蓝礼服。挺括的水纹印花绸缎面料有神秘的华丽感。交叉式的裹胸设计将面料褶皱收于腰部两侧；三层折叠式裙摆设计，结合上身的褶皱式裹胸，整体有较强的雕塑感，女性的轮廓在不规则曲线的衬托下更显立体感。20世纪50年代以来，迪奥尝试了多种轮廓的时装设计，从X形"新面貌装"到"郁金香"形大衣等，均为奢华和强烈的造型风格。此图是其中一款表现较为性感的设计，裸露的肩膀便是表现女性性感的最佳设计。在长及脚底的丰满裙摆的衬托下，肩部的空白处更显性感、高贵。50年代是优雅、奢华时装风格表现最为盛行的时期，之后便出现了多种风格并存的多元化时装风格。此期奢华和高贵不再是时装唯一表现的主旨，此套设计已经展示了即将来临的现代主义设计风格。

有强烈的现代主义设计风格。腰部由本布细腰带设计，对称的蝴蝶结集中在腹部，内卷式双层裙摆撑起了一个通透的空间。此套服装是迪奥将日本民族风格融于设计的早期代表作。他成功地将东方的神秘美感用在了他的很多设计上，给沉闷已久的欧洲时装界带来了异国风情。这种融入多国民族风格的设计手法是后来的时装设计师们常用的设计手法，也代表了一个开放、多元文化并存的时装时代的到来。

20 橘色外套

设计：Christian Dior

法国，1957

作品赏析

长袖短上衣外套和裹胸式X形蓬松裙摆礼服套装，橘红色绸缎上有松叶金属色印花，经典的日式风格图案赋予了整套礼服以东方的气息。短上衣为半立领，拼接门襟连着领子，尽管是本布面料，但是有较强的镶边装饰效果，同样带有东方风情。拉链代表了此套时装出现的时代背景，用于便装上的拉链也出现在了正装的礼服上，

21 羊毛日装

设计：Christian Dior

法国，1957

作品赏析

圆领羊毛粗纺织物日装，朴素的风格是迪奥后期在成衣时代到来时的新尝试。合身的上装组合自然收褶裙装。圆领设计结合三粒圆纽扣，轻松活泼的女性气质呈现眼前。蓬松而柔软的羊毛质感充满了柔情。从迪奥的众多设计可以看出，其对女性是充满了敬意

和关怀的，.室内她们需要闪烁和华丽的时装，而在室外，她们需要的还是温暖、得体和高雅的装扮。

20世纪50年代末那种故作矜持、高贵的时装风貌即将被简洁、品质佳的成衣风貌所取代，当时女性的高贵丝毫未减，只是她们更多地表现出轻巧和别致。诸如图中此款高档成衣设计，外形上仍然是X形，尽显女性自然的身体线条；但设计师仍然没有放弃复古的蓬松下摆造型，不过长度却已减至膝盖上下，这样满足了不同身高的女性人群的着装需要。细节设计上，宽口的圆角翻领代表的是知性和中性，决定了此款设计可以出入家庭和办公室之间。

高级成衣不同于时装之处正是在其有合适的顾客。高级时装是完全定制的，顾客是单一的，而成衣却可以适合大批顾客的需要。设计师正是看准了这点，给这款设计剪去了一切堆砌的细节，让它看起来是如此轻巧、妩媚动人。

的欧根纱透叠在乳白的绸缎外，女性浪漫气息使整套设计弥漫着浪漫情怀。绿色的松针形绣花布满了全身，点缀着桃红色花粒，如小公主置身仙踪林般可爱。手工精作是高级时装的代言，此套设计的手工绣花精巧而细致，是20世纪50年代的盛行样式。巴尔曼等也有此种风格的作品出现，而迪奥的此套花形设计极具自然主义风格。这种题材的设计在近代多以印花和提花等机械工艺所取代，但是绣花的立体、生动感是无法复制的。因此这件欧根纱礼服也成了永远的经典。

22 绣花礼服裙

设计：Christian Dior

法国，1952

作品赏析

米色欧根纱绣花礼服。一套精致、充满青春活力的礼服，透明

23 粉色无肩缎料晚礼服

设计：Christian Dior

法国，1955

作品赏析

从1947年崭露头角到1957年逝世，迪奥的设计自始至终都在

强调肩线的造型。图中所展示的这款无肩晚礼服，更是向人们展示了他的"新式样"。而这种所谓的"新式样"是对战后时装革命的一种反弹，从款式上我们不难看出，其造型结构上明显遗留着复古之风。

纤腰下，呈流线微喇形状的裙子自然下垂。臀部的起伏主要依赖于人体的自然线条，腰部线条醒目且呈收缩状。整个设计重心在后臀部位，裙身前片呈现出悬垂流线造型，后臀部位采用既分片剪裁又同时捏褶的方法，使臀部以下的褶裥展开，衬托丰满的臀部。这种强调腰部与臀部的"新式样"，放弃了过多的装饰形式，礼服的缝制工艺开始展现其工艺美，各种抽褶、堆褶等都保留了时装缝制的过程和工艺痕迹。在新的工业时代下能有如此亲切、精致的手工展现，让人备感温暖和被呵护。

24　外出套装

设计：雅克·发斯（Jacques Fath）

法国，1945

　　雅克·发斯(1912—1954)出生于法国的威塞恩斯，后于巴黎开设服装店，并很快获得好评。雅克·发斯是战时升起的新星，战争前他在法国的时装界还是名不见经传甚至被认为是爱搞噱头的设计师，战后他的设计逐渐被公众和时装界所重视。有着优雅外型的雅克·发斯，不仅在法国的时装界备受影星、名媛们的喜爱，而且也是在美国成衣业大获成功的设计师。他于20世纪30年代末期与朗万、柳欣·勒朗等一同参加由服装产业联盟举办的服装展示会，同这些前辈并驾齐驱。1948年，发斯通过与成衣设计师约翰·哈尔伯特合作征服了美国市场。期间在巴黎开设了一个价格合理的服装与装饰品店。在其事业登上巅峰之际，却因为身体原因英年早逝，其服装店后由妻子经营，不久即转让出去。

外出装　1945年　发斯

边装饰给整套服装带来了女性的典雅气息，通透的卷边帽点缀出俏皮的女性气质。战后发斯的设计更倾向于当时流行的高贵、奢华风格，此时的发斯已经具备了成熟的时装设计师条件，在美国的成衣市场开拓也取得了成功，在巴黎同样受到了时装行业协会的邀请，多次参加过时装发布会。

25 外出服

设计：Jacques Fath

法国，1955

作品赏析

　　图中这幅作品是两套外出服装组合，虽然出现在战争时期，但是从黑白相片上可以看出其风格是轻松而俏丽的，与战时流行的严谨、统一的风格相比较而言，其外型是自然、浑然一体的优雅与和谐，没有过分强调某部分，层次上又是丰富的。作者善于运用各种方式的色彩搭配，风格活泼。宽松的束腰长外套搭配方格短裙，清新少女风格立然眼前，系带坡跟鞋是此时的时尚品。深色套装的镶

作品赏析

图中这款套装于1955年设计。其线条简练，剪裁流畅，直开门襟有多粒纽扣扣合直到下摆最下端；直立而紧身的铅笔裙，装扮出优雅端庄的女性形象。喇叭袖口设计体现其惯有的轻松和活泼风格，充满朝气；同面料质感的围巾融入了实用主义功能设计理念。在配件的搭配上，选择了璀璨的金属耳环；黑色羊毛无纺面料礼帽和挺括手包是绝佳的套装组合。整套设计节奏感强，充分体现了设计师的激情以及他对现代主义简约风格和功能主义设计的把握。他从不拘泥于高级时装所谓的手工定制风格，而是紧跟市场需求，只要存在市场机会，就可以设计和生产出相适应的产品。可以在法国自己组织生产，也可以出售自有专利的设计，他的这种先见性想法在当时的法国是超前的，也是适时的。战后他推出可以成批量生产的高级成衣系列，这套服装便是此风格的代表作，这样一来，他在营造活泼可爱的发斯式时装的同时扩大了其市场占有率。

26　白色圆点印花棉布、黑色镶边装饰礼服

设计：Jacques Fath

法国，1950

作品赏析

礼服不同于一般的服装，主要在于它十分直白地强调着装者的存在感，最常用的设计手法是扩大空间体积，或是进行夸张的装饰，或是对服装的各个部分比例进行夸张变形。时装作为身体肢体语言的表达方式，其目的也是在于强调着装者的存在，并通过其复杂而特别的形态和装饰获得关注的目光。此套设计同样如此，服装在结构上是现代而前卫的，裹胸式的造型是对女性身体的赞美。整套时装在遮与掩、紧与放之间循环着，给人无限的憧憬，由此可以

想见作者在设计此套礼服的时候有怎样的激情。白色圆点日装礼服，天然精梳棉纺织面料，质感挺括、平滑；传统的紧裹式抹胸连着锥形的大摆裙，内有骨架支撑，前后各有对称的两条黑色镶边装饰，强调时装的对称性结构；在顶部有精致蝴蝶结装饰；前两侧各有插袋设计，实用而美观。此套服装有极其对称的平衡感，让造型充满了建筑的造型美，蝴蝶结的装饰烘托出了女性的俏丽气质。

作为战时升起的时装新星，发斯对设计时装一直怀有极大的热情，他认为时装设计师应该对服装的设计及装饰方式的创意怀有绝

对的主控性，女人们只管穿上这些作品就是。他这种对时装的精深造诣成了高贵、奢华时装在20世纪50年代的最后辉煌。虽然只有短暂的设计生涯，可是他的设计却得到了越来越多人的赏识，特别是在其逝世后，巴黎的时装设计协会给予他肯定的评价，他的作品也启发了不少后来出现的新锐设计师。

27 白色丝绸晚礼服

设计：纪·拉罗什（Guy Laroche）
法国

纪·拉罗什（1923—1989）出生于法国的拉罗厄，在20世纪40年代以前，他只是个女帽商。二战后，纪·拉罗什前往美国，在纽约成为一名自由设计师，在那里学习了面料的设计与生产。1950—1957年间，他应聘为让·德塞的设计师。后于1957年在巴黎建立高级时装沙龙，推出高级定制女装，获得了大批的忠实客户。后于1961年成立纪·拉罗什高级时装屋，推出高级成衣，生产的成衣远销至美国。他的成衣以简洁经典的款式、独特的面料设计造型著称，在60年代纪·拉罗什的衬衫和套装是办公室女性的首选。他既是一个成功的设计师，同时也是个善于经营的商人。在1966年，他又推出了男装系列，在之后的几年里，他陆续推出了不同风格的香水系列。对于纪·拉罗什来讲，获得金顶针奖是最具纪念意义的事，因为那是他终身事业的成功见证。在他逝世后，其品牌的经营权被收购，如今，纪·拉罗什的品牌男装、女装及皮具等专卖店分布于全世界的各大城市，在中国的香港、深圳、上海等地都有分店，至今它仍然是经典的法国时装的代表。

作品赏析

像巴伦夏加一样，纪·拉罗什的设计展现的是优雅经典、精巧微妙的风格，他的服装给人一种轻快俊俏、朝气蓬勃的印象。作为

一个设计师，尽管纪·拉罗什在进入时装界前没有受过正规的时装设计培训，但是他善于从其从事过的许多职业中总结经验。拉罗什第一个时装精品系列为巴洛克风格的裙子，悠闲的黑色风衣外套，披上柔软而优雅的白色山羊绒围巾，表达了雅致的情调。之后的设计系列显得更女性化，更有趣味性，也显得更年轻，而其精巧的剪裁和缝制技术尤其为人所注目。

如图所示，华达呢羊毛斗篷式大衣与短靴组合，宽边毡毛礼帽增添高贵典雅。欧洲女性有戴帽子的传统，直到20世纪50年代，各种帽饰仍是尊贵女性的必备装饰，它能让穿戴者的服装看起来更富有整体性、节奏感。斗篷设计为圆弧形下摆，由肩部打开至小腿中部，形成了扇形的廓形；白色的山羊绒围巾柔软而飘逸。这种黑白色应用是战后的50年代初期非常流行的搭配。看奥黛丽·赫本（Audrey Hepburn）的《第凡内早餐》的人都不陌生剧中主人公那

身小黑裙和白色丝带装饰的宽檐大礼帽。这套设计亦是如此，这种通透式的设计随意中透露着优雅、恬静的女性气息。

盖的裙长提升到膝盖以上，女性们终于可以摆脱严谨、呆板、过于正式的传统装束的束缚，变得俏丽活泼。白色的羊绒面料有着平坦而紧密的质感，黑色自然曲线图案带有未来主义风格。整套设计清新、前卫。这也是由于战后的"婴儿爆炸"时代出生的人口成了60年代的主要阶层，年轻人开始走进社会，依靠自己努力工作养活自己，并开始追求与其父母的时代不同的生活。他们需要这些前卫的服装来表达他们的追求和叛逆。

28 羊毛迷你裙

设计：Guy Laroche

法国，1965

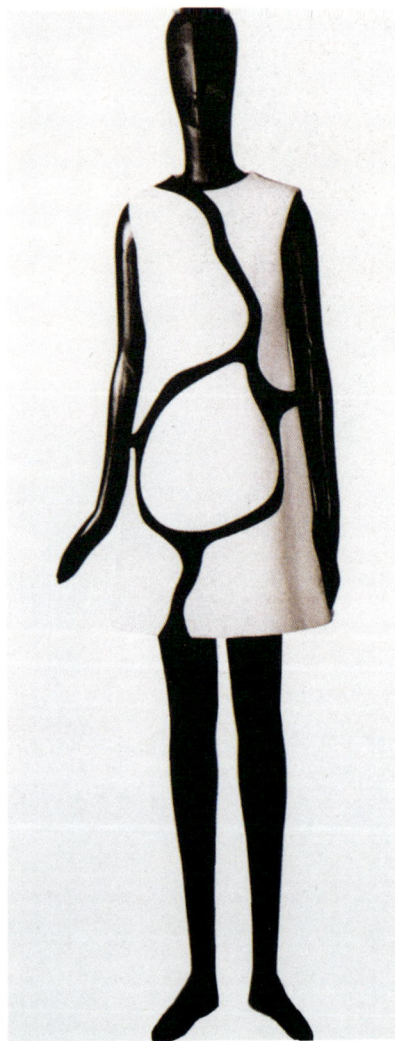

作品赏析

20世纪60年代以来法国的高级成衣业逐渐发展起来，拉罗什的公司日益壮大，周旋于女明星与社会名流间的拉罗什作为一个富有创造力的设计师和精明商人的名声也越来越大。随着成衣业浪潮的席卷，高级时装不再只是名媛贵妇们的专享，迅速攀升的中产阶层成了高级成衣的主顾。随着英伦式时装风格的逐渐形成，对法国贵族式的时尚风格也有所影响，好的设计并不一定就意味着奢侈、华丽，正如图中的这套迷你裙，无领、无袖，长及膝盖上约15英寸。也许在现在看来，这套设计过于单调，但在60年代的欧洲，能把一向长过膝

29 高级成衣套装

设计：Guy Laroche

法国，1969—1970

作品赏析

图为拉罗什于1969—1970秋冬高级成衣发布会上展示的两套服装：两套服装为同一风格的着装——中长风衣外套里面是宽松的短猎装上衣、棉布格纹衬衫，下面搭配宽摆中长裙，帅气而随意，加上棉质的柔软便帽，充满了假日的轻松

感。尽管是多件套的组合，却在面料的质感和色彩上形成了对比，层次清晰，毫无累赘和繁杂感。此款设计不同于法国时装惯有的高贵和华丽气质，适应了社会各阶层不同职业女性的需要。整套服装采用轻盈而软薄的面料，这代表了成衣时代的到来。拉罗什品牌的服装就是这样富于时代感。正因为他本人对商业操作的得心应手和对时代需要的清晰把握，其品牌才能在20世纪后半叶迅速发展起来，拥有全世界200多家品牌专卖店。

30 欧根纱衬衫

设计：休伯特·德·纪梵希（Hubert de Givenchy）
法国，1952

休伯特·德·纪梵希（1927—）出生于法国的贵族世家，从小学习美术，有很高的艺术修养。在读书期间，他曾在雅克·发斯的时装店当学徒，后又进入勒隆·夏帕瑞丽的设计工作室做助理。在这期间，他积累了相当丰富的服装工艺及面料知识，为其后的成功打下了坚实的基础。休伯特·德·纪梵希于1951年开设自己的工作室，以具有革命性的布料作品举办了首次服装发表会。发表了有名的灯笼袖衬衫。在他的设计生涯中，巴伦夏加对他的影响尤为重要，自1955年与巴伦夏加相识以来，在创作方面，其作品深受巴伦夏加古典风格的影响。1958年他设立了巴尔凡·杰文奇公司，发表香水品牌LINTERDIT。1959年将设计室移至巴伦夏加的对面，两人的感情进一步加深。其作品的古典情调更浓，其设计以优雅、经典、古典著称。1978年，在纽约服装工科大学首次举办30周年作品回顾展。1986年发表男士香水品牌，1991年10月在巴黎市立服装美术馆举办40周年作品大回顾展。1995年，纪梵希宣布退休。

作品赏析

1952年纪梵希品牌的首次发布会以大量的白色棉布系列亮相，将看似廉价的棉布服装以崭新风貌推向美与时尚的舞台。这次发布会中的贝提那（Bettina）上装，后来成为设计师纪梵希的经典代表之作，最初的款式是可翻折的立领，带有扇形黑色网眼装饰的荷叶边袖。数年后，改为无装饰的白色纱罗面料。

如图所示为白色欧根纱翻领衬衫，这是纪梵希早期具有代表性的设计作品：宽领开口的青果领，开至腹部，里面有双层扇形褶内衬；复古的教主袖于手腕处收紧，3粒本布的包扣，极富宫廷贵族气质；半透明的罗纱挺括而滑爽，具有浪漫风格。整套设计完全自然附着于身体之上，毫无束缚感。这种设计在20世纪50年代是非常前卫的，显示了作者本人对时装艺术的独特理解和对女性高贵气质的含蓄烘托。这得益于他在发斯、帕特、勒隆·夏帕瑞丽的设计工作室工作期间的锻炼，当然须以高超的剪裁技巧为基础。设计师的气质决定了其作品的风格不容置疑。纪梵希出生于贵族世家，却对高贵风格保持着一种若即若离的距离，突出一种含蓄的典雅，毫无夸张、玩味之感。

日装

31

设计：Hubert de Givenchy

法国，1953

作品赏析

随着人们服装审美观念的变化，纪梵希的服装设计风格也在发生深刻的变化，即在华美、富丽的整体格调中注入时髦流行元素，如从20世纪50年代的简洁清新到60—70年代的充满青春活力，从80年代的老练和雍容华贵到90年代的成熟优雅。色彩保持其一贯风格，即愉快和明艳，奶黄、鲜紫、松绿、石榴红令人兴奋，这都体现出纪梵西品牌的个性。

如上图所示为一套日装组合：黑色的七分袖短绸缎上衣，下面是石榴红印花摆裙，布满了金色的自然纹理印花，搭配深红色天鹅绒帽饰，华贵感十足。此套设计带有"新面貌装"的造型风格，但是X形线条是柔和和自然的。没有胸衬，没有垫肩，只在摆裙里有衬裙支撑，给人轻快、活泼的印象。下图也是同时期的设计作品，白色的箱形大衣：及膝的长度，和服袖剪裁，宽阔的肩线，九分袖取自巴伦夏加的代表创意，突出纤长的手臂。方形彼得·潘领和大衣的外形形成面积上的呼应。腰线处有拼接设计，将前胸的多余部分尽量撇去，塑造出平整而圆润的形态，即使从上到下只有3粒扣，但整个前片却是平滑而服帖的，可见设计师的剪裁技艺的精准。下面搭配黑色羊毛呢铅笔裙，上宽下紧的设计突出修长的身型。这套设计属于高级成衣作品，简洁的造型，无任何装饰细节，是成衣化工业生产的必要。

礼服

32

设计：Hubert de Givenchy

法国，1960

作品赏析

此图是赫本主演的《第凡内早餐》的剧照，剧中出现了数套由纪梵希设计制作的经典时装，最为经典的当属这套黑色礼服。圆形的肩带平贴于前胸和后背中部，连接着下面的裙身；后背的造型为半镂空式，只在正中间连接于肩带上；上半部分为合体剪裁，腰部以下裙身为宽大线条形，自然褶皱平均分布于腰圈上，后面的褶量大过前面，突出前片平滑的形态。天鹅绒长礼服手套是不可或缺的时髦配件，也是对骨感肩膀部分的强调；珍珠项链与环形肩带悬挂于胸前，富有现代意义上的构成美感。电影和时装结合是20世纪50年代以来许多设计师的主要商业手段，在当时，纪梵希尤其受到广大青年女性的欢迎，好莱坞影星赫本就是设计师纪梵希的追随者，在她的多部著名影片中所穿的服装均出自纪梵希之手。赫本简洁、清新的魅力形象正体现了当时纪梵希品牌的风格特色。

矩形的荷叶边挺立于臀部两侧直到膝盖位置，这种立体的装饰形式富有建筑美感。注重线条表现而非装饰细节，纪梵希品牌以很强的人体适应性将不同阶层、不同年龄的女性打扮得漂亮迷人，这当然须以高超的剪裁技巧为基础。

33 日装

设计：Hubert de Givenchy

法国，1979

作品赏析

左图是设计师纪梵希于20世纪70年代末其品牌成熟发展时的作品。对设计师纪梵希而言，在夏帕瑞丽等公司的经历，尤其是与大师级人物巴伦夏加亦师亦友的关系使其深受影响，这也是纪梵希品牌在20世纪50—60年代走简洁、清新、洗练、庄重路线的原因之一。如这套宝石蓝羊毛呢时装，整套为流畅而合体的剪裁，下裙为帐篷线条形，塑造女性的纤细身型。无领无任何装饰，合体袖，在腰部以下有

34 未来主义系列

设计：皮尔·卡丹（Pierre Cardin）

法国，1960

皮尔·卡丹（1922—）生于意大利的威尼斯。1945年，他进入巴坎的店铺工作，与加恩·科尔多、克利斯丁·百拉尔、乔赛特·德、加恩·马莱相识。曾负责电影《美女与野兽》的服装和面具设计。后移籍夏帕瑞丽服装店。1946年进入迪奥服装店从事服装助理工作。1950年他创设自己的艺术工作室，从事戏剧、电影的服装和假面具的设计。1953年首次参加高级服装发表会。1954年由他设计的气球形礼服获得好评。在萨特诺莱凯设立最初的店铺EVE。1960年首次举办由250名学生担纲的划时代服装发表会。1970年开设剧场ESPACE PIERRE CARDIN。1973年作为威尼斯的荣誉市民，荣获BASLICA PALLADINA奖。1974年荣获相当于意大利奥斯卡奖的EUR奖。1975年获LEGION DHONNEUR勋章，发表汽车造型设计。1977年，在当年的春夏高级服装发表会之际，获金顶针奖。1979年在中国举办首次服装展，他是最先到中国举行发布会的欧洲设计师。此后不久，皮尔·卡丹品牌进驻中国北京、深圳等城市。1981年获餐厅Maxims的经营权，作为世界级设计师首次在北京开设服装店。1982年在秋冬服装发表会上获金顶针奖。1985年获法国政府国家荣誉奖。1988年获财团法人衣服研究会最初的外国人衣服文化奖。1991年被任命为联合国教科文组织的名誉大使。

作品赏析

皮尔·卡丹是大多数中国人最为熟悉的服装设计师，也是第一个

袖迷你连身裙，降低的腰节处有本色布的腰带装饰，胸前有各种不同的几何图形镂空设计，整套服装线条简洁。男装款为拉链式运动上衣和长裤组合，色彩为中性的黑、灰色，针织面料是当时休闲、运动风格的首选面料。细节设计上大量采用了时代感十足的拉链、金属带扣等，是对现代主义风格设计的全新尝试。皮尔·卡丹时装虽然起始于巴黎，得益于美国，但是意大利的时尚起源都市威尼斯出生的他依然继承了意大利设计师的众多特点，缝制工艺精湛，偏向实用主义和对着装的舒适感的追求，洋溢着激情的色彩运用。其设计风格偏向平民化并不代表造价上的廉价，皮尔·卡丹的高级成衣面料考究、缝制精良，价格不菲。

进入中国的国际时装品牌。他成名于20世纪50年代，当时正是"迪奥的时代"，当人们沉浸于迪奥的"新面貌装"的时候，他创造了各种前卫的现代主义设计服装，其设计毫无夸张、矫揉造作感，走的是现代主义几何风格路线，充满了高雅和时代感。其设计的成功之处还在于他对成衣化时代的迅速反应。这种反应，既包括了他对时尚流行风格的把握，如其紧跟60年代匡特的"迷你"风格，以及对意大利未来主义时装风格的理解和对美国各种现代主义设计潮流的吸收；更重要的是他有精明的商业头脑和对时代发展的远见。

图中是一系列运动风格的高级成衣设计。女装采用了鲜明而高纯度的色系如大红色、橙色、紫色、深藏青等，款式均为及膝的无

35 套装

设计：Pierre Cardin

法国，1966

作品赏析

当法国的设计师们还在想方设法巩固法国的高级时装在战后的地位时，其实成衣革命已经随着战后年轻人口的猛增而到来，皮尔·卡丹于1959年设计了法国的第一个高级成衣系列，适应了规模化成衣生

产的需要，也满足了更多的中产阶级想要追求流行时尚的需要。

图中的服装是羊毛格纹成衣套装，于1966年设计，属未来主义风格，双层大立领，侧门襟，四粒纽扣，合体九分袖，腰侧有简形皮搭扣点缀，短小的上衣造型与宽大的围领形成了对比。斜裁和精湛的缝制工艺使其外形突显出来；迷你短裙给人耳目一新的形象，短小的造型充满了活泼、秀丽的女性气息。但他的几何形态简约设计的服装充满了新奇却又是实用的。成衣化时代的到来，意味着女装装饰的简化，繁杂而累赘的细节装饰都将随着时代的远去而被摒弃，装饰手法由立体的、具体的装饰转向平面的、图案的装饰。面料的花纹、色彩及图案从此成了设计师们不断追求和探索的方向。自20世纪60年代，各种格纹图案诞生以来，除了名片式的苏格兰红色格纹，还有许多品牌以独特的格纹设计而闻名，如巴宝莉的米色大方格纹，DARKS的驼色小方格纹等等。这款格纹设计就是诞生于这样的一个时代背景下，其色彩仅有三色——黑、白、驼色，但是其排列是清晰的，层次是分明的，视觉上是富有立体效果的。

36 白色羊毛大衣

设计：Pierre Cardin

法国，1967

作品赏析

当然，提到皮尔·卡丹的高级成衣，不得不提到美国，轰轰烈烈的成衣化时代首先在美国兴起。比起奢华、昂贵、格调高雅却难以推销的高级时装，美国人更愿意接受品质优异、工艺简洁、风格时髦的高级成衣。当皮尔·卡丹在法国遭到法国时装协会的除名时，他便将市场中心转移到了美国，并在美国得到了狂热的拥护。

图中便是一套高贵气息十足的羊毛大衣设计，20世纪60年代美国的登月成功对当时的流行时尚影响充分体现在这套设计上。整套设计是富有太空服形式感的。纯白的高档羊毛呢面料配合海獭毛装饰的宇航帽式风格的帽子，完全不同于法国式的优雅和矫情的高贵风格，富有超前的未来主义风格。独特的剪裁方式和挺括的结构营造出硬朗的中性气质，这种凌驾于性别之上的设计感不再将设计创意定位于服装，而是一种结合现代流行文化讯息的人体包装。它拓宽了高级成衣的含义（方便、适合批量生产），呈现出前所未有的科技美学观。

术。这组皮尔·卡丹式的迷你裙设计除了富有轻快、活泼的气息外，还带有明显的构成主义色彩，从其拼接手法即可以看出。意大利的成衣就是以这种新奇、前卫却又能适应机器化生产的特点迅速占领了国际成衣业的一席之地。

37 紧身羊毛上衣、迷你裙/白色镶边迷你裙
设计：Pierre Cardin
法国，1968—1970

作品赏析

从这组服装设计中，我们能明显感觉到设计师对戏剧化风格的爱好。图左是紧身长袖高领羊毛衫和羊毛呢超短裙的组合。这种两件套的组合方式至今仍是时髦的。红色的漆皮吊带为倒A字几何形，带有水手风格。这种大胆的设计是皮尔·卡丹的标志。整套设计具有现代高科技感，而款式却是实用而大方的。图右是同样造型的短袖连身迷你短裙，黑色羊毛紧身迷你裙，领部、袖口、腹部和下摆有白色漆皮镶嵌装饰，仍然是几何形状中的矩形。两种不同材质的平整结合体现了其高级的成衣工艺技

38 日装
设计：Pierre Cardin
法国，1960

作品赏析

图中是由当时著名模特Raquel Welch展示的精纺羊毛织物面料外套款式。此套设计由两部分组成：合体的高领上衣、九分袖，腰线降低至前腹中部位置；下面均匀地连接着数条带状结构，底端为圆形结构。这种具有剪纸结构的设计在当时极为新奇，融合了高级时装的格调和现代主义构成感的风格，开创了现代主义设计的先河，带有现代意义上的玩味设计倾向，颠覆了一直以来以严谨、正统著称的时装设计传统。同其他战后涌现的意大利设计师一样，皮尔·卡丹没有跟随当时盛行的法国时装风格，而是将眼光放到未来，依靠着丰富的经验和意大利本土特有的纺织面料技术，引导了世界时尚新的风向标。

得益于这些悠久的时尚产业城市，意大利在战前就已经奠定了深厚的纺织面料技术、服饰配件及装饰品加工工艺基础。意大利的时尚产业发展，从历史的观点来讲更重要的是在手工业时代向现代工业体制转变的过渡时期，意大利的纺织业和配件系列始终以坚实的品质在发展。机器时代的到来和一个稳固的企业模式取代了工业时代前的作坊式生产。不过需要强调的一点是，在创意的艺术性上意大利的服装设计师们保持了很高的水准。意大利的地域特征对它的贸易行业的发展也起到了积极的作用。任何时尚文化相对发达的

国家，都有着支撑其发展的前卫艺术家及忠实的主顾们，意大利也不例外。意大利的艺术家们很早就认识到时尚对文化的重要性。时尚对未来主义计划的重建不仅在技术领域，还在生活领域上。他们认为时装应该是人在任何时候的斗志和激情的表达方式，无论是在色彩上还是在风格上。

战后随着世界范围内成衣业的发展，意大利的设计师们以精湛、优雅又显得休闲、随意的分体运动服装打入美国市场，并获得成功。这类服装秉承了战前不怎么正式的生活风格，没有明显的阶层区分，而富有更多的国际性特征。相对于法国时装的奢华和昂贵，意大利的设计是平民化的，其价格低廉，但是却保持着高雅的

格调和坚实的品质。

意大利的时尚是年轻而有活力的，虽然廉价却仍然是精益求精和欧洲式的。意大利的时尚通常被形容成减弱了时髦的样貌。意大利的时装和欧洲其他品牌一样，同样创造了很多好莱坞式的魅力。时尚和电影结合是罗马时尚获得成功的决定性因素，并不单单是由于女演员，虽然罗马的时装设计师只是被那些工作室雇佣去制作电影服装和其他道具。

39 印花丝绸衬衫

设计：爱米里奥·普奇（Emilio Pucci）

意大利，1955

爱米里奥·普奇（1914—1992）出生于意大利佛罗伦萨的贵族世家，具有较好的运动天赋，曾经是意大利的奥林匹克滑雪运动员。二战时参军，具备了运动专家、飞行师和贵族等多重身份。1947年，在美国西雅图就读大学的普奇，由于热衷于滑雪运动，便自行设计滑雪服。当其朋友穿着他设计的滑雪服出现在杂志上时，其设计才华被媒体所报道，从而开始其时装事业。1948年，第一个完整的夏装系列推出。其作品以丝绸面料和莱卡面料为材料。1950年，他在意大利的卡普里岛（Capri）开设了首间时装店，其活泼的风格和显眼的色彩广受欢迎。1951年，普奇正式成立了时装公司，并将事业版图延伸至罗马、蒙特卡利等地甚至美国，并在这年将其设计业务扩展到家居产品如地毯、香水等。1954年，被授予Neiman Marcus奖项，为受邀的航空小姐设计服装。其原创性设计——塑料帽子使女性空乘人员即使戴帽子也不破坏原有发型。1970年以后，普奇品牌开始在众多流行潮流中被掩埋，直到20世纪90年代开始复古风格时才重新回到时尚的前沿。普奇于1992年逝世，普奇品牌由其女儿继承。

作品赏析

　　像这个世纪其他许多意大利设计师一样，普奇也是贵族出生，就是这个在佛罗伦萨的普拉索（Palazzo）家族，受文艺复兴的影响极大。他进入时尚圈完全是偶然。1948年，当他所设计的一套户外滑雪装被作为一个时尚元素在《哈泼·巴莎》（Harper's Bazaar）推出并于1952年在佛罗伦萨由Sala Bianca展示后，他开始与美国所有的大型商店洽谈并合作，常常去美国考察。

　　贯穿20世纪50—60年代，普奇的带有鲜亮色彩的重量级平纹丝绸织物服装是国际性时尚的重要象征。他也尝试一些人造材料的试验，如一种丝绸和尼龙的混纺纤维。这是一种具有弹力的面料，在重量和价格上有优势。他去除了服装的垫肩。如图中这两件丝绸衬衫设计，在现在看来是极其平凡的款式，翻领、长袖、前门襟扣合、中长款式、宽松的结构，但是在50年代中期，却是极为前卫和现代的设计。相比较于同时期那些庄重而沉闷的怀旧服装，它有着极简约、自然、直白的现代化成衣风格，没有任何繁杂的结构和做

作的形态，仅仅是一件包装身体的材料，属于完全意义上的功能主义设计。最有特色的是其面料的色彩和花形，这种闪耀的花形便是爱米里奥·普奇的标志，也是50年代意大利高级成衣的名片。

　　左边的衬衫为红色系花形，粉红色的底色，不规则圆形的图案中间夹杂着不同曲线体的纹样，全身图案毫无规则性，完全是一种随意的涂画式风格，只有在门襟和下摆及袖口处是二方连续式的图案，强调了衬衫的结构。其长度只到臀围线上，直身的剪裁没有任何褶皱和省道，保持了花纹的完整性。下身是黑色的弹力踩脚裤。右边的衬衫是金色底面料，图案为橙色和黄色系，图案由几何形不规则色块交错形成，上面印有写意风格的建筑速写勾线。同样周身毫无对称和规则而言，除了门襟、下摆和袖口处是二方连续的纹样。下身搭配了红色的锥形长裤。通过这两套设计，我们能感受到设计师对于设计的轻松幽默态度。

40 迷幻色彩针织印花连身裙

设计：Emilio Pucci

意大利，1965

作品赏析

　　意大利是有着深远历史文化的国度，从它的历史碎片中任意拾起一片就能道出一段精彩，普奇的贵族出身养成了其深厚的文化修养和贵族气质，以及对于传统文化的吸纳能力。战后在美国的求学经历使他对现代意义上的功能主义服装和女性的解放思想有着准确

年代中期，即带有明显的欧普艺术特点。发散式的几何图案是带有都市感的抽象风格，具有现代意义上的构成感。色块虽然只在三套色即橙、紫、黑间变化，但通过色调的深浅推移却产生了层次清晰的效果。图案的单位布满整个前身，无规则可言，唯有领口、腰线及袖口处有规则的条状图案，强调了其服装的整体结构。视觉上能分辨出这款服装的面料细腻，悬垂性好，质感轻薄有弹力。

41 乔其纱带头巾斗篷

设计：Emilio Pucci

意大利，1965—1969

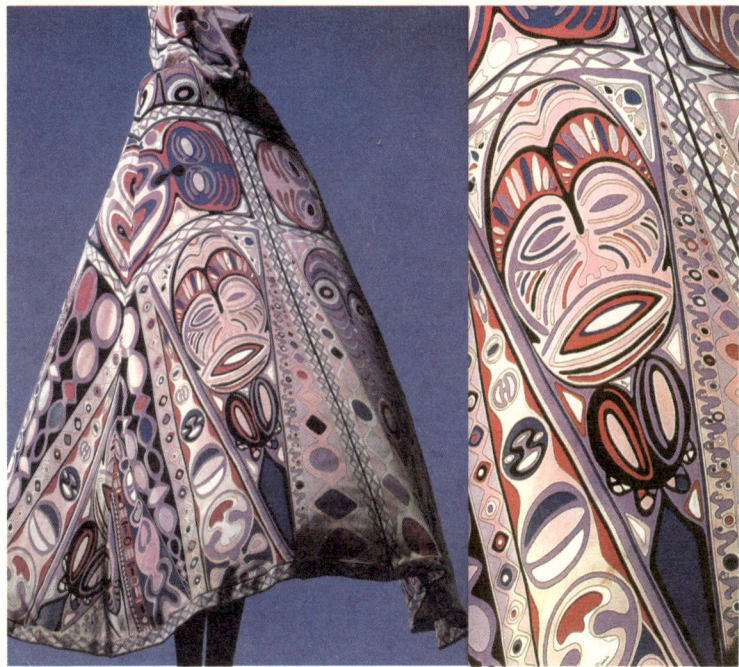

作品赏析

普奇是意大利服装品牌国际化新星中的一个，这是与他五彩缤纷的纺织设计技巧联系在一起的。这些纺织品被生产成披肩、短袖

的认识。他也目睹了美国迅速发展的纺织面料技术和成衣化工业，所以他能完全将意大利的本土文化特色运用于他的高科技的纺织技术设计中。在身体的解放中，意大利时尚是基于其文化发展的。如图中这款中袖针织连身裙，正如读者所见，是极为平凡的款式和结构，自然贴合身体的廓形，20世纪60年代中期标志性的迷你长度，方形领开口。值得关注的是其面料的色彩和图案的设计。

回顾20世纪60年代的艺术流派发展，不得不提到美国的欧普艺术——迷幻的色彩和强烈的视觉冲击力。这件服装出自于20世纪60

和其他服装。一件由普奇设计的披肩能被引出超过12套颜色以一种抽象的漩涡设计。他以一种粗犷的绶带印花的卡普里岛式的裤子与丝绸短袖相搭配，从而重建20世纪的古典风格。

正如图中这件飘逸的斗篷，上面搭配了同面料的头巾，同样是出自于欧普艺术盛行时期的设计作品，夸张的图案让人震撼。粉紫的底色，图案的色彩也在紫色系中，只是深浅不同、倾向不同而已。这些图案充满了想象力和梦幻般的感觉，完全是抽象的，以图案的构成法则很难分解它的构成形式，我们只能从形式上窥探设计师的创意。最为明显的图案形式为类似猿猴脸的椭圆形图案，让服装有了一种难以捉摸的神秘感；其他小单位的图案便是以各种椭圆形连续排列而成；其单位图案集合的划分是大胆而直接的，并且对于划分线条进行了连续图案装饰。从这种难以捉摸的图案形式中走出来，却能感受到普奇充满幻想的儿童般的想象力。意大利的成衣化风格是随意而自信的，人们很自然地裸露着脚和腿部的美，只穿凉鞋而不穿袜子，穿没有腰带和内衣的裙子。意大利出产简洁、舒适和有身体意识的服装。简洁和舒适也是美国运动服装成衣生产的重要原则，不过意大利却提供了含有更丰富的文化意味的运动服装。正如这件斗篷的设计，虽然是极简单的款式，却毫无机械化规模生产的僵硬和单调，视觉上是定制时装的独特风景。

42 针织连身裙

设计：奥达布奥·米索尼（Ottavio Missoni）

意大利，1962

奥达布奥·米索尼（1921—）生于前南斯拉夫。1948年米索尼设计的编织服装被意大利选手团指定为伦敦奥林匹克的专用服。同时，米索尼也作为一名运动员出场。1953年同劳基达结婚。妻子于1932年生于米兰，继承祖父开创的编织工厂，夫妇俩开始大力发展运动编织服和其他编织服。1966年，在米兰的杰劳拉蒙剧场，首次举行了"米索尼"服装发表会。1969年，米索尼针织品进军美国

市场。1973年在美国获得"妮曼·玛卡斯奖"。1975年获美国的
《VOGUE》编辑人"世界最高级的服装"特别奖。1986年，发表男
装"米索尼·奥蒙"。1987年发表女装"米索尼·东奥蒙"。接受
意大利政府的邀请负责设计威尼斯峰会接待人员的制服。1988年，
推出男装"EXAMPLE BY MISSONI"。1994年获"比得·意曼吉
奈奖"。为纪念创作活动40周年，举办"米索尼回顾展"。

作品赏析

　　泰·米索尼和罗西塔·米索尼（Tai and Rosita Missoni）都拓
展了毛衣的可能性设计。泰·米索尼对时尚的追求开始于他为意大
利的奥林匹克滑雪队制作滑雪服，当时他只是设计团队中的一员。
1958年，受美国的树干装（袜装）的影响，他们设计了第一套编
织系列服装。在20世纪60年代的早期，发现了一些被遗弃的20年代
的编织机能够编一排20种不同颜色的线，他们恢复了编织的装饰方
式。泰·米索尼在编织和染色上不断地进行尝试；罗西塔·米索尼
发展了时尚的形态，从此这些"意大利编织"成了意大利进入时尚
领域的阶梯。1964—1966年间，他们同Emanuelle Khanh合作了四个
系列，取得了国际领域内的成功。

　　这款针织连身裙诞生于米索尼品牌创立不久，全套采用尼龙
面料制作，悬垂性好，质感滑爽。针织世家出生的米索尼对当时的
针织技术进行了大胆的创新，融入了意大利民族的色彩和图案，这
一风格以后成了其品牌标志。此套面料由七彩的条纹排列，中间
由黑色间隔，层次丰富，具有迷幻的视觉效果。这套连身裙款式简
单，由一件长及膝盖的长直身裙和多边形下摆的长裙组合，直身裙
下摆以人体横剖面为中轴剪裁成菱形，下裙底边剪裁为多边形直线
条，形成了自然的尖角下摆。整套服装板型宽松，无袖，长裁领
口，如此顺畅地再现了七彩的世界，体现了典型的意大利随意式的
优雅风格。

43 针织连身裙

设计：奥达布奥·米索尼（Ottavio Missoni）
意大利，1973

作品赏析

　　资深的时尚人士理查德·马汀曾经宣称："米索尼带来了一种具有生动的想象力的针织品，将那些古老经典的手工编织从常规的、机器生产的针织服装中拯救出来。像战前的许多意大利的制造业一样，这些产品的价值在于以一种无可挑剔的尊贵设计去适应了机器生产的需要。"米索尼于1967年在佛罗伦萨碧提府邸宫推出了他的第一个系列。不过米索尼并不喜欢模特穿着内衣后再穿他的纤瘦的针织服装，所以他让模特脱去了内衣。在秀台明亮的灯光下，这些服装呈现半透明的效果。

　　图中为长开襟外套和无袖长裙组

合。针织外套为尖角翻领、长袖；连身长裙为圆领，下调的罗纹腰部分割，裙子前两边各有三条并排褶。整套服装为其代表性的之字形花纹，火热的色彩充满了热情和张力。尽管都是沿着身体的自然线条轮廓设计，却依然能感受到强烈的设计感。对繁杂的多余细节的摒弃就是创新，对自然体形的展露就是对个性的尊重，加上令人炫目的之字形图案，塑造了一个奇特而舒适的着装体验。意大利的很多服装品牌都是以面辅业起家，它们的设计创意早在面料开发的时候就已经有了雏形。米索尼家族的针织服装在意大利的时尚史上是具有里程碑意义的创造。

无论是嬉皮当道的20世纪70年代还是崇尚简洁的90年代甚至是被喧嚷着进入后现代的日子里，色彩+条纹+针织一直都是米索尼设计的特色，也是在众多品牌中直接辨认的最好方法。

如这件针织长背心和长袖连身裙的组合，加上同面料的卷边大檐帽，微妙的　"之"字花纹和迷幻的色彩仍然是此套设计的看点。长袖连身裙采用了扁平的翻领，领角呈略长的锐角，领口处有一粒圆纽扣。色调分明的"之"字纹同长背心的混色梯形波浪纹形成了对比，卷边大檐帽和连身裙为统一面料，增添了整套服装的神秘感和艺术效果。

44 针织套裙

设计：Ottavio Missoni

意大利，1971

作品赏析

像其他众多意大利家族服装品牌一样，米索尼服装品牌在艺术和技术之间找到了灵感结合点。米索尼品牌是由米索尼夫妇于1953年在里雅斯特创立。到1961年公司开创了新的混纺面料和色彩，并开始发展其标志性的图案，开始了连续的之字形条纹编织。高档豪华的面料是高级时装的重要前提，但却不是决定性条件，米索尼服装品牌便很好地证明了这一点。米索尼的针织系列可以用20多种纱线纺织的面料制作，这些混纺纱线针织面料被编织成各种不同的丰富的花纹。在秀台上米索尼的模特们穿着真正手工编织的时装，但是成衣系列却是采用其独家机器编织而成，外观上看起来极具视觉效果和良好品质，像其设计一样具有浓郁的艺术感染力。米索尼作品的色彩与图案既复杂又和谐，这个具有诗人气质的设计师对色彩的掌控如同玩魔方。米索尼式的色彩和几何抽象纹样如同万花筒，没有重复，只有风格。

45 粉绿色无肩礼服

设计：查尔斯·詹姆斯（Charles James）

美国，1954

查尔斯·詹姆斯（1904—1978）出生于英国，母亲是美国人，父亲是英国人。1926年，在芝加哥借用同学的名字开设了妇人帽子店。1928年，在纽约的马莱·西尔，在停车场屋顶开设了帽子店。开始着手礼服的设计。1930—1940年在往返伦敦、巴黎、纽约的同时，在纽约开设的服装店中兜售设计。1933年，举办城镇和乡村服装发表会。以后在劳巴斯的洋品店出售自己设计的产品。1934年，接受母亲和友人的帮助，在芝加哥、马夏尔·菲尔特公司发表了服装发表会，首次接受舞台服装的订货。1937年，在巴黎参加服装节后，向哈劳司（伦敦）和巴库特大·古特曼（纽约）出售设计。1940年，在纽约建立根据地。1943—1945年成为伊丽莎白·安提公司的撰述设计师。1945年伴随着伊丽莎白·安提公司的分店在纽约开业并为红十字会举行慈善服装节，詹姆斯提供作品25件。1947年，在获得成功之后，短期置身于巴黎高级服装店。1948年，在纽约的布尔克林美术馆举办题为"十年"的设计回顾展。1950年，获豪迪·美国·服装评论家奖的乌尼奖。1954年，与南希·里·库莱格丽结婚，生子。开始着手儿童服的设计。1961年，婚姻生活破裂，开始着手面向大众的设计。1958年，因与人合伙出资的生意接连失败而破产。1964年，移居纽约切鲁西饭店，再次开设了一个很小的摄影棚。客户剧减。开始从事宝石的设计，但没有成果。1975年，在纽约举办个展。1978年，因肺炎在纽约切鲁西孤独地死去。1980年，由当地政府在纽约的布尔克林美术馆举办大规模回顾展。

他最大的特点是追求最大限度地刻画女性特有的娇艳妩媚。在他的作品中多采用缩紧腰部、托起胸部等处理手法。他给造型赋予性感，让女性更有女人味。

作品赏析

在20世纪50年代中期，查尔斯·詹姆斯的表现在时装界是值得肯

定的，他的剪裁技艺极富艺术性。他是个极富手段的生意人，但是其过于张扬的性格毁掉了他所有的社会关系，工作伙伴也离他而去。在面料缺乏、资金缺乏的困境中，他曾经几乎快要破产。他的服装都是富有艺术性的作品，他相信时间可以证明他的设计是经典的，尽管他经常让他的顾客们为一件晚装等待很久。在这样的情况下，詹姆斯仍然有把握顾主们将会接受他的设计，相信对方绝对钟爱他的设计。他

擅长运用富有戏剧性效果的面料如罗缎、贡缎、天鹅绒等。

詹姆斯喜欢盘旋的绸缎设计，如显著的翻领、戏剧性的蝴蝶结和披帛；他常常不惜用大量的面料来堆砌富有强烈建筑美感的轮廓。图中的这套黑色礼服采用了绿色的贡缎面料，贡缎的内层和巴里纱垂帘使得这件礼服极富立体的建筑空间美感。上半部分完全是依附身体的轮廓，雕刻出女性饱满的胸形；由腰至臀部及大腿都是紧裹身体的剪裁，突出女性的摇曳身姿；扇形的裙摆由前腹起打开至下摆，形成了一个分离于身体的锥形空间，使整体的造型有了更明显的起伏廓形。这套礼服设计完全是采用立体剪裁的手法来表现，没有任何褶皱和多余堆积的布料，呈现出光滑而平坦的外光效果，具有雕塑般的立体感，将女性的气质修饰得性感而妩媚。

46 褶皱复古礼服

设计：Charles James

美国，1955

作品赏析

战后的美国在休闲运动的成衣市场发展的同时，晚礼服设计也开始拥有自己本土的设计师，如查尔斯·詹姆斯在战后的美国以他的众多的雕塑般精湛的礼服而闻名。他常常被称为"时装雕塑家"，可见他对礼服的造型和结构的把握具有非常高的创意。他的时装，可以令穿着者顿时由颓废诗人变成性感尤物。

这件礼服推出于战后。当时法国的时装出现廓形鲜明的迪奥风格及夏奈尔式的自然优雅风格，美国也涌现了很多成衣设计师，而时装风格的路线却还是受到法国时装风格的影响；加上战后英国及意大利等欧洲的众多时装设计师到美国开辟新市场，所以此时美国的高级时装呈现出一种综合欧洲经典时装优雅风格和具有美国都市感的混合气质。如这套礼服的设计，饱满的胸形，上身完全是自然

曲线的再现，裙摆以舰艇形状铺展在内层蓬起的下摆上，让焦点集中于前中外。内层的无规则多层褶皱下摆在膝盖处打开，撑起一个饱满的锥形下摆。这种变形的鱼尾式造型可以看出依然带有古典的优雅，其精湛之处在于其下摆部分与连身裙的衔接。设计师将连身裙的下半部分设计成自然的褶皱曲面，这样就自然地将接缝处隐藏起来。两部分的连接顺畅而平滑，自成一体。

47 彩色条纹连身裙

设计：克莱尔·麦卡黛尔（Clair Mc Cardell）

美国，1940

克莱尔·麦卡黛尔（1905—1958）出生在美国马里兰州。1927年，在纽约的帕松斯设计学校学习，以后又转入巴黎的帕松斯。1929年，进入设计师理查德·塔科的设计室。1938年发表修道士礼服。1940年开始使用自己的名字从事设计工作。是美国最有影响的设计师之一。

的代表。美国本土出生的设计师麦卡黛尔，大受法国别致优雅风格的影响，她的服装被美国的事业女性们作为必要的主导风格。她的休闲系列更适合搭配，这些服装可以在同一天的任何时候在任何场合穿着，后来被冠以"美国风貌"。

男性设计师的设计总是充满着张扬的个性特征，以自己喜爱的方式和形式去设计女性的着装身体，而女性设计师除此之外更为关注女性内心的情感表达和细腻的着装体验。麦卡黛尔便是如此，她是最先把垫肩从服装中去除的设计师。如此一来肩形能很自然地呈现，这一设计从20世纪30年代早期以来一直很流行。她的支持者，即所有的顾客，认为这是不适合商业操作的，麦卡黛尔便走了折中路线，加了可以卸掉的垫肩。她喜爱用柔软的线条，及棉花、泡泡纱、巴厘纱等简单而质素的面料。如图中，一件棉质的七彩条纹印花连身裙，乡村风格的色彩充满了亲切和活泼，细腻而轻薄的棉质面料有良好的松脆感。款式为无袖、挂脖式领，自然褶皱随意集中于颈侧和腰间，圆摆的自然褶裙，本色布的宽腰带束起纤细的腰围，无领无袖无任何衬垫。这种经典的款式以美国式的材质和色彩表现出来，充满了女性的温柔和闲暇的度假氛围。即使在战时乌云笼罩的时期，仍然有如此轻松的设计，表达了设计者对平静、惬意生活的向往。

作品赏析

跟其他欧洲国家一样，美国时装也是长久以来紧跟法国时装风格变化的，但是20世纪40年代中期以来，随着美国服装工业的发展及战后迅速攀升的经济实力，美国人开始渴求有自己本土风格的设计，而不是矜持而隆重的时装模式。特别是战后，美国聚集了大量的前卫艺术家、设计师，他们开始尝试带有美国本土文化的服装时尚设计，即它应该是简洁、舒适、品质卓越的。麦卡黛尔便是其中

48 红绿条纹连身裙

设计：Clair Mc Cardell

美国，1948

作品赏析

战后，美国妇女们已经开始支持她们自己本土的设计师了，即美国乡村、传统、运动风格，好莱坞为设计师们提供了强有力的灵感源。美国放弃了一直以来所依赖的法国奢华服装风格而去给女

性们展示一种优雅的方式——穿着衬衫式连身裙，即使是在正式场合。她重要的是服装的色彩和质量，风格不再依赖精致的配件，麦卡黛尔引导了这种趋势。了解到当时经济局势和大规模生产对设计师的限制以及政府要求解放女性身体的呼声，她设计了一些比较中性化的休闲运动装，特别是紧身少女裙（除去了紧身胸衣和腰带）、晚厨裙子、菱形花格的游泳衣、芭蕾舞蓬蓬裙、一边有带子抽紧的蓬松裙子、紧身衣和一些轻便装。当其他设计师都在竞相采用奢华的丝绸和羊毛面料的时候，她的设计风格却更大众化。她讲道："它（指麦卡黛尔自己的设计风格）看起来和感觉上像美国。它的自然，它的装饰，它的轻便，它的舒适，服装能说明这一切。"她的设计做到了。

　　这是一款自然风格连身裙设计，细窄的翻领，宽松的连肩盖袖，打开的下摆直垂到脚踝。本色布的腰带束于背后成蝴蝶结状，将女性的比例修饰出来。由白色间隔的深红和墨绿细条纹棉布面料，设计师通过不同的斜裁方向，形成了丰富的视觉效果。此套裙既适合工作，也适合出行，极符合美国职业女性的日常着装需要。

49　针织无肩连身裤装

设计：Clair Mc Cardell

美国，1946

作品赏析

　　这是一款前卫的针织连身裤裙设计，条纹状的棉和尼龙等混纺面料看起来柔软且富有弹性。这种运动款式的服装款式较为独特，低肩领口，露出圆实的肩膀。身体在这里是自由的，也是需要呼吸的，这套通透而舒适的设计正好满足了身体的这种需要。

　　半袖，胸部以下有自然褶皱垂于两侧；裤裙设计较为宽松，自然收褶于腰部，腰部有细的绳装饰，领口和袖口处分别镶有松紧边。整套服装设计是宽松的，但是女性气质仍然洋溢其中，作者通过不同的手法将女性的肩、胸、腰线条修饰出来。这种随意的设计完全不同于同时期欧洲的设计风格，带有明显的美国沿海地带风貌，以美国式休闲和运动风格的文化特色重新定义了女性的优雅。

50 针织泳装

设计：Clair Mc Cardell

美国，1948

作品赏析

一款经典的泳装。随着20世纪40年代女性解放的呼声逐渐高涨，女性的角色不断被翻新，母亲、妻子、老师、会计、秘书……女性的地位开始被广泛关注，女性能选择并享受到更丰富的生活。战时的泳装设计风格我们可以通过电影《出水芙蓉》了解到：紧身胸衣的造型和款式，本色白的棉质面料，其实是旧时的紧身胸衣的缩小版。此套泳装为针织面料制作，无肩带，顶端有紧边罗纹收紧，连身款式，下摆为卷边设计；腹部有半截腰带装饰，既是装饰也是修饰，能隐藏女性的腹部突起。即便是泳装，也能关怀到女性的各种着装情绪，如肤感和身材比例，形态美感等，这便是女性设计师的温柔体现。

51 西服裙套装

设计：查尔斯·克里德（Charles Creed）

英国，1940

查尔斯·克里德（1909—1966）出生于英国的一个缝纫世家，其家族从1760年开始为英国皇室设计、制作日装和礼服，19世纪末当家族设计室为维多利亚女王和Empress Eugenie做骑士服时，亨利·克里德继承了家族事业。1850年，Empress Eugenie劝服老克里德从伦敦到巴黎重新部署，现在这个家族事业的总部还设在巴黎。

1900年，老克里德设计了白装和时尚的欧洲套装，一些套装剪裁成带着宽大喇叭裙的巴斯克夹克并将斜纹用于他的套装。1917年侦探玛塔·哈瑞被击身亡，据说执行任务时穿的就是克里德设计的斜纹呢套装。1909年，查尔斯·克里德出生。长大后在英国和维也纳学习，后在纽约Bergdorf Goodman进行了短期的培训。1930年初，他在伦敦建立了一个新的时装设计室，在将谨慎的英国传统礼服售给美国顾客方面做得很成功。1946年，查尔斯·克里德在伦敦和纽约为美国远东服装设计室设计服装。像他父亲和祖父一样，他不是一个时尚的创造者，但他生产别具一格的羊毛斜纹套装。1961年，他写了本自传，称之为"Maid to Measure"。

1966年查尔斯·克里德逝世，他的家族事业还在继续。查尔斯·克里德的设计室以经典的剪裁方法制作考究的套装闻名，而且他的香水有超过200年的悠久历史。

作品赏析

查尔斯·克里德出生于英国皇室御用服装制作家庭，继承了家族事业并将其家族事业由英国发展到法国和更远的美国。查尔斯·克里德本人性格和蔼、思维缜密，有着英国人的谨慎和从容。其1930年进入家族设计室后，除了继承其家族擅长的羊毛套装设计风格外，还进行了一些大胆的现代主义设计风格的尝试，创造了不少经典的佳作，如蝙蝠袖短上衣、斗篷式短大衣等，成功地将其严谨的英皇室风格融入了欧洲的早期现代主义风格中。他的作品总是平易近人而又格调高雅，没有夸张的装点和多余的细节，却最理解女性的需要。这也注定了他的事业不能像其他大牌那样大红大紫，而只是默默地为需要他的顾客设计合适的时装。

图中，此款套装剪裁精良，结构从简，廓形饱满，是经典的克里德套装。从中不难看出英国维多利亚风格的影子，紧收的腰线，公主线开身，方角的驳领与尖角的袋盖相呼应，小

面积的几何对称块面给整套服装融入了力量感和现代意义上的构成美学感，将视线集中在女性身体的上半部分。整体廓形接近自然人体形态，没有夸张的造型和多余的局部装饰。20世纪40年代女性解放思想逐渐深入社会各阶层，而且由于物资匮乏，服装很快脱离了先前的复古遗风，走向了简约、新潮的方向，这套服装已经接近完全的现代主义设计。

这只是克里德到法国建立工作室后众多套装中一件平凡的作品。我们都知道，法国和英国仅有一道海峡之隔，可以说共同谱写了欧洲的经典历史。当然，由于不同的民族和信仰，两国之间有着不同的民风民情。如法国崇尚浪漫和自由，喜好及时行乐，所以处处尽显讲究和细节，以展示他们丰富的内心和思想。英国盛产羊毛，自然它们有着独到的羊毛面料制作技术，克里德家族就是这样的典型。查尔斯·克里德作为这个设计室的继承人，又接受了当时美国先进的服装技术的培训，因此融入相毗邻的法国文化也是较容易的，所以40年代早期就在时尚之都巴黎占有一席之地。

52　提花真丝缎晚装

设计：爱德华·毛利纽克斯（Edward Molyneux）
英国，1926

出生于伦敦的爱德华·毛利纽克斯（1891—1974）在战前就开始活跃于时装界。他本人性格谦逊、稳重，对时装设计有着独到的见解，并且有着良好的剪裁技艺。毛利纽克斯于1919年开设设计室，以在梯形台上做服装展示为主开始其设计生涯。他的设计通常以简单朴素为宗旨，装饰手法夸张，礼服有极佳的平衡，品质得到好评。发展至20世纪30年代，毛利纽克斯的设计以其富有艺术感和舒适度获得了大批的钟爱者。他不同于那些传统而保守的英国本土设计师，而是在融入法国华丽时装风格的同时注重对各种不同异域风格的接纳，如对日本和服造型的借鉴。

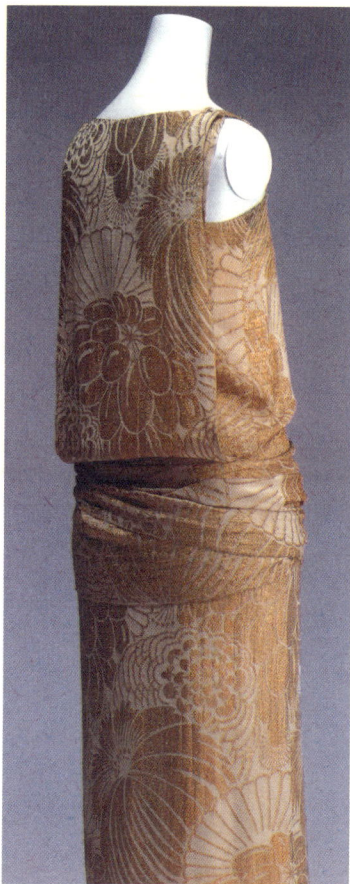

作品赏析

图中服装便是他对日本和服造型的一种尝试。和服最大的特点是对臀围线的隐藏和忽略，而力求服装的外形成为H形，提升了人体的纵深感。此套礼服在结构上仍然是合体的，但不完全贴合于身体表面，只有肩、臀两处定位于身体上；其他部分与身体自然依附。后背以一块由肩部垂下的面料造成了和服式的空间感，给人视觉上的空旷、直立。和服面料是大朵的菊花图案，明显的日式花样，提花绸缎悬垂、绵软。从这套设计我们可以感受到，时尚开始向各民族的文化和各种艺术领域摄取灵感，这便是最早的国际化时尚风格的开端。

53 天鹅绒晚礼服

设计：Edward Molyneux

英国，1935

作品赏析

爱德华·毛利纽克斯继承了经典的英国传统服装工艺及对服装造型处理的艺术性造诣。通常以简单朴素为宗旨，装饰手法夸张，礼服有极佳的平衡，品质得到好评。强调低腰围是其一个特点。

他非常善于尝试各种剪裁手法，如图中的这件天鹅绒单层斜裁晚礼服，弹性的天鹅绒面料紧紧地包裹着身体，显出现代女性的丰满身形；堆积的面料在接缝处呈现出漂亮的悬垂效果，体现女性的高贵和端庄。天鹅绒面料如绿宝石般的自然光泽隐约闪现。其实它带有19世纪巴斯特时装的原型，从堆积在臀部下的大量褶皱可以明显感受到这种古典的优雅气质；不过在领形及其他细节的处理上，设计者抛弃了陈旧的封闭感和沉闷感，而变得性感、简约。领形的设计同后背的大V字领将女性的背部直到颈部的S形曲线修饰得硕长而纤细。下摆前短后长，形成倾斜的椭圆形后曳于脚跟后。这套设计在当时看来是极为简单，呈现的是极佳的平衡感。设计者以简单而纯粹的手法维持了高级时装的高贵气质。

54

多褶裙下摆外出装

设计：Edward Molyneux

英国，1950

手臂动作时强调其弧线美，这也是战后新式服装特有的设计亮点。同其他英国设计师一样，爱德华·毛利纽克斯也非常擅长于羊毛面料的剪裁和制作工艺，这套设计充分体现了他的这一优势。服装没有任何的衬垫和支撑，但却挺括而圆润。

作品赏析

在战后迅速发展的成衣设计上，爱德华·毛利纽克斯保留了英伦的传统和开放的表现手法。他在20世纪20年代开始在接下来的十几年时间里将其时装定制业务开设到了蒙特卡诺、戛纳、伦敦、巴黎等地，就说明其设计风格已经具备了跨国界的审美意识。

同是战时的外出套装设计，图中的连身裙显得略为妩媚和活泼，圆润的围巾领修饰出女性的细致小巧；一直打到胸围线以下腰线以上位置，这是对战时女装严谨、迟钝的改良和创新；两粒深色圆纽扣强调了胸部的曲线，也给整体着装定出了视觉中心点；下摆是中式的多褶裙式样，层层的褶痕在动静间展露女性的摇曳多姿。皮腰带强调了腰臀曲线，也强调了身体的比例。设计者一直偏好于翻卷边或者翻折袖口设计，从这套套装的袖口处理手法上可以看出。卷边装饰既可以满足不同场合下女性对袖长的需求，又能在

55

双面大衣外出套装

设计：Edward Molyneux

英国，1950

作品赏析

如图所示，细长的海军领，双排扣，直身A形裙，剪裁合体，无任何多余装饰，整体效果硬朗而干练，延续了战时女装的中性风格。在现代看来，其方形的大袋盖显得过于呆板而笨拙，但是双面大衣设计为斗篷式外形，衣身以肩部为支撑线，悬垂到下摆，展示出开阔而摇曳的俏丽女性形象。窄翻折边袖口的设计露出了里层白色，强调服装结构的同时点缀了整个沉闷的黑色外观。

在为ISLFD工作的时间里，他到过美国考察并了解到英国传统时装行业所

受到的挑战，回国后便召集了一些年轻的设计师开始设计适应国际买手们需求的高级成衣，并取得了一定的成效。他吸引了国外的时装买手，并在政府和顾客之间获得了一致的满意。ISLFD组织了英国时尚周，时间定在法国时尚周前面一段（后来改在了法国时尚周后面），这样，各国的买手们就能很方便地参加两个时尚之都的发布会。不过跟战前一样，跟法国时装业比起来英国时装业还是失败的，这是因为资金上的原因。接下来的20世纪60年代末期，随着高档成衣的规模化生产，经典的时装不再是唯一的、不可仿制的，而变成了大众的流行，爱德华·毛利纽克斯逐渐感到不能适应这种市场环境而终究以退出而告终。

56 针织羊毛套裙

设计：诺曼·哈特奈尔（Norman Hartne）
英国，1935

　　诺曼·哈特奈尔（1901—1979）于1923年开设自己的设计工作室。1929年在巴黎开设设计室，以英国第一高级服装设计师的身份开始从事艺术活动。1940年，被任命为英王室用品承办商，负责伊丽莎白加冕式的礼服设计。大量着手舞台服装的设计。1947年获尼曼·玛卡斯奖。

作品赏析

　　建筑设计师出身的哈特奈尔对服装的结构和造型的把握非常到位，他从20世纪20年代以来就开始活跃在英国的时装界。相对于法国时装，英国的风格更为保守和低调，实用主义和功能主义一直是英国时装的首要原则。如图所示，枣红色羊毛针织面料日装——短上衣为圆领口、长袖，合体的剪裁，前中有"之"字形装饰门襟，由领围直开到下摆，同色面料的包扣点缀，强调了人体的纵深感和严谨的对称性。裙子的上半部分为合体设计，膝盖以下为鱼尾摆拼

接，散开的下摆在行动间展现女性摇曳的体态。和上衣一样，正中有装饰门襟和纽扣点缀。羽毛和花朵装饰的礼帽使整套服装具有了高贵优雅的气质，这种帽饰接近于爱德华时期女帽的造型和装饰特点。这套设计的整体形态为自然体型，没有采用垫肩、胸衬及衬裙，弹力的羊毛织物包裹着凹凸的身体，显现出女性的自然形体美，一切气质由纹理丰富、织纹细腻致密的面料来抒发。同意大利一样，英国有着丰富的羊毛资源，有着深厚的纺织历史，特别是对毛纺织和棉纺织经验丰富。这套日装套裙的设计采用了相对松软的弹力针织羊毛面料，在那个时期针织面料多用于内衣和内穿毛衣设计，所以这在风格相对保守的英国来讲是个前卫的设计。设计师在精确把握女性服装比例的基础上已经明显预料到未来女装发展的趋势。

57 白色礼服系列

设计：Norman Hartne

英国，1955

作品赏析

　　英国早期的成衣生产和时装制作因为有众多优秀的手工艺人、剪裁师和缝纫师而保证了良好的品质，又因为其拥有广大的殖民地而拥有坚实的消费市场。虽然在战时英国的纺织服装行业受到了限制和阻碍，但是其生产量即使是在战时也是其出口贸易的大头；因为其王室及其殖民地附属国的贵族需要，英国的时装设计也从没有间断过。哈特奈尔就是其中一个典型，他因为英女王设计加冕服而闻名于世。他在礼服的面料和装饰品的使用上非常有才华。为了不让服装单单显得漂亮或显得轻浮，他总是采用某处很厚重的设计。这种看似杂乱无章的设计是他制作变幻多姿的舞台服装效果的制胜法宝。

　　如右图的礼服系列设计，左边第一套为无肩带抹胸式设计，挺括的欧根纱面料轻盈而具有立体感，抹胸上部边缘有面料叠合造型，层层叠叠的面料边缘形成了丰富的空间感，收紧的腰身突出了女性纤细的腰线；放开的下摆外层有珠绣装饰，弧线的绣花图案属于自然线条的现代构成风格；环状的珍珠项链点缀出高贵而含蓄的女性气质。左边第二套礼服同样为无肩带抹胸式礼服，不同的是其胸衣设计为蝴蝶形，均匀叠合的面料边缘上有亮片点缀，透露出奢华的贵族气质。裙摆为双层面料，里层为柔软的真丝缎，外层为透明的雪纺纱，富有古典的浪漫气息；表面点缀着圆形、中间有亮片装饰的立体花朵图案，无规则地排列显示出其充满激情的设计灵感。三角形图案的钻石项链同衣身的亮片形成呼应，加强了整套设计的节奏感。其发型的设计带有美国式元素。左边第三套礼服设计为低胸领，圆弧形的领口线勾勒出女性圆润的胸部线条。整身面料为富有华丽感的闪光织锦真丝，紧身的剪裁突出女性凹凸有致的玲珑身段。发型设计却是爱德华式的宫廷造型。右边第一套礼服的设计为无肩带蝴蝶形抹胸式，紧身的上衣设计，下摆为放开的曳地下摆，内有衬裙，真丝缎料滑爽而悬垂。整身有小珍珠刺绣点缀，质感丰富，整片的珍珠形成了一块块立体的块面效果。长手套的上端有黑色的丝绒拼接，奢华的贵族气质油然而生。这四套礼服设计外形相似，但采用了不同的装饰手法，塑造出了不同的女性魅力，有的含蓄而落落大方，有的华丽而典雅，有的则高贵而有气势。可见设计师哈特奈尔对时装的装饰手法运用功夫了得，其工艺的精湛也是继承了英国传统礼服的优良传统，这是后来很多英国设计师所仰慕的。

　　关于女王加冕时所穿的礼服，从设计到制作完成只有短短8个月的时间，对哈特奈尔来说，当然更希望时间能够充足一些。

FOUR

20世纪60年代，是西方世界一个动乱、反叛的时代。随着战后经济的恢复，科技物资生产的迅速发展，各种社会思潮、艺术流派兴起。观念上的冲突给时装界的影响是最重要的。尤其是60年代的青年，大部分是二战面临结束时和战后出生的，战争结束，和平又重新回到人间，但也带来了人口生育的高峰。当时，法国20岁以下的人口占总人口的1/3，他们年轻、富有朝气，成为60年代社会中不可忽视的重要组成部分。这批被称为"战后孩子"的青年人生长在和平富足的环境里，没有经历过经济萧条和残酷战争，受到良好的文化教育，爱思考、爱消费，是被放纵娇惯的精力旺盛的一代。他们不满父母的习惯，藐视一切传统观念，反抗现成的所有，服装则是他们最充分地表现"造反"倾向的形式：让传统的服饰见鬼去吧！

在20世纪50年代后期，以往的高雅、贵族化的时尚受到了挑战。与流行概念相悖离的，并不是将时代的特征——迷你裙引入时尚的玛丽·匡特（Mary Quant），而是诞生在街上的学艺术的学生和现代气息中间。所谓玛丽·匡特想表达的，是时尚装束，即适合的、诙谐活泼的衣服是适时的，价格合理的。迷你裙（在膝盖上4~10英寸的裙子）是年轻人反抗他们父母的形式。年轻人想通过服装表达他们自己的思想。"对于我来讲成年人的装扮太普通了，并且不够醒目，大得异常恐怖，过于拘束、太过限制而显得丑陋。"匡特这样讲道。时装对他们的生活有什么影响呢？为什么他们眼看着渐渐长大了，女孩子们却不能看起来性感点并穿上她们自己创造出的性感呢？主动权在她们自己手中。

这期间英国涌现了一批年轻的设计师，这些经过各种训练的年轻设计师们不能跟那些同时代的贵族出生的设计师一样开始他们的设计工作。对于他们，主要有三种途径取得成功走上设计师之路：他们可以开设一个小的装饰品店；参加一个时装工作室，然后期待经过积累获得权威设计师的位置；通过某个能够接受他们的设计作品的批发商去零售他们的设计作品。其中第三种途径其实比较少的设计师这样经历过。劳拉·阿什莉（Laura Ashley）的服装唤起了人们对过去简洁朴素风格的喜爱。她于1967年在伦敦开设首家服饰店，劳拉·阿什莉提供了维多利亚时期挤奶女工样式的服装——服装以精细的棉布为面料，有白色的高领衬衫，却是适中的价格。她的服装定位于一种强烈的反流行风格，却反映了那个时期女性们各种理想化的思想斗争。英国的这种多元化时尚风格正是反映了那个时期的女性解放运动中所暴露的各种社会现象。而大批英国年轻人和设计师涌入欧洲，也将英国式的个性装束引入欧洲和美国。

英国的时装走过了半个多世纪的坎坷道路，直到60年代中期匡特等一批年轻设计师的出现，英伦的流行时装才开始以崭新的风貌展示在人们眼前，不同于以往的呆板、严谨而僵硬，显得俏皮、活泼而有娃娃气质的年轻风貌。此后，英国时装开始走向潮流化的方向，并且一直非常具有独特的英伦气质，维维安·伍斯特伟德（Vivienne Westwood）推出了永久的、经典的时尚——狂热的摇滚姿态；约翰·加里亚诺（John Galliano）——"时装界的天堂鸟"等。

1961年美国的《生活》杂志曾这样评论："粗俗的"意大利风貌改变了世界的时尚风貌。就像这位美国编辑所总结的：在过去的十年意大利经历了"戏剧化"的时期、迷幻时装时期。另外，意大利在设计领域里已经达到了很高的境界而不仅限于时装，意大利在简短的数年里已经改变了世界的面貌——汽车、建筑、家具和大家熟知的——女人。意大利的系列设计现在是时尚圈的重头戏，成衣和服装出口量占世界首位。不过意大利的奇特时尚不仅仅只是记录了数量而已，它的设计师已经创造出了一种显著的风格转变，包括大多数鲜艳的连身衣、紧身裤子和野性的印花。在20世纪60年代罗马涌现的诸多设计师中，最为重要而且获得成功的便是瓦伦蒂诺（Valentino）。有人描述说他看起来像是罗马的帝王。瓦伦蒂诺在1960年开设时装屋前，在法国的Chambre Syndicale de la Couture学习。接下来的40年里，他从一个成功转到另一个成功，包括成衣系列、男装和香水，不过他的风格仍然保持着高级时装的奢华、高品质。另一个值得一提的是米索尼针织，它作为现代意大利时尚发展路上的里程碑，在艺术和技术之间找到了灵感结合点，虽然起初它只是家庭式小作坊。

听听Beatles的歌，翻翻一些黑白照片，让我们一起来回顾一下20世纪60年代的美国时尚界。波普艺术、摇滚音乐盛行的60年代是年轻人真正开始有自己的时尚的开端。那个年代给人的印象是迷幻与嬉皮、甜美与解放、颓废与自由。嬉皮士本来被用来描写西方国家20世纪六七十年代反抗习俗和当时政治的年轻人。嬉皮士这个名称是由《旧金山纪事》的记者赫柏·凯恩推广的。嬉皮士不是一个统一的文化运动，它没有宣言或领导人物。嬉皮士用公社式流浪的生活方式来反映他们对民族主义和越南战争的反对，他们提倡非传统的宗教文化，批评西方国家中层阶级的价值观。表现在时尚潮流上，便转化成为一种甜美乖巧中隐含叛逆因子的独特风貌，这也正预示着更彻底的年轻人叛逆文化的到来。他们的服装整个儿就是自我表现，从以运动衫裤为特征的"存在主义者"、50年代"垮了的一代"到60年代的"嬉皮士"，都以与众不同的奇异装束来表示对传统美的嘲弄与藐视。投入摇摆乐的疯狂，追求披头士的刺激，否定典雅、高贵、娴淑，主张强调个性、强调自我，甚至嘲笑自我。因此那是一个具有划时代意义的时期。

日本文化真正对西方服饰界产生冲击是在20世纪70年代，一群来自日本的设计师以东方人的服饰理念改造了西方服饰，前有三宅一生，中有森英惠、高田贤三，后有川久保玲、山本耀司。这些日本设计师们在日本的传统文化熏陶下长大，然后到巴黎学习或工作。他们将日本文化中的精髓融入设计，以包缠、扭结、缠绕等设计手法解构了传统西方服饰，创造了一种剪裁缝接少、式样宽松的服饰风格。该风格的基本出发点是由一个规格来适用各种人体。日本设计师给西方设计界带来了强烈的震撼，他们的设计被认为是新奇的、前卫的、着眼于未来的，他们创造的这种非构筑式的、宽大的新风格扩展了西方服装设计的方法和理念。

20世纪60年代以后，联邦德国经济在战后经过一段的恢复迅速步入正轨，而这时期的德国服装也开始兴起。德国人在穿着打扮上的总体风格是庄重、朴素、简洁，多喜欢深色服装，不喜欢花哨，不鼓吹设计师风格，以实用性为主。男士大多爱穿西装、夹克，并喜欢戴呢帽。妇女们则大多爱穿翻领长衫和色彩、图案淡雅的长裙。运用贴身与实用的弹性面料是一大特点。有些休闲男装外表不甚惹眼，翻开衣里却发现各种口袋配件功能齐全，细致得如同德国制造的精密仪器。色彩亮丽活泼的女装剪裁得体，简练精细的男装显示出动感和健康。埃斯卡达正是这时期兴起的时装品牌。

01 不锈钢迷你裙

设计：帕科·拉班（Paco Rabanne）
法国，1967

1934年，帕科·拉班生于西班牙的巴斯克。5岁时因内乱逃往法国。1951年学习建筑，由装饰品设计师转型为服装设计师。1966年，作为超前卫派高级服装设计师，在巴黎设立设计室。1966年，发表用塑料圆片连缀成的礼服。1969年，先后着手香水、装饰品设计，轰动一时。与同时代的圣罗兰、卡丹、库里尔斯共同引导巴黎高级服装的走向。1971年，正式加入高级服装协会。1977年，在春夏服装发布会上获"金顶针奖"。在戛纳服装节荣获名誉称号。1980年，设立绅士用品部门。1982年，与十合百货店签订在日本的品牌出口合同。1988年，首次参加巴黎高级成衣发表会。

作品赏析

图中的迷你短裙是设计师早期的设计，当时正是迷你风盛行的时代，转眼间，好像每位女性都回到了少女时代，充满了活力。此款设计用打磨过的矩形不锈钢片连接而成，胸部是一块锻造焊接而成的胸衣，并有两条集合于胸前的金属块连接的肩带，每块金属片上又有乳钉状凸起装饰。由腰部至下摆，不锈钢片逐渐由小到大，呈现出小面积的渐变节奏。

设计师的西班牙血统是其具有无限创造力的源泉，帕科·拉班在此套设计中流露出对中世纪古罗马战士的胄衣的喜爱，将人们由现代文明堆积起来的精致生活立刻带到了遥远的中世纪。正是这种看似粗朴、冰冷的材质让成衣的式样有了时装的境界，尽管其制作并不易，穿戴也并不尽舒适。当人们追逐于主流文化的精品生活时，这种看似低廉、粗朴的设计却给人们提供了一种全然不同的感受。直到现在，在各季秀场中，这种以金属片装饰主体时装仍然是不败的主题。

光点点，使人不得不惊叹于设计师的独特品位。当成衣时代席卷而来的时候，大多数的设计师选择了折中于艺术和实用之间，帕科·拉班并不屈从于此，而是寻找了一种从服装材质上入手的蹊径。虽然他的设计没有像同时期涌现的其他设计师一样得到大众广泛的接受，但却被当时的许多歌剧以及电影等舞台艺术和银幕艺术所垂青。在设计旨在为大众服务的理念越来越深入的时代，我们更需要这种可以凌驾于寻常实用设计上的设计理念，以开创新的设计浪潮。

02 塑料圆片拼接上衣
设计：Paco Rabanne
法国，1969

作品赏析

帕科·拉班的成功不像其他设计师以精准的剪裁或者优美的外形而扬名，他的成功得益于其对各种不同金属材质以及特殊材料的巧妙运用。如图中由不锈钢环连接粉、白、驼三色塑料圆片和白色珠子的材质做成的无袖短上衣。没有特别的造型和装饰，但这件上衣更像是一件装饰品。对女性身体的装饰没有比强调其自身曲线美更恰当的途径了，这种由千百个轻质塑料圆片连接的材质不仅可以服帖于身体表面，还可以随着身体的细微动作自行起伏变化，似波

03 镀铬塑料、钢质圆片拼接迷你裙
设计：Paco Rabanne
法国，1969

作品赏析

图中由数块不锈钢镀铬小圆片连接在一起的软性金属材质迷你裙同样由帕科·拉班创作于1969年，是设计师对新型服装材料的代

表性创作。镀铬后的不锈钢更加富有金属光泽和细腻的表面，不锈钢圆片本身具有的脆、硬特性在镀过铬后有了柔韧的表层，接触皮肤也更为舒适。不锈钢小圆环串联着这些小圆片，使这种金属材质拼接的"面料"具有相应程度的伸缩性能，同上面的塑料圆片面料的设计有异曲同工之处。相比较于设计师早期的设计，此系列的设计更具有可穿戴性和实用性，而不像其早期设计那样富有戏剧性的夸张效果，这表明任何设计师、设计风格都难免会受到时装潮流的影响。

此款迷你裙的设计其特别之处除了材质上的别出心裁外，其喇叭形裙边的设计也恰如其分地展示了设计师对服装夸张尺度的定位。其材质在不同的位置有不同密度的变化，形成了一定的节奏感和层次感，这是镂空材质的服装面料优异于纺织面料的最佳体现。当由英国刮起的迷你风盛行欧洲时，帕科·拉班的这款金属材质的迷你裙带来了另一种科幻、前卫的气息。设想当人们穿上这件叮咚作响、冰爽通透的"金缕衣"时会是怎样的激动，那是穿一般的成衣所不能领略的境界。其在成衣时代既成现实的60年代末，将其对时装的设计寄希望于对新型材料的巧妙运用，而且每款设计无不透露出设计师对创作的兴趣盎然，这是现代商业化运作模式下服装市场中大多数设计师所不屑的方面。

04 水晶块、铜丝编织面料礼服

设计：Paco Rabanne

法国，1986

作品赏析

任何设计师绝不能仅仅擅长于一种类型时装的设计，至少应在日装和礼服两类双管齐下才行。也正是成衣业的兴起、时装发布会运作模式的日趋成熟化，使得以高级成衣为主、礼服为点睛之笔已成既定规则。

帕科·拉班一直对礼服设计情有独钟。自推出首个时装系列后，他先后用铝片、皮革、鸵鸟毛等新型材料设计制作了各种礼服、日装，曾为巴黎的高级夜总会的舞娘设计了舞台装、邦德女郎的服装等。同其日装相比，礼服确实更有利于其发挥设计天才。如图中这套由特殊金属丝编织面料拼接真丝下摆制作的晚礼服：金属丝编织材料反射出各个角度的光源，也就能在不同的角度呈现不同的色泽变化。同之前的金属圆片连接的材质相比，金属丝编织更具有弹性和延展性，能更自然地服帖于身体曲线。同上面的编织面料相比，下摆看似任意、无序地伸展，乃是一种松弛、一种对比。后背的大V字开口设计，是晚礼服的常有款式特点，是对女性自然曲线的无比赞叹。料想当这套晚礼服展现于镁光灯下，是多么闪烁和耀眼，穿着者该有多么惊艳！不仅仅是耀眼和张扬，还有一丝超越时空的畅想。

光泽，纤维组织致密却不古板，经过处理后的真丝针织面料具有了梭织面料的自然悬垂效果。一块好的面料已经是一件精美时装成功的一半，就像此款丝质平纹针织连衣裙设计。这款设计出自路易·费罗之手。在他的设计中，一直保持着自己鲜明的风格特征：地中海地带的色彩感、强烈的西班牙和美国印第安文化的情结。他的设计剪裁简单，强调对比鲜明的色调。这条针织连衣裙保留了昔日的路易·费罗式的简单款式：紧身长袖连身裙；该设计色彩纯度鲜明，由上而下形成明显鲜明的色阶，似被七彩虹填充其中，又像是傍晚的海边胜景投射在身上，裙摆上的图案有着日月交替的奇幻感。

05 丝质平纹针织连身裙
设计：路易·费罗（Louis Feraud）
法国，1971

1921年出生于法国，二战时为法国的一名中尉。1955年，路易·费罗于法国的夏纳以自己的名字命名创建了高级时装店。1965年，开始推出香水。1975年，将公司迁到巴黎并开始设计成衣，有男装设计问世。1978年，荣获金顶针奖。1984年，获金顶针荣誉奖。

1989年，推出运动休闲装。1992年，推出配件饰品等服装附件。1999年在巴黎去世。

作品赏析

没有什么能比质地柔软的针织面料更适合表达女性气息了，尤其是材质上乘的真丝平纹针织面料。表面光洁，散发着真丝的自然

当巴黎的时装经历了迪奥、巴伦夏加时代贵族式的优雅风貌后，迎来了时装的"年轻化"时代，路易·费罗的设计即是因为其风格总是充满了强烈的青春感和朝气而闻名，这是当时巴黎时装中所不具备的。战后飞速发展的纺织服装技术为各种新式的服装材料提供了无限可能，而成功的设计师更要求能利用新资源、开发新材质，直到如今亦是如此：谁掌握了新型的服装纤维及纺织技术，谁便掌握了引领市场的机会。

06 水晶、贝壳珠绣迷你裙

设计：Yves Saint Laurent（伊夫·圣罗兰）

法国，1965

　　1936年8月1日，出生于法属阿尔及利亚的奥兰，并在此度过少年时光。1954年，在巴黎定居，就读于服装专业学校，在国际羊毛事务局的竞赛中夺冠。1958年，获纽曼·马克斯奖。1959年，首次为罗兰·皮捷的《希拉纳·道贝尔珠拉克》戏剧设计服装。1961年，与皮埃尔·贝尔热合作开设时装精品店。1962年1月29日，召开第一届时装发布会。1966年，设计出男士礼服；在巴黎开设女士时装店（圣罗兰·里维·高伏），获哈帕斯·巴昨尔奖。1971年，演出夏季时装"40"，诱发丑闻。1976年，"俄罗斯芭蕾"服装演示取得巨大成功。1982年，庆祝专卖店成立20周年，并获美国时装设计者协会国际奖。1986年，大型回顾展"伊夫·圣罗兰——28年的历程"分别在巴黎时装博物馆和莫斯科举办。被中华人民共和国任命为轻工业纺织部门的高级顾问。1990年，在巴黎开设首饰店，在东京的季节美术馆举办展览会。1993年，124回服装演示会，在马赛的时装博物馆举办"伊夫·圣罗兰的异国情调"展览。1996年，70回时装演示会。

作品赏析

　　图中展示的为一款以浅褐色的薄丝绸为底，以金属丝线、金属珠子、木头珠子和瓷石刺绣为装饰的迷你裙；腰部的网状珠绣呈镂空状，整条连身裙是直筒的H形轮廓，腰部是宽松的，不贴身。

　　圣罗兰在离开迪奥不久就发布了自己的时装系列，同迪奥的"让女性从自然形态中摆脱出来"的口号相反，他认为服装设计师的主旨是要突出女性自己本身的美，应该通过服装来体现妇女的自然形态。就像这套吊带短裙设计，富有非洲民族风格，通过褐色系、白色及金色等浓郁的非洲草原色彩，及粗朴、质感夸张的多种材料珠绣装饰，让这种异域民族特点在时装设计上绽放出异样光彩。他曾经提出"打倒丽池（象征上流社会妇女的场

所），街头万岁"，企图在设计上使服装与大众的生活、街头的文化建立密切的关系，这条珠绣连身裙便是出自此创意。它具备了高级手工定制时装的精彩细节和工艺美学外观，简单的造型，突出身体的自然形态。这种表现非都市题材的时装设计在20世纪60年代是很时尚的风格，他们将时装的风格扩展到前所未有的宽度，除了戏剧、音乐和电影外，开始转向街头流行异域特色以及时代事件题材等等。

07 蒙德里安式样迷你裙

设计：Yves Saint Laurent

法国，1965

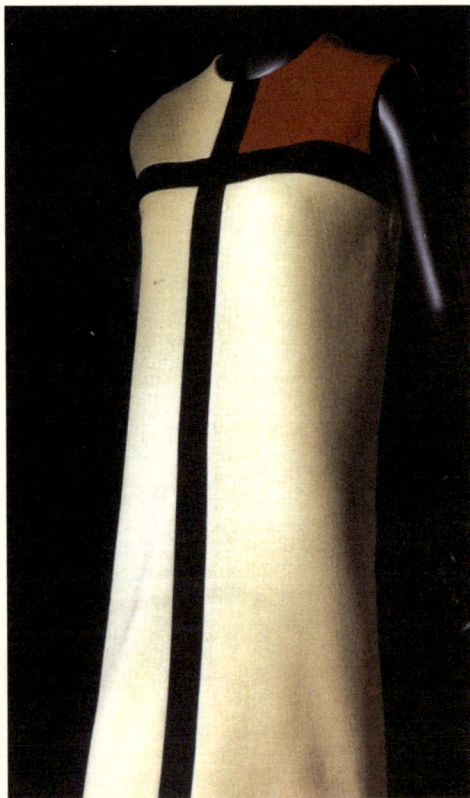

作品赏析

1965年，圣罗兰创造了蒙德里安式样，这种艺术式样在以后的几年中相当流行。艺术开始成为时尚的模式。在20世纪60年代简单的形式中，绘画的景象被直接适用于服装。从这时起，时尚便受启发于当时流行的艺术风格，例如欧普艺术和迷幻设计，时尚设计开始朝另外的方向发展。

这里展示的是一件由圣罗兰制作的裙子。它受到蒙德里安——"结构主义之父"的艺术作品的启发，被称为"蒙德里安式样"。它给高级时装带来了一种新的优雅。圣罗兰一直很关注20世纪60年代年轻人的喜好，深知这股瞬间刮起的"迷你风"将引领时尚进入完全不同于50年代奢华经典的领域。但是他不仅仅只把创作对象固定在年轻人当中，而是兼顾各个方面顾客的需要。他喜欢现代艺术，特别是喜欢野兽派画家亨利·马蒂斯、毕加索、蒙德里安、汤姆·威斯曼和他的挚友——波普艺术大师安迪·沃霍尔的作品。他把这些作品全部运用在自己的服装设计中，使他的服装具有强烈的现代艺术感，这是当时极为少见的设计方法。他的设计是对每一位艺术大师的敬礼和崇拜。

08 透视装

设计：Yves Saint Laurent

法国，1968

作品赏析

在圣罗兰的眼中，黑色是色彩之王，因为黑色所表现的色彩深度有感觉。在他的黑色系列中，他赋予黑色不同寻常的生命。他用自己的设计展现黑色的愤怒、黑色的诱惑，他将黑色变得光彩夺目、气象万千。

这套黑色的透视套装设计：全透明的雪纺纱面料由肩膀自然下垂至地面，身体曲线自然呈现在空气中。服装像是一个由薄雾营造的通透空间，而身体在中间自由穿行，人的身体是完全自由的。圣罗兰在战后分别推出自己的新作品，虽然其风格上有不同的主体呈现，但是都有一个共同点，那就是放开一切对身体的束缚，讲求服装的舒适性。这套时装正是这种设计风格的最好体现。其款式是简单的，圆领、长袖连身裙，里层有蓬松纤维制成的超短裙，裙底线

做了折光处理——这样可以使薄纱制成的连身裙有更好的悬垂感。在战后高级时装市场濒临被高级成衣业所侵占的时候，圣罗兰并没有跟随即将爆发的成衣革命的势头，而是推出了与迪奥、巴伦夏加等大师不同路线的时装作品，这些作品之所以能让人们感动、欢呼，正是因为作者预示到了社会即将产生的思想意识潮流——战后成长起来的年轻人群为社会的主流，他们将会对所生存的世界和环境产生新的认识、新的思考。这便是时装所要传达的最高境界。作者所要传达的不再是呈现形式上的各种做作的美感，而是开始关注大多数人内心世界的微妙变化。

09 毕加索风格缎纹日装

设计：Yves Saint Laurent

时间：1971年

作品赏析

伊夫·圣罗兰自1958年接任迪奥公司的设计师以来，每季推出的高级时装无不被人追捧。他重视怀旧，更重视时代背景下人们对着装的期盼，他对各种不同背景的异域文化着迷不已。另外，他也喜欢现代艺术，特别是野兽派的亨利·马蒂斯、毕加索、蒙德里安、汤姆·威斯曼以及他的挚友安迪·沃霍尔。此套日装礼服裙便是继"蒙德里安"式样推出后，又一款将现代主义绘画风格直接运用于时装的代表之作，其式样又有俄罗斯民族风格。

上半部分采用合体的剪裁、开阔的圆领自然展现女性饱满的身体曲线；复古的泡泡袖便是沙皇时期俄罗斯民族服装的代表符号。低腰的设计是20世纪60年代后期以来迷你裙时代女装的流行，但这里作为正式的日装，设计师在腰间加上了蝴蝶结腰带，弥补了由低腰款式造成的身体比例失衡。真丝缎纹下摆展现着自然的纤维光泽，毕加索作品中的抽象主义绘画色彩被搬了上来，让真丝的光泽在不同的色块跳跃中起伏着，像是在演奏一曲亦真亦幻的交响曲，让人联想起生活中无数的激情时刻。如此充满幻想和激情的设计便是伊夫·圣罗兰对生活的赞美和热爱的最佳体现。

10 未来主义套装组合

设计：安德烈·库内热（Andre Courreges）

法国，1965

1923年，生于法国与西班牙边境的波城（Pau）。按父母的愿望毕业于建筑学校的土木系。从学生时代起就对服装抱有浓厚的兴趣。1941—1945年二战期间为美国空军的一名飞行员。1945年，他来到巴黎，暂时为设计师Jeanne La Faurie工作。1950年，在巴伦夏加的设计室当学徒，并在同一年加入巴伦夏加工作室，且在此工作了10年之久。1961年，开设了自己的设计室"Maison de Courreges"，并从此开辟了自己辉煌的事业。60年代以迷你裙设计风靡一时。1964年，开始了他在巴黎时装王国的统治，创造了"月亮女孩"造型。同年在秋季发布会上推出了迷你裙。1968年，"太空时代"（SPACE AGE）服装发布会引起了轰动。1969年，发布了令人惊异的"埃及印象"（Egyptian Look）发布会。20世纪90年代中期库内热为他的公司指定了接班人来从事服装设计。

作品赏析

建筑工程专业出身的设计师对服装的处理上总是显现出果敢、干脆的手法，库内热便是这一类，加上他曾经有过的飞行员经历，故将技术美学很充分地展示在了其设计作品中。他的设计带有明显的未来主义美学倾向。如图所示，这一系列服装设计采用了白色和明快的浅色系，具有宇航服装的一些特征，帽子、眼镜和手套也都很好地配合了这种风格，形成了一种前所未有的清纯且未来感十足的面貌，极受当时年轻人的喜爱，这个系列也被称为"60年代的象征"。

如图中这组设计，左边是针织包肩袖圆领衫及膝A形裙套裙，两侧有细背带，极其现代的仿两件套设计。纯白的针织衫柔软而平滑，下裙为灰白宽条纹面料，双排扣点缀强调了H形廓形。下面是白色橡胶合成皮革短靴，白色的手套、白色半透明圆形大眼镜，构成前卫的太空服风格。这种看似简单的设计、到位的配件组合却是设计师主体创意的完全体现。他强调的是时代感而不是单纯的体型美

感，纤细的肢体、深色的肤色对比白色的装束，象征了年轻人的前卫思想以及活力和气质。

右边是套无袖高领衫组合方格直筒长裤的设计，纯白的针织背心，无任何装饰，突出了身体本身的结构美。格纹长裤在腰前两侧有方形的大袋盖插袋，强调了服装的对称性。白色的半透明眼镜、白色短筒手套，组合成一幅机器娃娃的形象。这组设计便是库内热最早的太空服系列代表作。

透明塑料拼接迷你裙

11

设计：Andre Courreges

法国，1967

作品赏析

20世纪60年代被后来的人们称为"迷你裙"时代，库内热设计的超短裙也具有这种未来主义的特点，采用了比较具有几何形式的剪裁，这些处理都与宇宙时代密切相关。可见在60年代初，时尚已经不再是反映服装本身的形式美感，而开始受时代因素、科技发展及社会各种文化现象的推动而处在变革中。

如图中这组迷你裙设计，前者为白色棉缎布里层和薄真丝透明层双层制作，浅橙色的花朵刺绣图案；腰部为单层的真丝透明薄纱，形成通透的空间感。迷你裙为宽松的A形裙摆，下面为同色系的白底橙色立体花朵装饰长靴。如此充满俏皮、活泼氛围的设计体现了女孩健康、积极向上的气质和修长比例的身型。后者也是同样比例和长度的迷你连身裙设计，圆领、短袖，正面由透明的渐变曲线形塑料面料拼接，袖口和下摆及领扣也有窄的透明边拼接装饰。挺括而硬朗的面料使服装的廓形立体而硬朗，呈明显的钟形。白色的长筒丝袜和针织手套让设计富有统筹的节奏感。如此两套奇特的迷你裙设计充满了技术美和时代感，不得不称之为"时代的先驱设计"。

镂空无袖条纹迷你裙

12

设计：Andre Courreges

法国，1969

作品赏析

自推出第一个太空系列设计以来，库内热的高级成衣系列便引领了整个20世纪60年代的成衣风格。这套设计是他于1969年推出的"未来时装"（Couture Future）之一，此系列是针织面料的紧身装，包括弹力紧身连衣裤和连身短裙，它们就像是身体的第二层

皮肤一样，非常贴身，也很轻巧舒适，迎合了成衣化工业发展的需要。在60年代后期人造纤维已经出现了各种面貌的新型材料，如弹力纤维、粘胶纤维及反光感极强的腈纶纤维等等。

　　图中这款无袖条纹金属光泽迷你裙，采用了人造合成纤维面料，具有较好的悬垂性和亲和感，表面呈现高科技的金属光泽，赋予了服装前卫的风貌。黑白细条纹是当时极为时兴的学生装风格，

大的圆领开口，性感的肩胛骨和锁骨完全暴露出来，年轻女性的爽朗和活力表露无遗。由胸口开至腹部的水滴形镂空设计富有戏剧化的夸张效果，镂空部分的边缘处有黑色的漆皮圆弧波浪形修饰，大胆的设计经过了精心的修饰。下面搭配了黑色的紧身裤。女模特深色的眼妆和立体的脸部廓形、金色的长发是20世纪60年代风行的摇滚女青年标志，这种带有嬉皮风格的形象到今天也是很多设计师反复采用的设计主题。难怪有人这样评论："安德烈·库内热让所有人与流行落伍了。"

13　马甲、长裤套装

设计：Andre Courreges
法国，1969

作品赏析

　　库内热和其合作者即他的妻子巴利耶都曾师从时装大师克里斯托瓦尔·巴伦夏加，因此对时装设计具有很好的把握，并熟悉整个服装行业的运作流程和商业模式。其中他们学到的最重要的一点就是，如何在设计时装的时候不过分拘泥于装饰细节和局部夸张，而是将重点置于整体的剪裁和结构设计上，后来巴伦夏加的众多设计也为他们树立了非常杰出的榜样。

　　这套是米色斜纹面料马甲、直筒长裤套装。再没有比浅色系的驼色、米黄色及其他粉色系设计元素更能体现女性的娴熟、温柔气质了。库内热虽然对其设计的装饰并不大肆渲染，设计更强调结构和功能，但是他一直采用浅调的色彩，使他的作品总是富有混合着中性气质的女性温柔美。马甲是套头设计款式，装饰斜门襟拼接在左胸侧，右边有不规则的椭圆贴袋、金色的圆形纽扣点缀；较为宽松的剪裁，无任何衬垫，自然胸型，让着装者穿着起来无比舒适自由。下面是同面料的直筒长裤。战后以来，职业妇女们开始增加，

随着这些职业女性的财富与日俱增，她们对生活的品质有了更高的追求：舒适、轻便、休闲，可以在季节变化的时候随意搭配。库内热的设计便很好地满足了这些诉求，在简单的款式中保持了精确而历练的剪裁和高品质的制作工艺。他的很多设计都被复制，但是他仍然悠然自得，设计了许多成衣化的有明确市场定位的服装款式，如连身长裤、百慕大短裤等，成为当时的时代标志。

14 自由空间

设计：高田贤三（Kenzo）

法国，1980

　　1939年2月，高田贤三出生于日本，年轻时就读于日本文化服装学院，当时封建保守思想认为男人以缝纫制衣为业是不可思议的事情。1960年，高田贤三获得了日本时装界的一个重要奖项——"Soen"大奖。1965年，他终于经马赛抵达心中的圣地巴黎，开始了他人生中出现质变的5年。高田贤三抓住法国"ELLE"杂志发掘新人的机遇，成为Bon Magique 品牌的设计师，打开了在巴黎时装舞台上的成功之门。1970年，高田贤三自立门户，在巴黎安展厅（Galerie Vivienne）开设了专卖店。1973年，设计源于罗马尼亚的农夫裙装、墨西哥大披巾以及厚实的斯堪的纳维亚毛衣。1975年，其作品设计为中国劳工与葡萄牙水手形象，地中海式条纹等。1979年，设计主题来自非洲埃及，对此评论界曾以"高田贤三震撼尼罗河"为题大肆宣传，为此登上了权威刊物"WWD"。1999年，开始为戏剧和电影业设计服装。

作品赏析

　　日本设计师高田贤三是一位具有革新精神和创新理念的设计师，他大胆地向传统的西方服饰美学原则挑战。他设计的首要原则是"自然流畅、活动自如"，追求对身体的尊重。高田贤三是第一

位采用传统和服式的直身剪裁技巧，不需打褶，不用硬材质料，却又能保持衣服挺直外形的时装设计师。他说："通过我的衣服，我在表达一种自由的精神，而这种精神，用衣服来说是简单、愉快和轻巧。"高田贤三大量采用和服的造型和面料，不断吸收中国、印度、非洲等地服饰文化精髓，形成了宽松、舒适、无束缚感的崭新风格，领导了20世纪70年代服装的宽松式潮流。在服装的剪裁与结

构方面，充分利用东方民族服装平面构成和直线剪裁的组合，不使用立体曲线的省裥，从而把人体从既成的禁锢中解放出来。这件作品是西方服饰体系与日本文化的混血产品，具有前卫、反时尚的风格特点。服装的面料、造型简练朴素，并在服装结构之中融入空间概念，强调平面及空间的构成。他运用棉料，喜欢直线剪裁带来的舒适大方，生产出单件的服装款式，在单件之间由穿着者任意组合，随意搭配，运用那种夸张了的自然色彩，纯真的土褐色就像是春日里的原野。天生的乐观主义精神加上来源于东方血液中的那种对大自然的热爱与向往，使他的作品充满了欢愉和浪漫的想象力，没有一丝忧伤。与其说他强调设计的文化，不如说他更重视人性、文化、精神与喜悦的分享，正如高田贤二本人最爱说的："在巴黎，每一座建筑物，每一片天空，每一位行人，都是我创作的灵感源泉。"他既是一名不折不扣的日本人，又常常被人习惯性地称为"巴黎服装设计师"。高田贤三在"罢了"的"画布"上涂抹着带有丰富民族特色的作品，而作为异乡人却得到"罢了"时尚界的广泛认同，这不能不说是创造力产生的奇迹。在38年的设计历程中，他为时装界带来了阳光、温暖、活力和色彩，创造出丰富、有鲜明特色的女性美典范。他的作品充满快乐的色彩和浪漫的想象，就像雷诺阿的画作一样。因此，他也被称为"时装界的雷诺阿"。

15 虹彩色调

设计：Kenzo

法国，20世纪90年代

作品赏析

高田贤三把四季都想象成夏天，在颜色上变换着扣人心弦的戏法。极具民族特色的葡萄酒红、艳紫、橙色、卡其和油蓝，也是他经常使用的，这些构成了流泻着温暖感觉的五彩缤纷的组合，从而组合

成更强烈的视觉效果。选用色彩较面料更鲜艳的里料，或者无里料的设计及选用纯度较高的原色。高田贤三的创新通常是将两三种色彩相互组合，为消费者提供自由搭配组合的着装方式。服装的色彩是设计中最为响亮的语言，具有超凡的艺术感染力。他喜欢用两三色或多色相搭配，特别是纯度很高的原色相配，正如图中的高纯度蓝色和黄色。汉斯·霍夫曼曾经说过："色彩作为一种独特的语言，本身就是强烈的表现力量。"被誉为"服装色彩大师"的高田贤三在使用色彩语言方面有着自己的独到之处。如图中服装，主要运用柠檬黄和湖蓝色进行对比，两种色彩和插入帽间的羽毛装饰设计巧妙地融为一体。高田贤三认为，色彩可以从多方面影响我们的空间感。首先，那些在高纯度时仍保持高明度的色彩（橙色、黄色）比那些在相同情况下低明度的色彩（蓝色、紫色）能带来更大的空间感。根据蒙赛尔的色彩分类系统，黄色在明度第8阶时达最高纯度，而蓝色则在明度第4阶时达到最高纯度。另一方面，一种能扩张视觉的色彩比那些紧缩空间的色彩更能让观者产生贴近感，与之相似的感知现象是：暖色能产生近距离感，冷色产生远距离感。因此，高田贤三正是运用了这种色差的对比，将领部橘黄色块面中翠绿色的小果实与下面深绿色的裤袜条纹相呼应，又与整体黄色块面形成明度上的对比。乳白色纽扣并非一潭死水，中间明亮的黄点与外界成呼应，并达到通透、耐看的效果。右款的连袖与衣身形成一个鲜艳的蓝色整体，力图形成视觉上的连续性和统一性；纽扣运用黑色点睛，与红色羽毛装饰形成视觉上的对比。领部自由花卉在色彩上仍然运用绿色和红色的对比，但色彩的纯度更高、对比强度更大，从而加强了袖子的结构变化。高田贤三的色彩语言不是独立存在的，而是与图案造型和服装结构有机结合在一起的。这种有机的结合体现了服装设计大师的独具匠心和运用色彩语言的娴熟技巧，它所形成的强烈、丰富而又细腻的色彩风格传达了高田贤三所追求的艺术境界。

16 异域风情

设计：Kenzo
法国，2005

作品赏析

有人说，高田贤三的内心深藏着许多珍贵的东西，尤其是那些用以融合东西方文化的秘密。在巴黎，他树立起了一种以东方文明为特征、以西方理念为基础的时装风格。高田贤三的独到之处在于，他并不是单一文化的代表，他的作品融合了多种民族文化观念，在他设计的诸多服装中，行家们能够发现各个地区服装和纺织品的蛛丝马迹。他的灵感从南美印第安人、蒙古公主、中国传统图案与文字、土耳其宫女到西班牙骑士，就像跟他经历一段令人难忘的旅程，里面承载着各国绚烂夺目的民族之光，等待人们的发掘，尤其是他对于东方瑰丽而神秘色彩的偏爱，使得他能够将不同民族的特色融合在一起。中国传统中式便服、东亚的各式印染织物、欧洲的农夫围裙和罩衫以及日本传统的织物面料，都对高田贤三的服装产生过较大影响。那种非构筑式的宽松外衣也许来自日本的传统服饰——和服，但面料可能取自中国。高田贤三的图案往往取自大自然，他喜欢猫、鸟、蝴蝶、鱼等美丽的小生物，尤其倾心于花，包括大自然的花，中国的唐装与日本和服的传统花样等。他使用上千种染色及组合方式，包括祖传手制印花、蜡染等方法来表达主题，从而使他的面料总是呈现新鲜快乐的面貌。他喜欢用两三种或多种高纯度的原色相搭配，并且这些色彩附着在他所偏爱的花卉图案上，这图案有大型花朵、小碎花以及蜡染图案等。这套由黑

人模特穿着的高纯度时装，正是对互补色或对比色的完结效应，恰是使它产生力量感、震撼力的原因。服装上的色彩和各种变化形态的花卉组合在一起形成了要素与要素之间的多样性统一，具有强烈的审美张力。高田贤三的服饰语言是无声的，然而它却用自己的方式传达着一种独具魅力的声音，似乎让人听到无声背后令人震撼的谷鸣。这种声音发自创造者内心的力量，蕴涵着其精神层面的独特文化内涵。众所周知，色彩可以从多方面影响我们的空间感。从这套服装中，我们不难看出，一种能扩张视觉的色彩比那些紧缩空间的色彩更能给观者以贴近感。与之相似的感知现象是：暖色能产生近距离感，冷色产生远距离感；而且，色彩是和形状结合在一起共同完成情感传达的，因此，在"图—底"关系中，"图"中的色彩要近于"底"中的色彩。服装中花哨活泼的面料和大胆的色彩图案以及相配合的直线宽松剪裁也正体现了高田贤三打破传统的精神。

在高田贤三的回忆录中，他袒露心声："我发现巴黎的衣服，无论是高级时装还是高级成衣，都做得非常合体，长期以来形成一套思维模式、观察方法和表现技法，从造型到素材选择、色彩搭配，甚至连穿着方式也都有一套根深蒂固的传统。……这使我重新认识了和服的美，产生把人体

从既成的禁锢中解放出来的新观念……"无疑，高田贤三服饰设计中的色彩语言成为他向巴黎高雅传统挑战的无声而又有力的方式之一。这种反叛的精神还促使他对各种不同文化的热爱，从而被誉为"多元文化的融合者"。高田贤三的时装表演不需告诉你主题，天桥背景上一片雪白，然而，每当投影灯合着旋律亮起，每当天桥上款款步出独具特色的结构、色彩、花卉和图案，所有的人都会如醉如痴，心领神会地念着同一个名字——在巴黎的日本人——高田贤三。

17 黑色晚礼服

设计：蒂埃里·穆勒（Thierry Mugler）

法国

　　1948年，出生于法国的阿尔萨斯斯特拉斯堡。1965—1966年，任斯特拉斯堡林恩歌剧院舞蹈演员。1966—1967年，就读于斯特拉斯堡艺术学校，同时担任巴黎谷都勒专卖店的助理设计师。1968—1969年，任伦敦彼得公司设计师。1970—1973年，自由设计师。1974年，成立了以自己名字命名的公司。

作品赏析

　　蒂埃里·穆勒的风格以其极致的精致，使人一眼望见就能辨认出来。蒂埃里·穆勒品牌一直在不断尝试用相同的代码和主题，通过新的版型与技术，创造出新的产品。观看蒂埃里·穆勒的服装秀，就好像在看一场好莱坞的大型舞台剧，充满戏剧张力的服装、精致夸张的配件，搭配精心设计的造型，直叫人大呼过瘾。蒂埃里·穆勒的服装之所以如此富于戏剧感和舞台效果，可能跟他在17岁时曾经担任过芭蕾歌剧院的舞者有很大的关系。虽然蒂埃里·穆勒的服装很难让人穿上街，但是他创意十足的多变风格，却能紧紧抓住每个人的视线。蒂埃里·穆勒也很喜欢以戏剧表演的方式来呈

现他的服装秀。蒂埃里·穆勒承认自己的服装设计元素有很多是来自戏剧角色的灵感，他首先抓住人物的形象，然后再添入有趣、性感且充满感官刺激的设计，这成为蒂埃里·穆勒独一无二的戏剧服装风格。图中这件服装整体都是黑色调，给人带来神秘、朦胧的优雅气质；领口的设计运用透明的纱质面料，简洁但又落落大方，含蓄又得体。不难看出，这套裙装的衣领和裙子到大腿开衩设计均借鉴了中国旗袍的元素，这也是本套服装的一个亮点；在黑色丝袜与底裤的衔接处留有一定余地，让人产生遐想。曾有人说过，丝袜是女士的第二层皮肤，从穿着的方式和搭配能看出一个女人的品位，可见丝袜的重要性。蒂埃里·穆勒正是恰当地运用了两种面料的和谐搭配，使穿丝袜的模特给人们一种朦胧的美，这种美给人以高贵、含蓄、温柔的感觉，这种搭配配上高跟鞋，将女人所特有的气质展现得一览无余。另外，此件裙装的另一亮点是丝织手套，正是这一设计增添了整套服装的活泼性，显示出了一道亮丽的风景，使裙装在展现组装的搭配性外，还体现出高雅的和谐统一。

18 白条黑色晚礼服

设计：Thierry Mugler

法国

作品赏析

蒂埃里·穆勒的设计灵感来源广泛，所以其服装形式丰富，从粗俗的装饰倾向至严格的最简式抽象主义都有，他常将工业造型巧妙地应用于服装设计中，奇异的几何造型为主要元素组合成的性感时装是蒂埃里·穆勒的设计特色。一套完整的蒂埃里·穆勒着装可以称得上是一个建筑的奇观，其结构缜密、一丝不苟，突出一个精致的锥形轮廓，完美的线条勾勒出一个灵活的身躯。这件衣服的亮点是在裙开衩和腰间白色条纹搭配上。黑色和白色的搭配从色彩上

来讲，在任何时候都是百看不厌的，在颜色上的搭配十分经典，是黑与白的完美结合。此款服装颠覆了人们对黑与白组合的庄重、严肃概念。整套衣服颜色以黑色为主色调，清雅幽静但稍显单调。在领口、下摆边缘处以黑色点缀，不但不会打破原有的清幽，还使得单调的白色有了调和，生机勃勃。黑色的底色衬托出白色的人字形线条，靓丽并且夺目。蒂埃里·穆勒将其巧妙地运用于模特的玲珑腰线处，勾勒出女性身躯完美的黄金分割比例。自20世纪80年代以来，国际时装界掀起了阵阵"中国热"，蒂埃里·穆勒的本套裙装在款式上同样借鉴了中国旗袍的特征。在他看来，只有中国文明中的儒家思想倡导中庸、和谐以及天人合一才能够挽救西方后工业社会中人们的思想迷茫反映在设计中的无序、松散现象，于是，蒂埃里·穆勒在自己的时装中推崇起带有神秘色彩和讲究内在和谐的中国传统文化。从整体上来看，这套时装简洁的剪裁设计使衣服服帖于模特的身体，并不复杂的一字领和无袖设计把蒂埃里·穆勒"简洁"的设计理念演绎得淋漓尽致。白色曲线在腰间随着模特的运动而游移不定，体现出模特优美的身姿。与此同时，设计师又通过一字领，体现出了女子保守、端庄的另一面，丰韵而饱满。也许，这样的裙装设计同样也适合穿在东方女性的身体之上，但它与其最大的不同是，蒂埃里·穆勒的时装设计总是包含着时尚性和东西方结合感，恰当而完美。

19 科幻礼服

设计：Thierry Mugler

法国

作品赏析

蒂埃里·穆勒是著名的法国时尚品牌，他的设计简洁、大

方，极富想象力。受科幻片启发，蒂埃里·穆勒设计了一系列具有科幻感的女装。从图中我们可以看到蒂埃里·穆勒设计的很多特点：服装胸前的设计不仅运用了几何的曲线，还把服装和建筑结合起来，表现出它的抽象随意风格。而且从图中我们也同样看到了它很梦幻的一面：在面料上，选用图案华美的织锦或制作，在女子婀娜转动时，长大多褶的织锦绸缎裙袍窸窣作响、明暗闪烁，在朴素自然中显出富贵和华丽。他选用了闪闪发光的素色绸缎面料，运用褶间的明暗起伏把服装的立体感及女人的曲线美表现得淋漓尽致。在腰间，运用面料自然收紧褶皱形成的大花朵设计，让人看了就不自觉将眼睛定位在那里，非常吸引人的眼球。这幅图的形态及结构都体现了服装虽然是梦幻的，但从面料上看它也是硬朗的，尤其是腰间用褶裥拼出的花的图形，那种立体感，把其风格完全表现出来。他的肩部设计让我们想到了古希腊女子服饰设计——她是用搭扣来固定的。而这件衣服也是用搭扣来连接前后片，多出来的面料随意地搭在后面，随着模特的动作随意摆动，给人以致命的诱惑。无论是在艺术性还是试验领域，蒂埃里·穆勒的创造都不可否认，因为他推动了灵感的发挥。战胜保守的规则是该品牌最重要的价值之一。

20 浪漫玫瑰系列晚礼服
设计：森英惠（Hanae Mori）
法国，1988

森英惠1926年出生于日本。1947年，毕业于东京克莉丝汀女子大学国语系。1951年，在东京新宿开设第一家名为"HIYOSHA"的缝纫铺。1954年，为电影及戏剧界设计戏服。1965年，森英惠在纽约举行了首次作品发布会。1975年以后，她的作品逐步打入伦敦、瑞士、德国和比利时市场。1977年，推出高级女装系列，并加入巴黎高级女装联合会，成为巴黎高级时装设计师协会中的第一个日本人。1984年，荣获法国政府颁发的"艺术文化骑士级勋章"。1985年，为歌剧《蝴蝶夫人》设计戏服。1986年，为歌剧《灰姑娘》设计戏服。1991年，成为日本冬奥会组委会成员，任东京工商联合会文化促进会主席。

作品赏析

东京出生的森英惠成长于岛根县蝴蝶之乡，幼年的成长经历奠定了她的审美观。在从东京克莉丝汀女子大学毕业后，她与同时代的日本女性一样，早早地嫁作人妇，但她的人生并未从此定格。在进修服装设计课程后，森英惠开始了她与同时代女性不同的服装设计职业生涯。她为演员们设计服装，超大的花卉和抽象的鸟兽、蝴蝶则是其设计的标志。她在巴黎发表的带蝴蝶图案的印染布料礼服被誉为"蝴蝶夫人的世界"。此后她又发表过中国风格的作品和吸收了巴黎高雅气质、线条简洁而明快的作品，成为世界知名的服装设计师。现代艺术是森英惠服装设计的灵感之一，抽象的线条、印花图案以及靶状同心圆图案表现在一款款灰、白、玫瑰色的小外套系列之中，晚礼服亦讲究优雅的线条，露背直落到腰部。森英惠很重视民族风格，经常立足于日本民族文化之中搞设计，特别是运用日本风格的印花丝绸所设计的晚礼服很受欢迎。除了蝴蝶之外，玫瑰抽象化的大花朵也是森英惠所钟爱的设计元素。玫瑰长久以来就象征着美丽和爱情，古希腊和古罗马民族用玫瑰象征他们的爱神阿芙罗狄忒，森英惠喜欢抽象化地将它们设计在服装的不同处，如肩部、背部，甚至是后腰及臀部，增添晚礼服的优雅感和浪漫气息。

21 蝴蝶长裙

设计：Hanae Mori

法国，1988

作品赏析

　　众所周知的"蝴蝶夫人"森英惠惯用带蝴蝶的印染面料来表现自己的服装，这款时装线条流畅、优美，用色高雅、柔和，充分地展现出女性的独特魅力和风姿。她善于运用特殊结构的面料，图案常常别出心裁，让人耳目一新：本款裙装的下身裙摆为波涛澎湃的大海卷积着滚滚海浪，与空中怡然自得、翩翩起舞的蝴蝶形成空间和意境的强烈对比，这是森英惠想要带给人们一种"禅"的意境。色彩由浅至深充满了安定感，表现出蓝天白云与大浪淘沙的呼应。而本套服装点睛之处在于，腰间的皮草宽腰带，恰当地分割了女性柔美的黄金比例，并巧妙地与黑色的海水相照应。设计师运用飘缈柔和的纱质面料，运用贴合女性曲线的贴身剪裁，潇洒及拖曳及地的披风吸取了和服大袖的特征，将衣服和披肩结合起来，构思独特。她的服装在细节上往往采用西方的装饰手法，而趣味格调则是取自东方式的，最擅长设计的是晚礼服和家居服。以蝴蝶为设计特征的森英惠恪守"女性化"原则，因此她的服装纤丽、细腻、精致、贴身。她坚持女装面料一定要质地优良，她的丈夫为此专门生产了供她使用的富丽的印花面料。同时她吸收了欧化的不对称剪裁风格，用飘飘洒洒的大袖裙裾展现女性柔和飘逸的线条。

22 疯狂的修女

设计：让·保罗·戈尔捷（Jean Paul Gaultier）

法国，2002

让·保罗·戈尔捷1952年4月出生于法国南部阿尔克伊。1967年，设计出带书包的大衣。1970年，受聘于皮尔·卡丹公司。1971年，在著名的让·帕图公司担任设计师。1976年，首次举办时装发布会，推出"先锋派"时装。1976年，开始独立设计成衣类时装和皮装、泳装等。

作品赏析

法国高级女装以和谐优雅作为传统设计理念，但让·保罗·戈尔捷偏偏反其道而行之。他的设计充满了想象力和趣味性，也让人感到陌生、突兀，简直找不到一样自己熟悉的、身边的元素，完全抛弃都市化、工业化，走向边缘化、异域化。它引起我们思考：难道这些不正是存在于我们的世界，和我们在同一个星空下，但被我们忽略、漠视的真实存在吗？他被人称为"灵感的发动机"。从带有朋克的内心精神到超现实主义的立体派，再到传统文化，都是他的灵感来源。他时常从前卫艺术、博物馆、戏剧、朋克、杂货摊等地吸取灵感。这套服装正是让·保罗·戈尔捷设计中提出的内衣外穿的典型风格，在银色钩针面料上运用经典的黑色来突出穿着者性感而神秘的气质。在衣袖部分和腿部运用黑色实体的搭配，整套设计既大胆又含蓄。从这幅作品中我们不难看出，让·保罗·戈尔捷的设计是将悠久的历史、传统文化和前卫的创新意识相融合，他将应召女郎与高贵淑女破天荒地融合在一起，将底层流行变成了高级时装。正如他说的："灵感，最初只是一颗令人兴奋的火花，是我将它变成了一种语言，经过长期的摸索和构思，就形成了一系列的服装。"戈尔捷服装反崇拜偶像、反传统，把通俗植入高级时装中，融古今雅俗为一体。作者那诱人风趣的设计重新诠释了法国的时装理念。右边类似修女装扮的黑色衣款，同样将内衣部分外露，胸衣与短裤用黑色的网状尼龙面料加以强调，它与头上包裹的严肃、呆板的黑色头巾以及披着的亮皮装束形成鲜明对比，使整套服装升级为将含蓄蕴于狂野的矛盾中，让人不禁联想到"疯狂的修女"。加上旷野一样昏暗的泥土地表演场，巨大的音响码成一面墙体，共振出震耳欲聋的重金属音乐，让·保罗·戈尔捷邀请大家暂时忘记自己熟悉的事物，来到陌生、原始、粗犷的游牧民族部落，感受这里坚强、果敢、粗野的一面。

23 麦当娜的紧身胸衣

设计：Jean Paul Gaultier

法国，1995

作品赏析

巴黎"坏小子"、"时装顽童"让·保罗·戈尔捷，被誉为时装界最大的反主流人物。不知有多少次，戈尔捷大胆的创造让时装界哗然：如将裙子穿于长裤之外，将短裙穿于长装以外，内衣当做外衣穿，薄纱做成棉花糖般的衣服……真是千变万化。对于其设计理念，戈尔捷说："我全部的设计来源于对现有东西的汲取，并力图在某些方面改变它，将其扭曲变成戈尔捷式的外观，而这些事情本身是相当保守的。这种态度深入到我的工作中就会变成广泛的结果。"

戈尔捷的设计风格被认为具有超现实主义风格，设计的作品以奇、异、怪、绝著称，他对法国设计师们一味追求高贵感的设计思想颇有异议，且绝不步其后尘。其灵感来源似乎不可思议，他常以流浪汉或妓女的荒诞行为为构思背景。一般设计师都从上流社会的夫人小姐身上寻找灵感，而戈尔捷却从穿着邋遢者身上寻找题材。他认为："为何一定要从时髦者身上寻找灵感？他们的穿着早已流行于世，已无新鲜感可言了。"此外，戈尔捷还专门设计了"内衣外穿"的式样，这些时装与当时的流行风格相悖，却在数十年后风靡欧洲。他是以现实主义为思想基础，专为那些拒绝承袭中产阶级传统的妇女设计服装。在当代设计师中，让·保罗·戈尔捷特别推崇日本设计师川久保玲和山本宽斋，认为他们的作品摇醒了巴黎时装业，而戈尔捷本人也正是以一扫巴黎时装界流弊为奋斗目标。他认为，从那些时尚者身上寻找出的灵感早已毫无新鲜感可言，他的设计与法国时装的一贯作风相背。但他本人对此并不以为然，更曾公开声称他的服装就是专门为那些拒绝继承中产阶级传统的妇女而设计的。以性感、反叛闻名于世的女歌星麦当娜1990年世界巡回演唱会获得了巨大的成功，麦当娜的自我宣言是：永远要当核心的、粗暴邪恶的金发女郎。她的大胆性感一度非常成功，这其中就有戈尔捷设计的服装的功劳。他将科技感很强的材料运用到服装设计中，黑色条纹西装之下一套粉色的紧身胸衣，造型创意十足，但在当时看来可谓惊世骇俗。文胸夸张地呈现圆锥状，整体感觉极其激进。戈尔捷围绕着文胸、紧身衣和巴斯克胸衣创造出成套的衣着。紧身衣底部还保留了4根吊袜带，不过吊袜带的实际功能其实已经完全丧失，只是当紧身衣穿着于西裤之外时仅仅作为装饰细节而存在。当时，麦当娜就是以这种大胆的穿着配上撩人的舞台表演将全场的气氛推至最高点，由此，"内衣外穿"潮流得以开创，戈尔捷那嗜奇求怪的时髦代言人的名声也广为人知。

24 刺绣镂空旗袍裙

设计：Jean Paul Gaultier

时间：2001—2002

作品赏析

提起"颠覆"，戈尔捷的名字绝对不会被漏掉，即使在一场优雅、精致的时装表演中，仍然看得到戈尔捷擅长的颠覆手法——从右肩延伸至左臂的不对称袖子、中性西装礼服、整张虎皮做成的低胸礼服和小红帽的打扮……为单调沉闷的高级时装界增添了 些生动气息。然而，在许多高难度的制作技巧方面，戈尔捷也在向世人宣示：我不只是会颠覆而已，我的传统技巧也是别人很难超越的。这套设计于2001—2002年秋冬的戈尔捷的高级女装，中国元素在这位天才的设计处理下具有了新的内涵：快乐的猎奇和搞怪。立领、斜襟和滚边是中国式的，镂空、堆皱和抽褶则是天马行空的西式方法，通过左右大褶的交叉式设计，最终构成单侧拖地的垂皱装饰。裤子上的绣花图案也是中国式的，黑白搭配仍然是裤子上突出的亮点，但是花朵反传统地放置于臀腿侧上部，与垂皱的视觉相对应；团花木雕变成鲜红的项圈，团扇演化为黑色轻纱

的长柄头饰，黑袜红鞋，精挑细选的黑人模特将整件服装衬托得别致新颖，这就是独特的让·保罗·戈尔捷风格。他有着顽童般的叛逆心理，充满着热烈、旺盛的生命力和独创的艺术魅力。在他的时装系列中，既有源于传统的因素，又有包含着很大程度的反叛精神，因而与巴黎时装界高贵、典雅的设计思想格格不入。天马行空的他总可能大胆地在几件西班牙式的宫廷礼服上以精密的皱褶、镂空的布料图案，形成非常细致的古典情调；大量运用亮片、刺绣、流苏，让镶缀皮草的服装显得更为细致、女性化。他以英国式前卫著称，其时装设计作品得到巴黎时装界以外很多人的青睐，被视为20世纪80年代流行的象征，是新一代年轻人崇拜的偶像和设计师。

25 咖啡色连体衣

设计：Jean Paul Gaultier

时间：1990

作品赏析

擅长"性别混搭"的让·保罗·戈尔捷，当然也不会放过任何让男人看来"妖娆"的机会：一会儿用银亮的布料包裹男人的下半身，特意强调臀部线条，一会儿让穿着长靴长裤的男人腰间再围上一层裙装薄纱。这样的设计搭配必定是许多有特殊嗜好的顾客真正的灵感缪斯。图中便是戈尔捷于1990年春夏的代表作，该作品幽默、大胆、个性突出，正如让·保罗·戈尔捷曾说过的："时装就像房子，需

要翻新。"在他的世界里，没有什么应该做，什么不应该做。用什么途径均不重要。重要的是如何创新，达至更高的境界。打破所有界限是他的作风。

不同于以往的设计，这款是连体衣带短裤的设计，咖啡色基调，对称的剪裁和布局，简单却不单调，同时也不失华丽，堪称设计界的精品。他别出心裁地采用连体背心加短裤的率性风格，突出女装也可以有这样潇洒的中性特质；深巧克力色瘦腿皮料与富有一定弹性的浅褐色褶皱搭配，用自然的蝴蝶结绳带连接。藏蓝色窄边背心，对襟处运用易于穿着的开口拉链，看上去这就是专门为露营爱好者或登山队员量身定做的，简单的补丁状几何结构图案构成了整件服装的唯一装饰，大胆的红色缝补再次捍卫了让·保罗·戈尔捷"内衣外穿"风格的绝对引领者地位。让·保罗·戈尔捷通过其服装重新对性格和性欲下了定义：他为男人设计了裙子，为女人设计了细条纹套装。他一直迷恋内衣，所以他的全套装束看起来比文胸、束腰、吊带袜多不了多少。

26 时尚套装

设计：克洛德·蒙塔那（Montana）

法国，1995—1996

蒙塔那1949年6月出生于法国巴黎，早年学过化学与法律。

1971—1972年，在伦敦担任自由首饰设计师。1973年，回到巴黎，在爱蒂尔居公司任成衣与饰品设计师，后又转到麦克·道格拉斯皮装公司任设计助理。1974年，升至主设计师。

1975—1978年，为自由设计师。1979年，成立个人品牌公司并担任主设计师。1989—1992年，担任浪凡公司高级女装设计师。

蒙塔那是巴黎时尚界颇有争议的人物。他的所作所为一向令人难以捉摸。蒙塔那具有非常高的艺术情操。他追求坚强有力，舒适实用，功能性与完美性相结合的设计风格。他的每场时装展示都是风格优雅、魅力无穷。在巴黎歌剧院获奥斯卡最佳服装奖和慕尼黑奥斯卡最佳设计奖。最近的两次时装展，获法国高级女装最高奖"金顶针奖"。蒙塔那经常在他专横大胆的设计中仿效Avant-garde艺术。在他的作品里能够清楚地看到构成主义对他的影响。

作品赏析

此套设计是设计师克洛德·蒙塔那的经典之作，不管是从模特的造型方面还是模特本身的气质方面，都尽善尽美地诠释了本套服装的华美与优雅。我们从图片上能很好地感受到此款服装在色调上的高雅，虽然是采用比较素净的颜色，没采用很刺眼的艳丽，但整体效果却出乎意料地新颖。这一影响力应该归功于设计师设计的独到款式：从整体上来看，本套服装格调高雅而充满性感。从上下款式的特点来看，追求的是舒适、宽松，上衣的衣领是夸张得极其宽大的圆领，衣身采用的是超短装，然而衣袖比较长。下身的长裤也是宽松的高腰喇叭裤。这样一套服装的搭配，很好地凸显了女性腰部的柔美和整个身体的曲线美。克洛德·蒙塔那追求的是功能性与审美性的结合，从设计宽松的角度来讲，注重的是它的功能性。然而蒙塔那要的不单单只是这些，所以在款式方面又是那么别出心裁。从整个图片来看，模特内搭橘红色紧身高领小衫，还用一双橘红色手套来点缀整个画面，形成了恰到好处的对比；贴身高领小衫与外套形成对比，显得松紧有序。同时，内搭的是比较艳丽的橘红色，从颜色方面来看又形成了鲜明的比较，给人一种淡雅素净与艳丽的结合。那一抹橘红很好地点缀了整个画面。模特的发型与妆容，同时配上高跟鞋，从视觉上看，一个时髦且又精明能干的女士形象跃然纸上。

　　这期间，英国涌现了一批年轻的设计师，这些经过各种训练的年轻设计师们不能跟那些同时代的贵族出身的设计师一样开始他们的设计工作。他们主要有三种途径成功走上设计师之路：他们可以开设一个小的服饰店；参加一个时装工作室，然后期待经过积累获得权威设计师的位置；通过某个能够接受他们的设计作品的批发商去零售他们的设计作品。第三种途径，设计师经历得比较少。劳拉·阿什莉（Laura Ashley）的服装唤起了人们对过去简洁朴素风格的喜爱。她于1967年在伦敦开设首家服饰店，劳拉·阿什莉提供了维多利亚时期挤奶女工样式的服装。服装以精细的棉布为面料，有白色的高领衬衫，却是适中的价格。她的服装定位于一种强烈的反流行风格，却反映了那个时期女性们各种理想化的思想斗争。英国的这种多元化时尚风格正是反映了那个时期的女性解放运动中所暴露的各种社会现象。而大批英国年轻人和设计师涌现欧洲，也使英国式的个性装束流行于欧洲和美国。

　　英国的时装走过了半个多世纪的坎坷道路，直到60年代中期匡特等一批年轻的设计师出现，英伦的流行时装才开始以崭新的风貌展示在人们眼前，不同于以往的呆板、严谨和僵硬，显得俏皮、活泼而有娃娃气质的年轻风貌。此后，英国时装开始走向潮流化的方向，并且一直具有非常独特的英伦气质：维维恩·维斯特伍德（Vivienne Westwood）推出了永久的、经典的时尚——狂热的摇滚姿态；约翰·加里亚诺（John Galliano）——"时装界的天堂鸟"，等等。

27 迷你裙系列一

设计：Mary Quant（玛丽·匡特）

英国，1965

　　玛丽·匡特（1934—）生于英国，16岁进入伦敦的高德·史密斯艺术大学学习。1955年，与其丈夫在伦敦开了"巴杂"这一店铺。1959年，推出划时代的迷你裙。1963年，开始设计尼龙丝袜。1966年，被伊丽莎白女王授予第四等英国勋章。1976年，从自己经营的公司退休，但她继续作为一个自由设计师为不同的公司设计。

　　"迷你裙女王"——英国设计师玛丽·匡特注意到年轻人的这种成长状况和生活方式的变化，推出了超前风格的短裙，带有雏菊图案的印花是那个时代的标志。她还设计出如彩色长筒袜、长筒靴、几何图形、罗纹毛衣、低臀的宽腰带及塑料涂层材质风衣等令人眼花缭乱的反传统服饰。她设计的服装相对廉价，材质简朴，大多数年轻人都能消费，从而成为20世纪60年代年轻人狂热崇拜的偶像之一。如图中两套迷你短裙组合，左边长袖为针织黑白方格提花面料，轻盈而柔和。混纺羊毛面料裙身相对挺括，无领，以胸围线为分界线，上面为黑色，胸以下为白色，形成高挑的身材比例。腿部穿着白色半透明尼龙丝袜——各类花色丝袜是60年代最丰富的服饰附属品。右边是件无袖设计连身迷你裙，同样比例的分割设计，领口有黑色镶边，腰部以下为黑白大方格提花图案，也是白色丝袜，同裙身的白色呼应成一体。纤细的身材，轻松的男孩式短发，修长的腿，活泼的芭比装，是60年代女孩的时髦形象。

我主义。这样的年轻装束代表了那个时代少女的朝气蓬勃。

28　迷你裙系列二

设计：Mary Quant

英国，1965

　　这三套秋冬季的迷你裙款式，带有美国式的运动风格。左边是白色针织套头无领长袖衫，下面是运动款的罗纹腰带迷你裙，白色针织连裤袜，白色毛线针织帽。中间是黑色拉链运动上衣，下身同样是黑色网球裙款迷你裙，白色的漆皮平底靴。右边是白色V领无袖直筒形短裙，下摆有黑色的镶边装饰，白色足球袜也有黑色的镶边。此系列均为针织弹力面料，富有休闲的运动风格。深色的眼线、白净的皮肤和细长的眉毛，一副天真的娃娃妆，不同于巴黎时装中娇柔的女性气息，年轻人通过这种另类、非时尚主流的装束宣判了她们的反叛和自

29　水果图案印花衬衫

设计：保罗·史密斯（Paul Smith）

英国，1980

　　1946年出生于英国，就读于必斯通·弗尔德语法学校。1970年在诺丁汉开设第一家服装店，主要经营古典式男装系列。1979年开设伦敦店，1980年从古典主义男装转型为时装设计。1991年开设东京店，并荣获英国工业设计奖，被提名为设计师协会名誉会员等。1993年推出女装系列。2001年开设了13个国际店。

男式服装，其设计充满了年青一代的活力和青春，棱角分明。保罗·史密斯由此很快得到了本国和海外市场的青睐，特别是在日本销路看涨。保罗·史密斯采用了标准的办公室制服设计方法，在西装、衬衫和领带中加入了新的面料，并且大胆地使用缤纷的颜色，在严肃的办公服装中加入清新的水果色彩，如湖蓝、柠檬黄、草绿、樱桃红等，使整日奔走于办公楼道的白领们在服饰及穿着上有更轻松、大胆的选择。

史密斯发掘了市场一个很大的空缺：80年代一批有影响力的新生代在生意场上、办公室里庄重严肃，但是内心追求个性、张扬，他们不甘于强制性地穿着单调的深色套装。他将这一策划作为设计的主要方向和基本思路，将其作为服装设计的着眼点，开发了一些更为大胆的新样式、新图案。其中常常包括水果、蔬菜、花朵等印着"狄格洛"（Day-Glo）色彩的三维图像，在衬衫的款式基本不变的情况下，改善衣服的质地和色彩，使穿着者看上去更容易让人亲近、更有活力，这也是保罗·史密斯的印花面料带给我们的一大惊喜。

作品赏析

保罗·史密斯的服装品牌被认为是古典主义的代表，他的男装系列被称为"以古典为主线，忽左忽右"，但那些非古典的因素并未影响英国保守传统式的男装。他将夹克衫这种传统的款式进行改良，把它的袖笼开得低一点，使它更方便穿着，同时，衣料采用花呢等毛织物及棉织物；设计是英国传统的风格，又带有点怪异，既能被保守的城市人接受，也能被年轻的嬉皮士接受。对这些人来说，保罗·史密斯牌西服和衬衫是他们形象的一个重要标志。设计师也惊喜地发现，顾客对于增加一条花领带或彩色羊毛套衫并不是那么紧张敏感了，印花或绣花马甲、彩色衬衣也巧妙地进入了他的男装系列。我们不难发现，印花面料和缤纷图案渲染出更新颖的

30 黄色吊带短裙

设计：胡森·查拉扬（Hussein Chalayan）
英国，1980

胡森·查拉扬具有Turkish-Cypriot血统，被业界称为英国时装鬼才。对科技的沉迷早见端倪，其作品常常表现的是一种概念。他将设计理念推到雕塑、家具或建筑的高度。当越来越多的设计师沉迷于奢华与媚惑时，他却始终保持着自己一贯的设计风格。难怪《时代》杂志时装编辑Lauren Goldstein说他是"开拓别人所不涉及的领域，相对于时尚，他选择务实；相对于奢华，他选择设计"。他沉浸在自己的世界里，通过自己设计的服装显露出设计才华。胡森·查拉扬最擅长把衣服做"乱"，层次乱、颜色乱，结构也乱。

作品赏析

　　胡森·查拉扬这件新的设计里，模特穿上了有点儿破烂的新衣，有一种平静的慵懒。他说："我对肉体感兴趣，而在肉体和性感之间，我们用我们所穿的和所动的体现两者之间的文化。"他的服装是机智的、淡雅的、素洁的，稍稍地装饰，就如同图中这件简洁的直筒连衣裙，整体上只用很亮眼的黄绿色，不过在剪裁设计方面可是充分体现了他的设计风格，即与人体肉感的结合，大U领，不仅可以修饰女性的修长颈部，也让女性的锁骨部位更显得性感。单肩的设计，与内衣带的结合，让这件衣服与女性的身体融合在一起。裙边的剪裁更是别出心裁，不规则的斜A字形，很好地收敛了女性腰部与臀部；斜裁法也很好地修饰了双腿的曲线，从而更显修长。在布料上设计师运用了轻微的褶皱来使作品更加丰富，也体现了女性的柔美感。在胡森·查拉扬的这件设计作品中，你绝对看不到平庸的把戏，也没有卖弄所谓的"粗劣"艺术，一切都是富有创意的严谨艺术。造型看似简单的黄色吊带短裙设计正反映出这位土耳其裔的英国设计师所秉承的理念：我是为意念而不是为时尚而设计的。胡森·查拉扬在他的设计生涯中进行过许多试验，比如把衣服埋在花园里看看它们是如何腐烂的，或者设计出无袖和无袖笼的绷带服装。但是他却将奥妙的品位同商业气息清醒地平衡起来，创作出来的服装平易近人，因而受到市场的欢迎。事实证明，在时装界并不仅仅只有性才是卖点，意念也是。在胡森·查拉扬的设计中，一切都是富有创意的严谨艺术。查拉扬的时装秀一向是全世界时尚人士所期盼的精彩节目，虽然过去有时候会玩过了头，但是他超越、新奇的概念，总是赋予人们一种无穷创意的能量，带领我们眺望未来。

31 政治T恤衫

设计：凯瑟琳·哈姆莱特（Katherine Hamlet）

英国，1984

1948年，出生于圣马丁艺术学院。1979年，开设了自己的公司，迄今仍是公司主管。

作品赏析

凯瑟琳·哈姆莱特一向持偏激的政治观点，并且口无遮拦、说话大胆，因此她根本不设计权贵的服装。她的设计取巧于狂放和与众不同的构思，但是居然也获得成功，这从某一侧面反映了英国文化的前卫性。她带头推出撕裂扯破的牛仔裤令她蒙上了另类的色彩，而1984年展出的"选择生活"系列中非常政治的T恤再使她广受争议。这件赫然写着"58% DON'T WANT PERSHING"政治口号的衣服，在70年代末期已经不见踪影，凯瑟琳却又将它们变成挑衅性的时装卖点。当时的英国首相玛格丽特·撒切尔夫人对此曾抱怨道："我们并没有pershings，我们有巡航导弹。"凯瑟琳·哈姆莱特也设计过一些休闲风格的牛仔裤，以及用金属小亮片装饰的弹性晚装裙，但由于她的叛逆名声，这些比较轻松写意的设计也都被当成是性、摇滚或不同政见的宣泄了。

这张珍贵的黑白照片是凯瑟琳·哈姆莱特与英国前首相撒切尔夫人于1984年在唐宁街庆祝英国时装周时拍摄的。领导政府进行政治和经济改革的撒切尔夫人身穿华丽的天鹅绒长裙，与凯瑟琳·哈姆莱特形成鲜明有趣的对比：凯瑟琳曾发起过一些突击性的宣传活动，此刻她穿着胶底运动鞋和其招牌式标语T恤衫，正向首相反复询问酸雨造成的影响。位于英格兰格林汉姆康芒（Greenham Common）空军基地的妇女抵抗组织坚决反对核武器，哈姆莱特深受启发，设计出许多标语T恤衫。尽管她努力投身于保护生态与和平的运动中，但这次会面所造成的文化冲突并没有她第一次出现时的大。贯穿整个20世纪80年代，哈姆莱特的服装公司获得了极大的成功，其产品为一系列皱巴巴的连身裤套装、休闲套装等，卖给那些新生的有影响力的专业人士，这些人在撒切尔时代都非常出色。

32 日装礼服、晚礼服

设计：Valentino（瓦伦蒂诺）

法国，1960

瓦伦蒂诺（1932— ）出生于意大利的布卡拉。1959年，跟随让·德赛和纪·拉罗什学徒之后，于同年的11月在罗马开设了自己的设计室。1962年，在佛罗伦萨的彼奇宫举办时装发表会并获得了巨大成功。1967年，获可与服装界奥斯卡奖相媲美的尼玛·马卡斯奖。1970年，首次发表成衣服装发布会。在罗马和纽约开设巴连丁诺时装商店。1971年，绅士时装店和瓦伦蒂诺·皮阿（室内设计用品）一号店在罗马开业。1975年，在巴黎发表首次成衣服装发布会。1976年，在东京开设瓦伦蒂诺时装店。1978年，在巴黎的加赛丽赛剧场推出瓦伦蒂诺香水。

1982年《瓦伦蒂诺》一书出版，9月20日在纽约的大都会美术馆举办秋冬季服装发布会。1984年为瓦伦蒂诺从业25周年纪念。基于他对服装界的贡献，商工大臣授予他特别奖。在洛杉矶的奥运会为意大利代表团设计运动装。1985年意大利总统圣德路·普尔蒂尼为他颁发了共和国勋功骑士勋章。1988年，在好

莱坞的20世纪精灵公司的摄影棚举办时装发布会。1989年，在巴黎发布首次高级服装发布会。在罗马设立瓦伦蒂诺学院。1991年，举办为瓦伦蒂诺魔术30年的两个展览会，发表男用、女用香水巴连丁诺。1992年为纪念发现美洲500周年，应邀在纽约举办瓦伦蒂诺魔术30年，两周间参观者达7万人。1993年瓦伦蒂诺应中国政府的邀请在北京举办服装发布会。1996年接受佛罗伦萨市长授予的服装界的艺术特别奖。1996年被授予劳动骑士勋章。

作品赏析

在20世纪60年代罗马涌现的那么多的设计师中最为重要而且获得成功的便是瓦伦蒂诺。

他于1968年推出的白色系列曾引起了一时轰动。尽管他的标志性的色彩是卓越的红色的影子——瓦伦蒂诺红，他的任何系列设计中都会出现的色彩。如上图中这套白色无领迷你装礼服设计，透明的巴里纱罩在白色的绸缎外面，双层的白色面料营造了温柔和梦幻般的纯洁遐想世界。其剪裁是

简洁的，同20世纪60年代中期兴起的简约、直线条风格相一致，短至膝盖以上5英寸的裙长修饰出高挑的身材；圆形领口设计，突出少女的活泼形象，贴身袖剪裁，长至肘关节处，下面拼接着双层绌纱喇叭形袖口，外侧有缎带的蝴蝶结点缀。这种复古风格的设计用在此套迷你短裙上，给鲜活可爱的女性形象增添了几分妩媚和高贵。由领口至下摆都布满了立体的白色雏菊花朵装饰，领口和下摆的密集排列形成两个对称的三角形，而腰围处集结成环形。雏菊图案是60年代的标志性图案，象征着少女的天真和纯洁，充满了朝气蓬勃的含义。这些精致的雏菊立体图案像是被随意洒在服装上一样，大小各异的花朵点缀衣身，像是开满雏菊的原野。这种普通的剪裁方法和成衣化的制作方式却采用了高档的面料和精致的装饰手法，使得高级成衣也拥有了高级时装的奢华气质。

　　另外值得提及的是这套设计中所搭配的透明白色圆点丝袜，呈几何形排列的圆点将双腿修饰得性感而俏皮，双侧有圆点集结的图案，提升了双腿的纵深感。圆点图案也同礼服上的雏菊图案构成了呼应。发明醋酸纤维和尼龙的美国在20世纪60年代被冠以"丝袜时代"的时尚称号，而迷你裙的出现给了形形色色的丝袜以展示空间。

　　整套设计虽然只有白色，但是不同的肌理却呈现出鲜明的节奏感和层次感，当然其夸张的面料纹理的组合方法和图案也是受人关注的，还有其奢华的装饰手法和精致的比例和结构更引人注目。

定了坚实的剪裁技艺并积累了丰富的设计经验。更得益于他在巴黎学习时对戏剧、舞蹈和舞台表演的了解和修养，使他后来的设计作品中总是充满了激情和丰富的戏剧效果。巴黎的同行把他看做旗鼓相当的对手，他的设计历久弥新，永不过时，这是瓦伦蒂诺一贯的信念。

33　黑白印花礼服裙

设计：Valentino

法国，1990

作品赏析

　　瓦伦蒂诺曾经在让·德塞的设计室做学徒达5年之久，后来又在纪·拉罗什（Guy Laroche）工作室做设计助理工作，在这期间他奠

如图中这套礼服和披肩的设计，首先感谢摄影师留下了这样一个角度美好的拍摄作品，将服装的气质完全发掘出来。时装不同于普通的服装，就在于它的艺术气质，艺术气质的来源首先是衣服的结构和造型，然后是色彩和面料。其实它们是一体的，我们可以在欣赏的时候分开来讲，但是设计师在创作的时候却是同步构想的。这种创作源的产生就是设计师的艺术修养和超人技艺。这套设计营造出一种雕塑般凝固的美，这种美绝不限于对女性气质的形容，而是凌驾于性别之上的，让人屏住呼吸、仰慕不已。从它的造型来看，为无肩的蝶形紧身胸衣造型，下面是面料堆积的蓬松裙摆——经典的礼服款式，上紧下松，但是看不出其中有骨架的内衬支撑着裙摆，完全是自然形态的；大披肩的设计是经典之处，内层为纯黑羊毛精纺布，表层为白底黑印花绸缎。图案的设计富于戏剧化的夸张效果：首先其图案面积很大，具有强烈的视觉效果，其形式为古罗马角斗场建筑剪影形象，将那段古老而辉煌的历史凝聚在了服装上。另外，设计师选择了同样风格的图案作为颈部装饰，强调了整套时装的整体性和人体的比例感。

34 黑色丝绸绗缝连身裙

设计：Valentino

作品赏析

黑色一直以来是设计师们永不厌倦的色彩，也是女性们最为常见的穿着色彩。黑色可以是神秘的，也可以是性感的或者挑衅的，还可以是朴素的，等等。然而在服装工业化时代到来前，黑色服装还是很少见的，因为它们象征着哀伤；另一方面在更早的时候面料的黑色染织技术不高，很难有纯正而沉静的黑色面料出现，大多是深灰或者其他灰色系，不然就是纤维的固有色系如驼色、土黄或者白色等自然色系。瓦伦蒂诺的这套黑色高腰绗缝连身裙设计推出的年代不详，但是按照模特的发型及妆容可以判断是在90年代初期或更晚的时候。

这套黑色的秋冬季连身裙设计仍然是复古的风格，提高的腰线，宽松的钟形裙摆，长袖，俨然是18世纪仕女装造型，不同的是，它的面料和工艺是现代的。瓦伦蒂诺最常用的色彩是黑、红、

白，尽管意大利的设计师对色彩的掌握和运用有其独特的方式（因为受到文艺复兴时期很多画家的影响以及拉丁民族风情的陶冶，色彩上比较闪耀和跳跃），然而成衣化时代的到来，就是服装的无国界革命的开始，时尚不再是一两个时尚圣地能决定的，它变得善变而敏感。而瓦伦蒂诺的确就是在这场成衣化革命时代成长起来的时装设计师，他对成衣化时代高级成衣的诉求、定位和风格都有着准确而深刻的理解和判断，就连当时同时期巴黎很多本土的设计师也将他视为对手。他的这套黑色礼服设计，大胆而夸张，对古典服装造型完全借鉴的大胆，夸张绗缝的下摆图案，使得这种直白和夸张被沉浸于浓郁而神秘的黑色中，完全没有很强势的表现力，却显得凝重而有力道。上半部分为加厚的塔夫绸面料，V字领开口，胸前有本色布包扣，古典气息自然展现；侧面有镂空的装饰艺术风格卷草图案，镂空部分和面料的对比给了整套严密包裹的服装以喘息空间；袖口在手腕处有松紧收缩，形成喇叭形袖口，这也是18世纪仕女服常用的款式。

作品赏析

　　这是克里琪亚90年代的高级成衣系列之一———透明拼接领衬衫。马里于卡·曼代利曾被人称为"疯狂的克里琪亚"，他习惯用简洁的外形、复杂的细部，往往是简单的款式冠以诙谐或者浪漫的

35　黑色雪纺拼接领衬衫

设计：马里于卡·曼代利（Malicar Mandali）

意大利，1993

　　马里于卡·曼代利具有非凡的创造性。简单的款式、古典的剪裁，加上富有创意的元素，使克里琪亚时装具有不平凡的着装效果。其品牌经过20多年的发展，在20世纪80～90年代获得了一大批忠实客户的喜爱，在意大利时装界乃至世界时装界享有崇高的威望。至今，克里琪亚品牌除了定制服装和成衣外，还设计出产包括手袋、小皮件、鞋、首饰、地毯等时尚产品。其主要的销售市场是欧洲、美国和日本，在中国的香港、上海等地也有专卖店。

手法，其日装素以实用为主，配以有特色的长披肩或者是同色泽不同质地的丝巾。

正如图中这件日装衬衫，宽松的轮廓，剪裁上没有任何分割和造型，正是这种整片式的结构保留了面料本身的特征，完全展现了黑色透明雪纺面料的柔软、神秘和性感。袖口和领子采用了白色拼接设计，香槟领形和礼服袖造型却让这件衬衫有了正式礼仪的意义。雪纺面料的领饰强调了雪纺面料的悬垂性和爽滑感，也是对正式的香槟衬衫领过于男性化的调和。从另一层意义上讲，半透明的雪纺带有明显的女性化特征，而衬衫领形和袖形却代表着硬朗的男性化元素，这样对比夸张的元素融合在一起，让这件普通款式的衬衫有了戏剧化的特征。对比与调和是任何设计中都最常见的手法，尤其是服装设计中，而相对于其他设计，服装设计中的对比与调和的表现力对服装视觉效果的作用更为明显。如何把握服装设计中的对比与调和的尺度、关系，并不一定要依赖常规，只有对这一平衡不断进行突破和尝试，才能在设计中有精彩的表现，否则即使是奢华的材质也会是件平淡的设计。

36 印第安女郎

设计：贝博洛斯（Byblos）

意大利

贝博洛斯鲜明的风格来自当时年轻的天才Gianni Versace和之后的继任者Guy Paulin。但贝博洛斯之后的成功和长期的稳步发展和两位英国设计师——Keith Varty 和Alen Cleaver是分不开的。她们的创新和独特风格迅速使贝博洛斯品牌闻名全世界。打造活力四射的年轻男女形象是贝博洛斯品牌一直秉承的宗旨。色彩迷人的图案、富有创意的织物拼接，灵感来自新都市一民族一优雅风的运动服装的细节。以上这些都体现了贝博洛斯的品牌特色：时下流行而富有活力。2002年，Swinger公司收购了贝博洛斯，成为贝

博洛斯发展中的重要一步。Swinger公司由Facchini家族创立于19世纪70年代初，核心业务是生产和销售牛仔服装、年轻系列和男女运动装。公司第一个创造了"粗斜纹棉布时尚"，使时尚界认识了"Swinger"品牌。擅长以跳跃的色彩和多彩的变化凸显意大利的时尚风格，给人一种健康向上、有活力的感觉，非常受追求时尚的年轻人的欢迎。

作品赏析

　　贝博洛斯于2002年春夏从印第安文化中汲取灵感创作了这组作品。上好的面料和实用的剪裁是贝博洛斯服装畅销的重要因素。服装的主色调是柔软、温暖的大地色系，麻质上衣、衣领上镂空编织带的装饰、胸前长长的流苏、腰间的皮编腰带配上小羊皮软靴，强调印第安特色和大自然的纯真；直发被随意拨弄得十分凌乱，表现出桀骜不驯如奔马般的野性，眼部眼影加强了深棕色，是刻意制造出印第安女郎立体的五官的效果。旅游及外来文化是贝博洛斯的重要主题。马拉喀什假日、夏威夷和南太平洋岛屿风情在贝博洛斯的服装上都有所反映。女装更多地显示印第安文化主题，而西部牛仔主题则更多地体现在贝博洛斯的男装上。此外，夏日热带风格色彩及令人耳目一新的印花来源于东南亚、大洋洲及南美洲。他的服装充满了靓丽色彩世界中孩子式的兴奋，那无以复加的欢乐微笑使他在商业及艺术上都取得了辉煌的成功。贝博洛斯的服装里没有邪恶和不祥，他的服装都是趣味的、奋发向上的。贝博洛斯服装是以上好的面料，加上年轻有朝气的想象，每个季节都不雷同，它一直很畅销。同时，成功运用色彩也是贝博洛斯取得成功的关键：马蒂斯式的色彩被充分运用于他设计的服装上；卡其色、巧克力色、烟棕色等充满节日快乐气氛的颜色是贝博洛斯服装的首选。

37　男款女西装

设计：乔治·阿玛尼（Giorgio Armani）

意大利，1989

　　1934年，出生于意大利。1952—1953年，学习医药及摄影专业。1954—1960年，任拉瑞纳斯堪特百货店橱窗设计师及打样师。1960—1970年，担任切瑞蒂的男装设计师。1970年，与建筑师赛尔焦·加莱奥蒂（Sergio Galeotti）合办公司。1974年，注册自己的公司和品牌。1974年，当第一个男装时装发布会成功举办之后，人们称他是"来克衫之王"。1984年，创立低价位品牌安波罗·阿玛尼。

　　在两性性别渐趋混淆的年代，服装不再是绝对的男女有别，乔治·阿玛尼即是打破阳刚与阴柔的界限，引领女装迈向中性风格的设计师之一。乔治·阿玛尼在校内主修科学课程，大学念医科，服兵役时担任助理医官，理性态度的分析训练，以及世界均衡的概念是他设计服装的准则。乔治·阿玛尼创造服装并非凭空想象，而是来自于观察，如在街上看见别人优雅的穿着方式，使用自己的方式将其重组，这属于阿玛尼风格的优雅形态。许多世界高级主管、好莱坞影星们就是看上乔治·阿玛尼这种自我的创作风格，而成为他的追随者。好莱坞甚至还流行一句话："当你不知道要穿什么的时候，穿阿玛尼准没错了。"

作品赏析

　　与其他设计师相比，阿玛尼的和谐理念是一种风格，无论是柔和的色彩与面料还是简约图案乃至无图案的极简主义，做工的精良、设计的端庄、造型的明快无不赋予阿玛尼作品诗一般的意境。色彩与面料的平衡，面料与款式的平衡，是一种氛围上的和谐。阿玛尼就是这位和谐演绎者，在宁静、飘逸的世外桃源中寻觅着自我。他设计的服装，无论男装或是女装，都与演绎它们的模特儿看上去是如此和谐，对于女装男化或是男装女化也绝非形式上的简单窜改，而是每个部位都相当谨慎地加以处理或加以合理改变。阿玛

尼有这样一条原则："我总是让人们对衣服的感觉与自由的感觉联系在一起，人们穿起来应该是自然的。"阿玛尼的服装基本都讲究精致的质感与简单的线条，清楚地衬托款式单纯的意大利风格。这种"你中有我，我中有你"的东方意境在阿玛尼的作品中得到了最完美的诠释：在曲线更为明显的女性身体上动用了许多轻柔的面料，为事业成功的职业女性综合了克制与感性、阴柔与力度。其秘诀在于结构设计上的大胆创新和制作工艺上的精益求精：他移去纽扣，降低翻领，或不黏衬里等手法，使他的设计作品让妇女穿起来既像是向男士借来的，却又是量体定做的。也许与高亢的意大利歌剧和堂皇的佛罗伦萨建筑相比，阿玛尼的时装显得恬静和淡泊，但他完全以一种清唱的方式打动你，这种震撼来自心灵，而非视觉。可以这样说，他的设计正如佛罗伦萨的建筑一样伟岸潇洒，也像意大利歌手的歌声一样委婉动听。

38 无结构夹克

设计：Giorgio Armani

意大利

作品赏析

在色彩的运用上，黑色、白色和灰色这三种在色彩中不能称之为颜色的调子是阿玛尼独爱的色系，也许这正是他性格理性、优雅和含蓄的一面。他钟爱的灰色调如同他总整齐地梳于脑后的灰色银发一样，虽不绚丽但极难被人忽视。他似乎与浓艳、张扬的色彩总是格格不入，并且避而远之。有人称他为没有颜色的时尚主义者。没有颜色，其实就是原色，即介于灰色和米色之间的颜色。乔治·阿玛尼品牌正装的布标也运用简单的黑底白字，适合一般场合穿着的服装布标则为白底黑字。至于副牌服装，则多以老鹰作为标志。阿玛尼相信大道无形，在他看来，设计的首要规则就是没

有规则，无结构的结构，无色彩的色彩，无变化的
变化，永远在无形之中酝酿着有形。在款式的创新
上，阿玛尼是一个彻彻底底的完美主义追求者，他
从不允许自己顾此失彼，每一个细节都是不能放过
的角落。阿玛尼喜欢并擅长颠覆传统，阿玛尼对阳
刚和阴柔之间和谐的变化有着自己独到的理解，他
的时装也总能浑然天成地将时尚与传统完美结合。
在他的设计生涯中，他将传统的男装与女装单调、
僵硬的穿着方式改造为柔软型。"我开始从事设计
的时候，男人们的衣着非常单调，所有人都穿着清
一色的服装。传统服装让我感到沮丧。我想让夹克
个性化，使它与穿着者更相称。怎样才能做到这一
点？办法是移动其结构，使它成为第二层皮肤。"
这款由阿玛尼推出的无线条无结构的男式夹克，在时
装界掀起了一场革命。他将男子上装解构，再进行重
构，删除大部分的结构设计元素，缓解了僵硬感。他
的设计轻松自然，在看似不经意的剪裁下隐约凸显人
体的美感。既扬弃了20世纪60年代紧束男性身躯的乏
味套装，也不同于当时流行的嬉皮士风格。他对传统
的男士套装进行重新搭配，用结构流畅的款式来解放
男人们长期被商业服装所压抑的形体。在他的设计之
中，结构感不强的上衣、斜肩、窄驳领、袋状的口袋
以及疏织的面料赋予服装以线条感。仅仅用一件夹克
衫，阿玛尼就改变了时尚的方向。

39 无衬里三件套

设计：Giorgio Armani

意大利

作品赏析

　　乔治·阿玛尼的创作作品正如其人，代表着永恒的优雅、洒脱的风度、高质量和鲜活的现代感。品读阿玛尼的作品，就犹如在与温文尔雅的他进行交谈。他更像是一位置身于城堡之中为你讲述故事的主人，总是和风细雨地将他作品的每个细节如电影情节般地向你娓娓道来，并深深地打动着每一位倾听他服装语言的人。调和的色彩、柔美的面料和中性风格的造型是阿玛尼擅用的语句，如同口头禅一般述说着和谐的经典。如果要用一个词来界定阿玛尼的设计风格，那么"和谐"应该是最为准确的用词。"去除多余、强调舒适、简约典雅"体现出了他经典的设计原则。对于和谐的不变追求使阿玛尼总是引领着富于变化的流行与时尚，他的设计如同一面镜子生动地映射出意大利人的生活方式。图中这套男装，简单大方，同样也用了很朴素的米黄色。款式的大方，剪裁的简单，无不体现出阿玛尼的设计特色。这样的款式和颜色，无论在多少年后，都是经典而不退潮的服装，而且能很明显地看出这套男装的外套是一件无衬里的设计，做工考究，用色统一。阿玛尼的无衬里设计男装，让穿着者的气质显得经典而又不失端庄。从这件男装中同时也能看出他的简约始终游走在传统与现代之间，模糊了传统与现代之间挥之不去的界限。阿玛尼在简约中展现着欧洲传统服装所特有的华贵气质，同时又将现代感巧妙地穿插于传统意境中。他认为，风格是一种方法，他的灵感可能来源于生活中的任何之事、任何之物或是任何之处，他自己将其诠释为一种情绪，对万事万物体会的一种情绪。正是由于这种包容万物的宽广，使阿玛尼的设计得以立足世界。

40 紧身上衣黑纱裙

设计：Giorgio Armani

意大利，1999

作品赏析

　　乔治·阿玛尼品牌服装的面料都相当昂贵，为了满足大众对品牌的需求，公司采用精美的意大利面料，聘请最好的意大利打板师，创造出难以模仿的新装造型。稍便宜的副牌服装使用的面料多为最新技术合成纤维，外人难以仿制。阿玛尼曾对20世纪的时装史有着重要的贡献：他将习惯上用于男装的面料用于女装，他运用具有块面感的格子和硬朗的红色线条来淡化娇滴滴、柔弱的女性形象，以没有拘束感并不做作的方式轻松演绎出20世纪80年代的精干女性形象。而令人意想不到的是，随着90年代女权主义的到来，阿玛尼的服装又变得前所未有地突出对女性曲线的刻画和强调。"女性不必穿得像男人一样以获得重视，她们将以更本质的特性突出自我的阴柔美。"可以从这件女装很明显地看出，他省去了繁复的装饰线条，以雕塑性曲线的剪接为主，有着一种无法形容的优雅气质。这款女装，款式简单，给人的总体感觉是简单、大方、优雅。上身的图案没有太过繁复。下身没有多余的图案，基本上就是很简单的一块制成的。做工简单而考究，似简实繁。色彩方面，没有很显眼的大红大绿，用了很耐看的黑色和米白色相结合。这样的用色高雅大方，含蓄。不论从做工还是用色方面，都能让人感受到低调而又高贵的气质。阿玛尼在简约中展现着欧洲传统服装所特有的华贵气质，同时又将现代感巧妙地穿插于传统意境中。

41 《莎乐美》黑白戏剧演出服

设计：范思哲（Versace）

意大利，1978

1946年，出生于意大利。1964—1967年，在意大利学习建筑学专业。1968—1972年，在他母亲的服装店里为设计师采购面料。1972—1977年，在米兰担任自由设计师。1978年，成立自己的公司，命名范思哲。1989年，开始打入法国巴黎时装界。1997年，因意外去世。

作品赏析

首先，我们来看范思哲为《莎乐美》设计的戏剧演出服。理查·施特劳斯的《莎乐美》在米兰斯卡拉歌剧院公演时，范思哲为希罗底王后和希律王的扮演者设计了惊人的黑色加象牙白套装及透明硬纱。一条黑色真丝滚条从中间将象牙色的柱形长袍分成对称的两个部分。喜欢自由发挥的范思哲从意大利时装设计师卡贝奇的作品中寻找灵感，用黑色褶裥莱卡把长袍的肩部延展成巨大的矩形。倾泻而下的透明硬纱裙裾使服装显得更为生动。在剪裁上面也非常有特色。范思哲是意大利经久不衰的一个顶级品牌，有着自己高人一筹的剪裁手法。有位时尚评论家曾经说过："如果有一件衣服不能让你穿着舒适，那它绝对不是意大利的；如果有一把椅子不能令你叹为观止，那它肯定不是意大利的。"不要觉得夸张，一旦你了解了意大利服饰顶级的剪裁技术，那么你自然会相信这句话的确是事实。范思哲这款晚礼服采用的是斜剪裁的剪裁方法，使得衣服更加服帖与合体，穿着起来更加舒适，更加贴合人体

工学的要求。在为《莎乐美》设计的服装中，同样，右边这套为希罗底王后设计的黑色丝绒和黑色真丝塔夫绸裙装，范思哲随意地将有光泽的塔夫绸打褶，做成巨大的不规则形状，以冲破一切极限。尽管这件礼服的主要灵感来源于30年代，但范思哲同时也借鉴了20世纪50年代巴伦夏加和迪奥的设计。皱褶素绉缎的肩膀和裙摆、斜裁的裙身，使腰部显得特别纤细。范思哲已经拿塔夫绸开了个玩笑，所以强忍着只是在腰部加了有泪滴形珍珠的银色图案装饰品。

好莱坞明星印花裙

42

设计：Gianni Versace

意大利，1991

作品赏析

范思哲的作品通常没有太大的男女界限分别，男装可以五彩缤纷，女装富于挑逗性、非常摩登。在范思哲的设计里，没有任何束缚，但他个人的设计理念却十分明确。范思哲曾经说过："我的设计风格是米兰式的，我相信今天的女性喜欢把自己打扮得靓丽迷人，取悦自己和她的男人。"范思哲于1991年春夏运用的是多色的印花面料设计的晚装，采用的是11色丝网印花真丝素绉缎，在印花真丝双绉上饰有贴花和珠绣。复杂的图案、丰富的色彩和大型尺寸需要精准而昂贵的印花工艺，这款极其昂贵的面料用于极其昂贵的服装，但却像在T恤上印花一样随意大胆。在这条修长的吊颈露背连衣裙绚丽的色块中，我们可以辨别出几位好莱坞传奇人物的头像，用永恒的安迪·沃荷式的风格表现主题，同样对其致以了特殊敬意。

这条裙装大胆直露，满是名人肖像的礼服洋溢着范思哲对安迪·沃荷作品的钦佩之情。好莱坞最著名的性感标志玛丽莲·梦露以及银幕偶像詹姆斯·迪恩装饰着这件贴体的紧身礼服。为增强涡形形状，范思哲在上身的吊带处设计了钉珠，丰富的钉珠和贴花图案盘旋蜿蜒在整个胸线处。范思哲恣意追求美丽与性感，大胆地展现"性感"、"挑逗"是范思哲品牌时装的两个重要特点，他的作品不像阿玛尼那样要求时装有华尔街女强人的感觉。被称为"天才设计师"的范思哲总能在每一季节大胆地将女人渴望的性感、明亮、吸引异性的心情，完全用服饰泄露出来，让许多女子爱他爱到痴狂，甚至收集所有范思哲的服饰、配件，珍藏它们，并且适时地炫耀她们的至爱。

43 酒红色晚礼服

设计：Gianni Versace

意大利，1986

作品赏析

此款酒红色演出式的晚礼服是范思哲80年代的作品。范思哲的设计风格非常鲜明，有着独特的美感和极强的艺术气息。此款晚礼服运用紫色真丝云纹绸、果绿真丝粗捻绸以及黑色透明硬纱的领款，不仅体现了范思哲设计风格中一贯鲜明和独特的美感，还充分体现了范思哲在优秀文化熏陶下流露出来的奢华感。这件真丝做的标志性"雕塑"，原本是黑白两色，为莫里斯·贝嘉的芭蕾舞剧《马尔罗，或者神的变异》中的人物所设计，用来纪念法国作家安德烈·马尔罗逝世10周年。这个版本选用了显眼的不对称式真丝旋涡造型，环绕于肩膀和下摆处，膝下和腰部的规则斜向活裥使丝绸礼服十分合体。范思哲保持了旋涡造型中扭曲、自然的形态，从中可以瞥见下摆里面的绿色丝绸，而黑色波浪形透明硬纱则与起伏的领口相呼应。

从款式上看比较简约，有着简约主义的韵味。简约主义本来就是强调把设计简化到它的本质，强调内在的魅力。此款晚礼服运用贴体的蚕形作为整个衣服的基本形式，完美地展现了女人最原始的美丽。S形线条是上帝赋予女人最美好的礼物，范思哲巧妙地运用了女人这一得天独厚的优势，用简单贴身的蚕形设计，利用女人最原始的美丽来体现衣服简约而不简单的魅力。腰部及膝以下都运用了旋转的原色布，有规律地向同一方向旋转，不但美观大方，而且还可以使上身显得更加修长，使整个身材看起来显得更加得体。这的确是比较巧妙的设计点，使得装饰细节不只有装饰的效果，还可以充分地发挥其功效，同时具备了实用性。晚礼服胸部以上的部分加上了不规则的大层荷叶边，看起来显得更加活泼、更加浪漫。在传统晚礼服的基础上加入了一些不一样的元素，大层的荷叶完美地融入到礼服中，感官上一点都不唐突。下摆的设计也不是一般传统的金鱼尾摆设计，依然延续了上半身翻翻荷叶边的设计，比上身的荷

3

1986年

演出服式的晚礼服，紫色真丝云纹绸，果绿真丝粗捻绸，黑色硬纱，《马尔罗，或者神的变异》

一件真丝做的标志性雕塑，是黑白两色，为莫里斯·贝嘉《马尔罗，或者神的变异》人物所设计，用来纪念法国安德烈·马尔罗（Andre Malraux）逝世10周年。这个版本选用了不对称式真丝旋涡造型，环绕于肩膀下摆处，膝下和腰部的规则向活裥使丝绸礼服十分合体。范思哲保持了波涡造型的扭曲的形态，从中可以瞥见下摆里绿色丝绸，而黑色的"波浪"明硬纱则呼应了起伏的领口。被命名为"梦幻"，来源于范思哲提时的一个美梦——女士们穿着种奢华的礼服前往歌剧院。

叶边更加大片，视觉效果上显得上下协调统一，但是并不显得重复而单调，反而能相互照应、相互区别，各有特色又融为一体，总之整个造型美得很有韵律，无可挑剔。

在颜色上，此款晚礼服选用的是低调的暗酒红色。无色系的布料用来做晚礼服，在以前看来是最得体大方的颜色，但现在看来就显得有些保守而不够出彩。暗酒红色不张扬，不浮躁，看起来一样低调。这样的低调是华丽而奢侈的，流露出女性的性感和妩媚，利用暗酒红来诠释是再合适不过了。此款被命名为"梦幻"，来源于范思哲孩提时的一个梦——女士们穿着这种奢华的礼服前往歌剧院。范思哲所主

张的设计风格是，利用简约的手法含蓄地描述女性的性感，散发出其内在的魅力。层层的荷叶边婉转地诉说着女性温婉、浪漫的气质，配上高贵奢华的面料，是范思哲晚礼服的不二选择。

44 洛丽塔超短裙

设计：Gianni Versace

时间：1978年

作品赏析

　　此款属于小晚礼服，是1978年范思哲为戏剧《莎乐美》设计的戏服，黑白透明硬纱及丝绸完美地秉承了范思哲风格；运用经典的黑白搭配，碰撞出新的设计火花。颜色上很有哥特式风范，在造型和款式上有着洛丽塔的天真烂漫。西方人说的"洛丽塔"女孩是那些穿着超短裙，化着成熟妆容但又留着少女刘海的女生，简单来说就是"少女强穿女郎装"的情况。但是当"洛丽塔"流传到了日本，日本人就将其当成天真可爱少女的代名词，统一将14岁以下的女孩称为"洛丽塔代"，而且态度变成"女郎强穿少女装"，即成熟女人对青涩女孩的向往。范思哲就是利用成熟女性向往时光倒流，摇身转变成青涩女孩的美好愿望来设计这款衣服的，使得小晚礼服瞬间透露出女孩般的俏皮天真。人们是希望范思哲设计的《艾丽斯漫游仙境》戏服能有着雅致的黑白色。设计师把这件"小女孩的连衣裙"改成紧身上衣配荷叶短裙，并采用了巨大的方形袖子和一个漂亮的蝴蝶结，白色面料上的黑色滚边给这条别致的连衣裙带来戏剧性的外观和单纯的气质。衣服的领子造型借鉴日本女学生水手服中活泼大方的领面设计，运用端庄的彼得·潘衣领，增添了少女气息，正中央是一个白色蝴蝶结，再搭配上长长的黑色条状装饰，诠释着纯真的气息。前中心线上的白色圆珠状装饰体现出了范思哲一贯精致、典雅的细节处理。袖子和裙摆部分运用了夸张的手法，看起来更有孩子式的浪漫、俏皮。袖口部分用黑色饰边装饰，打破了白色的沉静，袖口的最边上还装饰着白色锯齿状蕾丝花边，一切显得更加有生机。下摆运用的是层层叠叠的原色，张扬着、表达着清雅的心思；在层层叠叠的边上装饰着黑色的不同宽度的边饰，可以体会到高级成衣细心、别致的巧妙构思，耐人寻味。腰部没有过多的装饰，最主要凸显的是女性腰部的线条。在结构形式上借鉴欧洲中叶风靡一时的紧身胸衣造型，有利于体现女性腰部的曲线美。选用的是柔软的材质，为的是更加贴合人体，穿着更加舒适，与老式紧身胸衣相区别。不但穿着收腰合体，而且完全符合人体工学的需要。在腰际的后部装饰着纱状半透明的大蝴蝶结，融入了婚纱的设计元素，给人以新娘的美好错觉。

45 《随想曲》戏剧演出服

设计：Gianni Versace

意大利，1991

线，下身裤装运用紫色绸或真丝，显示出奢华、夸张的舞台效果。在皇家剧院上演的查理·施特劳斯的《随想曲》中，一位扮演音乐家的演员穿着这件衣服，再现了18世纪男式服装的繁华装饰。范思哲借鉴历史，将礼服上的元素扩展为鲜明对比色的全套。大口子、假扣眼和袖口处装饰着这件绿色外套，紫色马裤有着大胆的斜角缝线，在马夹巨大闪耀的太阳头像上绣了金属线。就像范思哲的许多其他戏服一样，这件完美的作品将历史服装变成了复古的时尚。

46 艺术家

设计：Gianni Versace

意大利，1991

作品赏析

范思哲的设计一直是游离于雅与俗、古典与前卫、主流与非主流以及传统与现代之间。他的作品能从迷乱躁动的日常生活中捕捉到独特与美好，使得现代的年青一代几乎以一种狂热的心态将范思哲品牌视为顶尖的流行时尚。此套看起来有点怪诞的晚礼服就是游离在雅与俗、古典与前卫之间，它们搭配在一起却不显得唐突，有一种中西合璧碰撞之后擦出的美丽火花。

这件名为"艺术家"的色彩鲜艳的礼服是1991年春夏范思哲推出的晚装作品，运用饰有钉珠图案的彩色印花斜纹真丝制成，体现了范思哲对现代艺术和戏剧的热情。色彩上，运用对比强烈的补色，耀眼而夺目，给人以青春洋溢的异域风情，"pittora"、"artista"、"arte"等字体图案围绕着中心画面的小丑，令人震撼的抽象图案取材于各种现代艺术运动中。这些印花图案最初用在范思哲的头巾设计上，现在却十分适合这条紧身短小、带裙的活泼小礼服。范思哲本人也非常喜欢它，将它视为自己的得意之作。他巧妙地运用裸肩造型，将腰部收紧、裙摆蓬松，使整套裙装显得可

作品赏析

这件于1991年由范思哲为《随想曲》设计的戏剧演出服，分为外套、马夹和马裤。范思哲运用绿色绣花真丝罗缎以及粉红、大红、蓝色和绿色手绘罗缎呈现出华丽的男装色彩，马夹上绣有金属

爱、入时，装饰缉线使无带紧身上衣得以定型，环绕腰部的闪耀钉珠使整件礼服更加充满活力，五彩缤纷的珠饰构成或简单或活泼的曲线、几何图案以及抽象图案，充满了艺术气质。总之，整套服装让人眼前一亮，两个极端的强烈碰撞擦出了华美、性感的火花。上半身的胸部设计完美地托举出诱人的胸形，凸显女人玲珑的身姿。独特不规则的裙摆设计洋溢着青春、俏皮的气息。层层叠叠的"风帆"的叠加，有着别样的风情。无色系、大小不一的格子装饰更彰显趣味性，突凸个性。整件作品有着独特的美感和极强的艺术效果，强调着快乐和性感，其中又透露出古典贵族的豪华、奢丽。

47 半身裙晚装

设计：Gianni Versace

意大利，1990—1991

作品赏析

这是由范思哲亲自设计的紧身上衣和半身裙晚装的套装。在这款别致的礼服设计中，范思哲运用的灵感元素有素绉缎、公爵缎以及黑色绣花网布和彩色印花乔其纱，另外加入了印有各种黑白几何图案的罗缎。整套衣服运用的是有色系和无色系的搭配，上身借鉴的是具有浓郁中国风的彩色刺绣，手工精致，排列手法错落有致。选用最能代表中国元素的红、黄、黑、蓝、青五色为主色调。刺绣的手法种类繁多，图案精致且大方，有一系列中国特色的祥云、富贵牡丹花等图案。加之上半身是无肩带的抹胸设计，清爽大方，合身的贴体设计勾勒出女性迷人的身段。在短小紧凑的上身设计中饰有丝绣，并运用闪亮的珠片和水钻，使整套礼服风格气质高贵、闪耀。范思哲擅长将看上去明显不和谐、不调和的元素和部分强行累积和布置在一起，在明亮、五彩、极其可爱的上衣饰以花形图案之外，还搭配上富有节奏感的黑白方格多片裙。下身的华丽露腿裙装，装饰着不对称的层褶，衬垫和层叠有助于塑造罗缎半身裙的廓形和体积。它的结构源自20世纪50年代的晚装风格。更为叫绝的是，在这里，洛可可式的无带上装和60年代欧普艺术的黑白半身裙相遇。奢侈的绣花由层叠的花瓣、缎带绣花、珠片和各色五彩石头组成，极强的立体感让你想到一幅雕刻精美的石刻绘画。整套晚礼服的亮点就是下半身的裙摆，它首先采用了和上半身完全背道而驰的无色系，再配上与民族风南辕北辙的四种几何纹样作为裙摆的造型布料。裙摆的造型非常奇特，前后裙摆长短不一，裙摆左右呈不规则状，打破了晚礼服大、长拖摆的沉闷感，显得清爽、多变、活泼。裙摆是由多片不同大小、不同图案的材质构成，感觉像荷兰的多架风车扭曲而成，又像是船上迎风的风帆张

扬着，十分特别，很有个性。料子的图案也很有趣味性，大小不一的白色条纹间隔在黑色的布料上，活泼俏皮，像国际象棋的棋盘，让人不由得联想到了世界上最古老的搏斗游戏，感觉很有威慑力。撑着洛可可式样裙撑的半身裙分别由五种不同的黑白几何图案设计而成，层层叠叠，柔软而蓬松。在这套裙装中我们不难发现，范思哲特有的拿手绝活就是塑造时装的体积感和复杂性。

48 安全纽扣黑色礼服

设计：Gianni Versace
意大利，1994

作品赏析

范思哲一生都在追求美的震慑力。无论是艳丽性感，还是典雅端庄，在他的作品中总是蕴藏着极度的完美，充满着濒临毁灭般强烈的张力。范思哲的作品强调快乐与性感，是极强的先锋艺术的表征，尤其是那些展示文艺复兴时期特色的华丽款式，充满了想象力。

豪华是范思哲的设计特点，其血液中流淌着贵族式的优雅

华丽。这款于1994年由范思哲设计的黑色长礼服掀起了时尚界的风潮，面料为60%的黑色人造丝和40%的醋酸纤维混纺。珠光吊带，精致蕾丝，让穿着它的女人绚丽骄傲得如同孔雀一般。

这款黑色绸缎长礼服让穿着它的伊丽莎白·赫利显得美丽大方，简洁含蓄中有别样的成熟妩媚。她穿着这件连衣裙参加《四个婚礼和一个葬礼》的首映式后，立即成为当时所有报刊的头条新闻。这条迷人的黑裙暴露和掩盖的面积几乎相等。它褒奖了女性身体艳丽的曲线。V领和两边开口处的结构经过仔细处理，轻松地托起胸部。在这款设计中，范思哲吸取了19世纪七八十年代款式上的元素来制造这件诱人的盛装。但是，英国朋克风格衣服上的黑色、开衩和安全别针，与大都会夜总会生活中曲线玲珑的黑色莱卡长裙还是有很大距离的。因此，虽然他确立了反传统的长开衩裙装的设计原则，但在细节上没有任何邋遢或毛边的地方，普通的安全别针也换成金色镶钻别针和饰有范思哲品牌代表性的美杜莎头像的装饰别针。范思哲帝国的标志是希腊神话中的蛇发女妖美杜莎，美杜莎的头发由一条条蛇组成，发尖是蛇的头。她以美貌诱人，见到她的人即刻化为石头，她代表着致命的吸引力，这种

震慑力正是范思哲的追求。而对很多女人而言，范思哲品牌不仅仅是一件奢侈品，更成为一种近乎病态的渴望和迷恋，好像范思哲的LOGO——蛇发女妖美杜莎一样，她的美貌如此蛊惑人心，有着致命的吸引力，就算见到她的人立刻会化为石头，也在所不惜。设计师将他独一无二的魔力标志放在这个设计上，成为黑色小礼服设计历史上的里程碑。

49 红色晚礼服

设计：詹弗兰科·费雷（Gianfranco Ferré）
意大利，1999

1944年8月，出生于意大利郊外的一个小镇。1969年，毕业于米兰工艺大学建筑设计专业，毕业后进入某家具公司设计室工作。1969—1973年，在米兰担任珠宝及饰品设计师。1974年，在米兰的贝拉公司任设计师。1978年，在米兰开创自己的女装品牌。1982年，推出男装系列，同时期，配件、鞋类、皮件等商品相继推出。1989年，被聘为法国迪奥公司的首席设计及艺术指导。

在费雷看来，每个人都有自己的个性特点，虽然任何人都用两只脚走路，但步态各不相同，何况人们更加复杂的心理和外观。费雷的设计构思常常源自某种幻想和追忆，从白色、蓝色的纯洁，棉布的乡土味，然后到女性的冷漠，以及丰富艳丽的色彩，都能通过他的组合设计所创造的意境，落实到具体的服装造型上。费雷要求服装的外形线条、面料花色、服饰配件都必须简洁，而在整体造型上则强调磅礴的气势。特别是费雷的男装设计，很受企业名流、建筑师、设计师们的喜爱。

詹弗兰科·费雷一向以酷爱简洁线条、用料高雅华贵、色彩鲜艳明亮而闻名于世。素有"造型美天才"之称的詹弗兰科·费雷，对线条的结构拿捏得恰如其分；精巧的手工，更使得设计者可以充分发挥几何与不对称的剪裁技巧，这也是詹弗兰科·费雷男装样式上的一大特色。他的艺术理念是：时装是由符号、形态、颜色和材

质构成的。他的作品在世界许多重要城市展示，获得了一系列令人望尘莫及的荣誉。

此款红色晚礼服由素有"造型美天才"之称的詹弗兰科·费雷于1999年推出，具有春夏季节的流行风格。詹弗兰科·费雷的艺术世界充满诗情画意和遐思幻想。詹弗兰科·费雷的设计风格是简单的线条与色彩，自信、利落。这套中性、优雅、含蓄而简洁大方的礼服做工考究，集中代表了意大利时装的风格特征——摩登而个性，以年轻活泼的风格为特色。

这款礼服运用红色的彩虹丝绸塔夫绸作为主调，以单纯的线条、华丽的面料和鲜艳的色彩而出名，有着简约主义的韵味。简约主义本来就是强调把设计简化到它的本质，强调内在的魅力。它代表了为设计而设计的自由主义精神。无论是在回应传统的需要，还是在追寻理想的边际，抑或是单纯地表达强烈的浪漫，这样的作品总是那么具有创造力。黑棉纱贴身的蚕形上衣作为整个衣服的重点，完美地展现了女人最原始的美丽。S形线条是上帝赋予女人的最美好的礼物，简单的S形波浪式的条纹不但美观大方，

而且还可以使穿着者的上身显得更加修长，十分适合骨架宽大、身材高挑的自信女人穿着。这样单纯的线条使得装饰细节不但起到装饰的效果，还可以充分发挥其功效，同时具备了实用性。礼服胸前红色褶皱的丝绸犹如一朵盛开的红色牡丹，使得晚礼服看起来更加活泼、更加浪漫。在红与黑的搭配中，无论是从视觉效果上还是感官上都能上下协调统一，但是又不重复或单调，能相互照应、相互区别。飘逸、宽松、无拘束的裤子和简单的细吊带的搭配统一在一片前卫、新潮的艳色里，反而流露出不同凡响的女性气质，给人带来阳光和极具运动性的美感。总之，整个造型美得那么有韵律并且无可挑剔。

詹弗兰科·费雷的产品均做工细致，色彩运用恰到好处。选材最大限度地考虑了实用性，在色彩与时机、外观与轮廓之间的运用上都各有千秋。在讲求符合现代人日常生活起居舒适自由的穿衣需求的同时，此款晚宴服更是一款颜色鲜艳，大玩流线型的休闲服装。詹弗兰科·费雷则是结合了创意、科技、舒适三大精髓，设计出了这款适合都市的各种面貌（包括工作、正式场合甚至是休闲活动），以年轻、摩登的时尚女子为主要诉求的晚礼服。

50 米黄色礼服

设计：詹弗兰科·费雷（Gianfranco Ferré）

意大利，2000

这是由费雷于2000春季设计推出的以高雅经典为名的晚礼服，号称米兰"3G"之一。从这套服装中可以明显感觉到作者研究建筑的背景，即使融入印度工艺的细腻，也很难看出任何一点多余的装饰细节。如果把服装想象成一座建筑的外观，那么你最想让它呈现出什么样子？这或许是最常出现在服装设计大师詹弗兰科·费雷

脑中的一句话吧！以简洁却十分突出的线条感来架构服装，从而在人体上完美体现，使得詹弗兰科·费雷把这套服装架构的线条与比例设计得相当敏感。他巧妙融合了剪裁与颜色两者的精华部分，使穿着者能够展现更佳的身型轮廓，这样的礼服包含休闲路线至高档典雅装，遍及技艺精湛的套装。设计风格中最明显的特色即是宛如

建筑钢骨结构一般巨大却简洁的气势，作者于70年代在印度研究当地手工艺与原始制衣技巧的岁月，则加添了他设计这套礼服时细腻的笔触。黑、白再融入一些橙色在以前看来是最得体大方的颜色，在现在看来就显得有些保守而不够出彩。清淡的米黄色不张扬，不浮躁，看起来一样低调。这样的低调是华丽而奢侈的，流露出女性的性感和妩媚。这款礼服以青少年及贵妇人为服装设计对象，就像这位蓄着短髭的学者型设计师说过的，他常以自己为设计女装的蓝本。基本上，詹弗兰科·费雷的女装显得很大方，设计的礼服多半以正统带复古的款式居多，颜色也较偏向原色系，特别是黑色，在现实与虚幻的社会里反而流露出不同凡响的女性气质。单纯弯曲的线条、华丽的曲料，蓬勃盘旋的上衣犹如一栋充满朝气的建筑物，这正是简约主义和现代主义相结合的契合点。此系列服装中也透露出某些其他元素，代表了为设计而设计的自由主义精神。无论是在回应传统的需要，还是在追寻理想的边际，抑或是单纯地表达强烈的浪漫，这样的作品总是那么具有创造力。在今天，它就是精确、精致和精美的同义词。

51 三粒扣小礼服

设计：比尔·布拉斯(Bill Blass)

美国

　　1922年，出生于印第安纳州的韦恩。1936—1939年，在福特韦恩高等学校就读。1939年，在纽约帕森设计学院学习时装设计。1940—1941年，任纽约克里斯托尔运动装公司的画稿员。1941—1945年，在美国陆军服兵役。1945年，任纽约安娜·米勒公司设计师。1959—1961年，任莫利斯·雷特公司副总裁。1970年，收购雷特公司并改名为比尔·布拉斯。1999年，举行告别庆典。2000年，举行个人最后一场发布会。

纹样。在他的设计里，能显现将美国的运动服装和欧洲的雍容华贵结合得天衣无缝的不凡功力。1981年，罗纳德·里根就任美国总统，保守主义的风潮也刮到了时装界。比尔·布拉斯马上抓住了这股奢华的贵族风，设计出华丽的鸡尾酒装和晚礼服，面料多采用下垂的塔夫绸，颜色以粉红或黑色为主，缀满蕾丝花边，并衬以遍布全身的各种珠宝首饰。

52 钟形袖女裙

设计：Bill Blass

美国，2003

作品赏析

看这件合体剪裁的三粒扣小礼服，比尔·布拉斯选用高品质的黑色毛涤混纺面料，塑造出精致、干练的女性形象。窄小的西装袖效仿骑士服的造型，一步窄裙体现出模特优雅的身型，走路时淑女的步态，优雅而恬静。上衣运用加宽、加深的造型体现出丰富的层次感，加上圆形的黑色小帽，使得整套服装充满了形式感。而白色螺旋形的帽饰更是点睛之笔。不难看出，这就是比尔·布拉斯将优雅、经典与时尚融合而成的古典风格杰作。比尔·布拉斯时装设计，特别是那些华丽的晚礼服，剪裁都非常简练，而且穿着方便，从不用过分的装饰来装腔作势。他喜欢清爽的颜色，喜欢有对比的

作品赏析

这是一套由比尔·布拉斯于2003年春夏发布会推出的作品。红橙色的对比变化，丝绸材质的衬衫舒适而凉爽，钟形袖的细密抽褶从肩部一直延伸到前胸，袖笼线与公主线融为一体，增添了整套裙装的变化。下身搭配斜条纹及膝裙，上衣轻轻束入裙腰，延续比尔·布拉斯一贯明快、休闲的风格，但又不失优雅，塑造出一位端庄、干练又不失活泼的职业女性形象。

53　白色T恤

设计：里兹·克莱本（Liz Claiborne）

美国，2002

1929年，出生于比利时的布鲁塞尔。1939年，随父母移居美国新奥尔良地区。1947—1948年，在比利时的艺术学院学习。1950年，任蒂纳·莱塞公司的制版师及模特儿。1960—1976年，在纽约第七大街本·赖格公司任奥马尔·基亚姆的助理、乔纳森·洛根公司设计师。1976年，创建里兹·克莱本公司。1985年，首次推出男装。

作品赏析

纯净的白不等于单调乏味，里兹·克莱本用白色纯棉打造了一个多变的时尚派对。半透明的镂空花边镶在胸前或肩袖，裙边加上优雅的百褶边或是波浪形裙边，背心的领、袖、下摆也统统加上花边，顿时将中性化的白色T恤转为女性化十足的休闲女装。

54　绿色沙滩裤

设计：Liz Claiborne

美国

作品赏析

模特微黑健康的肤色，饰着七彩逼真的玫瑰的嫩黄色草帽掩在胸前，豆绿色棉织热裤的裤腿卷起，裤腰翻折下来，模特的拇指随意地插在裤腰里，仿佛一下子将人们带到了有着热烈阳光的沙滩和海岸。

55 带帽红网装

设计：三宅一生（Issey Miyake）

日本

1938年，生于日本广岛。1959—1963年，就读于多摩艺术学院。1965年，进入巴黎高级女装联合会设计学校学习。1966年，开始在纪·拉罗什公司任设计助理。1969—1969年，在吉旺希公司担任设计助理。1969—1970年，在纽约杰弗里·比尼公司任设计师。1970年，在东京成立了三宅一生设计室。1971年发布了他的第一次时装展示。

三宅一生的服装被称为是"东方遭遇西方"的结果，他的目的是让穿他的衣服的人从服装结构的束缚中解脱出来，却又表现出独特的体形美。由此他创立了充满东方特质且易于活动的服装，受到很多消费者的推崇。他的服装一向追求魅力十足的色彩和完美的面料感觉。轻柔体贴也是他对人体所需要的感觉做出的反应。款式、面料重量和人体的最佳搭配是他的绝活之一。到他的专卖店里，我们能够看到只有几盎司重的衣服，泛着像是从深海里面捞出的珠宝般的蓝色，也许像巨大的贝壳的样子，又像是汹涌的海浪，精美绝伦。他的早期作品里面有浓郁的日本民族服装的印痕，他运用了5世纪时日本农民运用的对布料的处理工艺，使服装的外观有非常特别的感觉。他的服装里面有日本武士的影子，有神秘的东方性格的体现。他还创造性地运用了油布、聚酯纤维的针织面料，结合独特的剪裁方式，形成了被他称为"第二层皮肤"的衣着特征。他的衣服并不排斥实用性，他在坚持自己民族的某些特点的同时又受到巴黎著名的设计师Vionnet的风格影响，现在则以他的前卫和特别超越了时间和民族的界限，成为一代大师。

三宅一生自己对时装的解释是："我试图创造出一种既不是东方的风格也不是西方的风格的服饰。"他的追求显然成功了。那些T恤、裤子、小上装、套头衫和那些像羽毛一样轻的外套，都在三宅一生的商标下风靡全球。不过值得一提的是，他的服装实用性得到了相当大的强调，他的晚装可以水洗，可以在几小时之内晾干，可以像游泳衣一样扭曲和折叠。在生活节奏越来越快的现代女性那里，这些特点具有致命的诱惑力。

作品赏析

日本设计师三宅一生的作品具有超前的意识和非凡的创造力，是20世纪最具幻想色彩的杰作。三宅一生从世界的各个角落去寻找服装创作的灵感，并借助服装科技的发展，将面料压褶、定型。他赋予服装以自由的形式，覆盖于人体，以立体形式组成，宽大完整的面料包缠人体，衣服的外观会随压缩、弯曲、延伸等动作展现出千姿百态，由此形成一种全新的着衣形式。这种立体派的裥褶为服装设计带来了全新的观念。三宅一生有服装设计界"哲人之尊"的称号。他的服装作品能体味出超越服装本身的东西。他始终脚踏纯粹的艺术和应用服饰艺术的两大阵营，作品造型简洁、有力。此外，他希望自己设计的服装像人体的第二层皮肤一样舒适服帖，褶皱也能够很好地完成这个任务，它能给穿衣人足够的活动空间，也能给他们充分展示自己的体态的机会。在这里，三宅一生很好地解决了东方服装注重给人留出空间和西方式的严谨结构之间协调的问题，在看似完成度不高的服装中，顾客为自己找到了完美的解决方案。所以三宅一生的褶皱服装是通过顾客的穿着行为最后完成造型的任务的。这件作品从整体上看，首先在颜色方面运用了比较鲜艳的红外套来搭配偏绿的蓝色，他大胆地把色彩本身的冲突性完美地结合在一起，矛盾而统一才会让人过目不忘。从材料方面来看，红色外套是用塑料再加上现代的高科技所形成的新型布料，经过编织，加上周边用金色作为装饰，使这件外套更加富于立体感，里面的蓝绿使用贴身的立体剪裁。从设计方面来看，红色编织外套硬朗，同时因为材料与宽松的设计而有了一份动感，与里面紧身的蓝绿色形成对比，而里面的蓝绿色上衣同时也用了一份细微的蓝与绿线条来更好地修饰人体的曲线美，在袖口和衣服周边是较硬朗的荷叶边的设计，同时又让这件作品添加了一份带着刚强的柔美。裤子则采用同色系，其特色在于剪裁方面在人原本的曲线上面，更加突出了臀部与腿部的线条。三宅一生的这件时装极具创造力，集质朴、基本、现代于一体，用一种最简单、无需细节的独特素材把服装的美丽展现出来。

56 我要褶皱

设计：Issey Miyake

日本，1990

作品赏析

三宅一生的设计直接延伸到面料设计领域。他将自古代流传至今的传统织物融入了现代科技元素，结合他个人的哲学思想，创造出独特而不可思议的织料和服装，被称为"面料魔术师"。每当设计与制作之前，他总是与布料寸步不离，把它裹在、披挂在自己身上，感觉它、理解它。他说："我总是闭上眼，等织物告诉我应去做什么。"三宅一生对布料的要求近乎苛刻，让布料商甚至自己亲自进行上百次的加工和改进是司空见惯的事，因而他设计的布料总是出人意料，有着神奇的效果。比如传统的绗缝棉布在三宅一生用来却效果独特神奇。他偏爱稻草编织的日本式纹染、起绉织物和无纺布，喜欢红色、黑色和印第安的扎染色。三宅一

生所运用的晦涩色调充满着浓郁的东方情愫。他喜欢用大色块的拼接面料来改变造型效果，格外加强了作为穿着者个人的整体性，使他的设计醒目而与众不同。"三宅褶皱"（Pleats Please）是一般大众对三宅一生品牌最直接的印象。无论日本、欧美还是中国的台湾等地，标榜创意性的"三宅褶皱"，已成为许多人的最爱。而她们异口同声地说："能够巧妙映衬身型的轻巧绉褶皱布料，配合素雅简单的剪裁方式、丰富的色彩，不需要像高级服装那样费心照顾，只需要水洗并自然晾干，也可轻易卷起来收纳，可说是任何场合以及出国时最体贴的服装首选。"三宅一生多年来对褶皱情有独钟，不断对其素材进行实验与开发。在他的设计工作室中，四壁挂满了他的试制品——各式各样的褶皱。三宅一生是一位艺术造诣很高的设计师。他的设计在单纯、单色的面料上加以变化，做出丰富统一的细褶，形成一种肌理效果。他设计的时装展开来就是平面，但穿着以后，完全是一种新的雕塑，给人以深刻的印象。他的褶皱方案是永久性的，在整理阶段就以高科技的处理手段完成褶皱的形状，并且不会变形。同时，他也用完美的色彩感觉给他的服饰以商标式的外观。在谈到他自己创立的这种风格时，三宅一生说："那是个实验，也是个冒险。"幸运的是，"我要褶皱"系列由他成功创立，并且把他的事业引向一个新的台阶。

术和市场之间找到了平衡点，使其作品清新独特而不流俗。

1992年前后，三宅一生推出了他的褶皱系列时装。从1989年他的有褶皱的衣服正式推出与顾客见面起，三宅一生的名字和他衣服

57　泉

设计：泉（Issey Miyake）
时间：1996

作品赏析

早在20世纪80年代初，三宅一生就以"三宅褶皱"为主题推出系列时装，以此跻身于巴黎时装舞台。作品充满了强烈的设计意识，其创造的著名的"三宅褶皱"已经被广泛应用于如今的时装上。他在艺

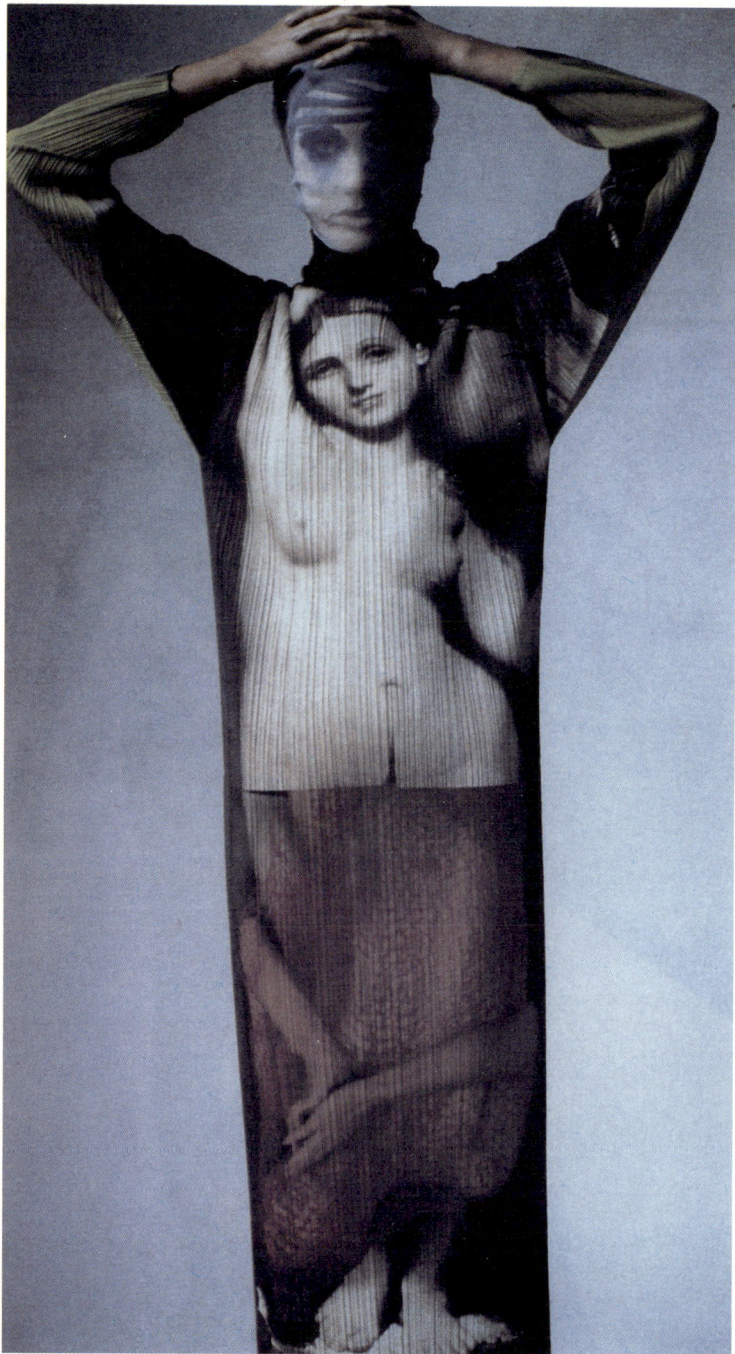

上的褶皱就连在一起了。运用褶皱表现他的个性，是他的出发点之一。"在巴黎，我不想模仿任何人，我只想做我自己。"在以运用褶皱为设计特色的前辈设计师Vionnet的风格中，他找到了设计语言并加以发扬光大。这幅时装作品是应三宅一生之邀，艺术家把古典画家安格尔的名作《泉》绘制在"三宅褶皱"的长裙之上的作品。在绘作中沐浴的少女置于服装上部的主体位置，少女的身形与着装者的人体结构几乎重合，而在服装腰线以下与另一幅倒转的人体画交叠，画中人物置身于一张红色大网之中，与蒙住头部的模特形象相呼应。整件作品依附于人体，却又有从人体上呼之欲出的趋势，体现了"超现实主义"的设计理念。这条裙子的面料是带皱褶的涤纶聚酯纤维，采用的工艺并不是从一块已打好褶的布上剪下裁片再予以拼缝，而是在以机器压褶时便直接依照人体曲线调整裁片与褶痕。用这种视觉效果干爽流畅的面料制作的服装充分体现了"自由"、"舒适"的设计理念，而且这种服装不需要干洗熨烫，方便打理，收藏时可以随意卷成一团。在穿着时，穿着者也是设计的一部分，因为三宅一生在设计的时候留下了很大的空间，可以任穿着者自由发挥。这对穿着者来说一开始可能会比较困难，但一旦掌握了诀窍，便可以从中发现很大的乐趣。"三宅褶皱"不只是装饰性的艺术，也不只是局限于方便打理。他充分考虑了人体的造型和运动的特点。在机器压褶的时候，他就直接依照人体曲线或造型需要来调整裁片与褶痕。

58 立体主义设计扇叶裙

设计：Issey Miyake

日本

作品赏析

另一件著名的《一生褶皱》时装是一条青色长裙，裙摆看上去

像一片折叠纸扇叶。如果模特的肢体动作是随意的，衣服也将随之呈现出动态的褶皱。三宅一生擅长立体主义设计，他的服装让人联想到日本的传统服饰，但这些服装形式在日本是从未有过的。三宅一生的服装没有一丝商业气息，有的全是充满梦幻色彩的创举，他的顾客群是东西方中上阶层前卫人士。三宅一生的设计，不再局限于基于西方文明的设计传统，而是一种代表着未来新方向的崭新设计风格。三宅一生在自己的设计中贯穿着人道的思考。他认为人们需要的是随时都可以穿、便于旅行、好保管、轻松舒适的服装，而不是整天要保养、常送干洗店的服装。因此三宅一生设计的褶皱面料可以随意一卷，捆绑成一团，不用干洗熨烫，要穿的时候打开，依然平整如故。这是服装面料上的一次革命性事件。三宅一生凭着

奇特皱褶的面料，在才子如云的巴黎时装界站稳了脚跟。他根据不同的需要，设计了三种皱褶面料：简便轻质型、易保养型和免烫型面料。三宅一生给人最深的印象显然是东方式的：不紧不慢的步伐，全身心投入的工作态度，对时间的把握相当精确，希望成为时间的主人；有教养、有幽默感、实用主义的思维。比如他希望自己设计的服饰轻便、舒适，而不是拘谨地坐在饭桌边吃四人正式晚餐的格调。他的时装一直无结构模式设计，他最大的特点是以可能与不可能的材料来织造布料。

59 褶皱长衫

设计：Issey Miyake

日本，1989

作品赏析

此图是三宅一生在1989年推出的品牌"我要褶皱"的经典代表作品，这种设计看上去极具创造力，集质朴与现代于一体。这是一种代表着未来新方向的崭新设计风格。看得出作者很擅长立体主义设计。如果说服装的细节能够说明一个服装设计师的特点，那么，看到这样的褶皱，就没有人能够忽略三宅一生。虽然不能说三宅一生是褶皱的发明者，但是他的褶皱肯定是最为独特和最出名的。男款看起来很阳刚，女款看起来很柔美，他的设计将男人、女人的身体特征发挥得淋漓尽致：帽子为这款服装增添了几分神秘，像是西洋剑者，又像是日本神秘的忍者；虽然用黑棕色布料褶皱给人坚硬的感觉，造型看起来像"树"，给人伟岸、踏实、安全的感觉，有男子的霸气，但仔细看你就会发现，这套服装的布料极其柔软，经过模特的演绎，完全可以看出三宅一生的服装追求魅力十足的色彩和完美的面料感觉，也可以看出轻柔体贴是设计师对人体所需要的感觉做出的反应。款式、面料重量和人体的最佳搭配也是设计师的绝活。

第二套服装（见下图）是对5世纪时期的日本农民所使用的布料及其处理工艺的借鉴与提升，使服装的外观有非常特别的感觉。它

里面有日本武士的影子，有神秘的东方性格的体现，还创造性地运用了油布、聚酯纤维的针织面料，结合独特的剪裁方式，形成了被设计师称为"第二层皮肤"的衣着特征。加上灯光的照射，象征日本的红日形象非常明显。另一个出发点是他希望自己设计的服装像人体的"第二层皮肤"一样舒适服帖，他认为褶也能够很好地完成这个任务，它能给穿衣人足够的活动空间，也能给他们充分展示自己体态的机会。所以三宅一生的褶皱服装是通过顾客的穿着行为最后完成造型任务的。上页图中右下方的女款开创了结构主义风格，借鉴了东方制衣技术及包裹缠绕的立体剪裁技术。创造了充满东方特质的易于活动的服装，改变了高级成衣及时装面料一向平整的定式，以日本宣纸、白面布、针织棉布、亚麻等，创造出光洁的肌理效果。突出了东方女性的娇小和纤腰，在肩和领的部分处理得很特别，扇形的褶皱将柔美的女性曲线尽情展现。它的造型加上布料的条纹看来就像日本女人的经典发髻，背中间的分割线条就像发髻的分路，显出东方女性的柔和美。袖口有日本和服特色，宽大、舒适，在女性臀部的描写则稍微仔细一些，用布料纹路的不同走向突出女性臀部的圆润。作品里面有浓郁的日本民族服装的印痕，有神秘的东方性格的体现。

作品赏析

"后现代主义"一词见于20世纪70年代以来西方社会开始步入后现代社会，并且流行、扩展到社会各个领域。服装设计史中的后现代主义表现为对美的宽泛化认同，样式比意义和内容更重要。解构成为常用的设计手段，其中一种方式便是对传统材料的解构，将

60 木版裙装

设计：山本耀司(Yohji Yamamoto)

日本，1991

1943年，出生于日本横滨。1966年，毕业于庆应大学法律系。1966—1968年，在日本东京文化服装学院学习时装设计。1968年，获装苑奖，并得到去巴黎学习时装的奖学金。1970年，从巴黎深造回国，一直活跃在以东京为主的时装设计界。1972年，成立了自己的品牌公司。1976年，在东京举行了第一场个人发布会。1988年，在东京成立山本耀司设计工作室，并在巴黎开设时装店。

与传统面料不同的材料运用于服装中。传统服装由纺织品构成，采用针线缝制而成。山本耀司于1991年推出的木版时装大胆采用木板作为覆盖人体的材料，以连接门板的铰链和纽钉来代替。腰线以上部分由三角形的木板组合而成，三角形的锐角令腰带显得纤细，从而弱化了木板僵直平板的自然属性。裙摆则由几条长形木板搭出大体框架，并用纽钉固定在腰线，长条木板间则加入三角形的木板，这个原理就和在裙摆加入三角形布料以加大裙摆起伏的传统方法类似。组成裙摆的木板长短不一，形成了视觉上的参差感受。在腰部加入的一块半圆形的木板既表示概念上的口袋，也使得这一相对较大且呈弧形的块面让视线暂时停留，更多的是起到了承上启下的作用，而又缓解了长条与锐角形木块所形成的视觉紧张感。后现代的服装样式虽然表现出不容易理解的前卫性，但它对传统权威的颠覆与对异类的宽容却值得我们为之叫好。山本耀司的宽松风格与传统的西方服装有很大不同。他设计的服装几乎都是宽松的样式，而无强调人体线条、紧身合体的设计。山本耀司认为，"人体本身并不重要，重要的是服装通过人体产生外延美"。他所创造的宽松风格，跨越了东西方文化的屏障，其特点是不突出女性的线条，避免透明感的设计，主张用披挂和包缠的方式来装扮女性，同时主张面料的肌理和宽松适体的样式比色彩更重要。因此，山本耀司设计的服装很少考虑性别问题，不对称领形和不对称下摆屡见不鲜，服装看似不合体却穿着舒适，外观不整却内涵丰富。

61 "巴斯尔"垫臀裙

设计：Yohji Yamamoto

日本，2002

作品赏析

立体造型在山本耀司服装设计中应用得非常广泛。图中的黑长

衫加红色雉尾款是典型的 "巴斯尔"式样的垫臀裙子，体积感非常强。裙摆长达数米，里面用合成材料做衬子，外面罩上一层又一层的

纱质布料，堆砌起来就成一个半球形的大罩子。作为东方设计师，具有传奇经历的山本耀司崇尚富有雕塑感的服饰文化，不论是多褶的花环式尾部装饰，还是深沉、另类的黑色鸭舌帽，都体现出山本耀司另类设计对流行的诠释。整套时装呈S形，背部很贴身，收腹、翘臀，裙子在臀围以上很贴身，下摆呈喇叭形放开，人工形成S形曲线。很显然，山本耀司的灵感来自欧洲17世纪的孔杜施长裙(Cotouche)。17世纪时，女装已有了巨大发展，不过那毕竟是以男士主导社会文化的时代，所以那时的女装装饰性多过实用性。比如长裙在那时仍然用较粗较厚的面料制成，为了成型还要上很厚的浆，一整件衣服就很重。为了符合当时的审美观，女性在穿多层衬裙时，要将外裙前摆卷起至后臀处打褶垂放，使后臀很突出，这种样式被称为巴斯尔样式（Bustlestyle）。一些想象力丰富的人把"孔杜施长裙"称为"响亮的长袍"，因为孔杜施在圆锥形鲸骨框上展开，使妇女看上去像一口小钟，而穿高跟丝鞋的小脚像个精致的钟锤；此外还要在裙子里放上臀垫，更加突出妇女的体形美。这么厚重的一身，在女性活跃的18世纪就不适用了。山本耀司从这种巴斯尔样式裙装中获得灵感，用比较轻薄的面料制作，臀垫和裙撑不见了，红色裙尾由原来的圆锥形变为半圆形，上衣与下身连体，做成紧身风衣的形状，突出女性的美妙体形的同时又留有余地，这是典型的山本耀司风格。裙裾用较轻的合成材质做成，裙尾通过裙裾上窄下宽来获得倒漏斗形的视觉效果，使穿着者本身格外抢眼。

62 灰蓝色纱裙

设计：Yohji Yamamoto

日本，1990

作品赏析

山本耀司是世界时装日本浪潮的新掌门人。图中是一款淡蓝色

的连体纱裙。纱裙上有淡黄色的图案。上面有看似鱼鳞的肌理图案，和淡蓝色的纱裙相得益彰。山本耀司自1970年从巴黎深造后回国，一直活跃在以东京为主的时装设计界。这款礼服充分体现了西方浪漫主义特征，随意大方，很能突出女性玲珑姣好的身材曲线。服装上面的肌理效果较好地和纱裙相结合，有柔有刚，十分宽松和舒服。山本耀司为了使妇女们工作时穿着方便一些，开始为她们设计宽松而且舒适、灵巧并且漂亮的衣服。山本耀司喜欢从传统日本服饰中吸取美的灵感，通过色彩与材质的丰富组合来传达时尚理念。西方多在人体模型上进行从上至下的立体剪裁，山本耀司则是从"两围"（腰围和臀围）的直线出发，形成一种非对称的外观造型，这种别致的理念是日本传统服饰文化中的精髓，因为这些不规则的形式一点也不矫揉造作，却显得自然流畅。在山本耀司的服饰中，不对称的领形与下摆等屡见不鲜，而该品牌的服装穿在身上也会跟随体态动作呈现出不同的风貌，这款淡蓝色不对称的礼服正是如此——让女人的柔美和刚强都体现出来了。对于喜欢从传统日本服饰中吸取灵感的山本耀司而言，通过色彩与材质的丰富组合来传达时尚理念是最恰当的手段。这款服饰显得高雅和浪漫，很适合大众口味。

20世纪90年代末，山本耀司推出了以50年代法国服装风格为主题的服装系列，令时装界再次对这位日本人刮目相看。他本人的服装展示会也再一次成为时尚领地。奔放、宽松的服装，引起了大家关于传统美、优雅和性别的争论。随性大胆的剪裁，流畅的线条，不规则的肌理效果，都说明了山本耀司设计衣服的风格。浪漫的线条让女人更加妩媚，更能完完全全地把女人的曲线美给凸显出来。这款服装无论是后面还是前面都是随性的；两种颜色不同的布料，加上肌理效果，是很严谨的做法。他大胆地尝试，让女人不失女人的优美和味道。这就是高级时装工艺在高级成衣中的成功应用，每个细节都同样精彩，无懈可击。

山本耀司并未盲目追随西方时尚潮流，而是大胆发展日本传统服饰文化的精华，形成一种反时尚风格。他凭着这种与西方主流背道而驰的新着装理念，不但在时装界站稳了脚跟，还反过来影响了西方的设计师，使美的概念外延被扩展开来，材质肌理之美战胜了统治时装界多年的装饰之美。其中，山本耀司把麻织物与粘胶面料运用得出神入化，形成了别具一格的沉稳与褶裥的效果。而擅长新面料的使用也是众多日本设计师共同的特点。

63 黑色垂纱裙

设计：Yohji Yamamoto

日本，1993

作品赏析

山本耀司品牌的服装以黑色居多，这是沿袭了日本的文化风格。山本耀司追求的不是给观众某种惊奇的东西，而是精心地用自己的美学标准去表达概括他对每一季时尚的解读。有着东方禅学精神的审美特质，黑色和白色是永远的主题。表现结构时大气凛然，用笔密不透风，疏可跑马，用色时毫不拖泥带水，显得干净利落，明快而过瘾。

此款服装虽然宽松，但是有着合身的剪裁，那优雅而随意的完美线条，能让你的眼睛更加放松。

西方的着装观念往往是用紧身的衣裙来体现女性优美的曲线，但是这款则是以和服为基础，借助层叠、垂悬、包缠等手段形成一种非固定结构的着装概念。这是从传统日本服饰中吸取美的灵感，通过色彩与材质的丰富组合来传达时尚的理念。西方多在人体模型上进行从上至下的立体剪裁，而此款服装正如"作品赏析"中所描述的，能从"'两围'的直线出发，形成一种非对称的外观造型，这种别致的意念是日本传统服饰文化中的精髓，因为这种不规则的形式一点也不矫揉造作，却显得自然流畅。在山本耀司的服饰中，不对称的领形与下摆等屡见不鲜，呈现出不同的风貌"，大胆地发扬日本传统服饰文化的精华，形成一种反时尚风格。

此款以黑色为主，不像别的服装色彩艳丽、光彩夺目，但是这种颜色却是最经典的颜色。宽松的形式休闲又不失优雅，线条流畅。虽然没有突出女性的玲珑身姿，却把女性的那种大方得体表现得淋漓尽致。长长的线条本来给人以沉重、压抑的感觉，但是借以褶皱把裙摆提升，从而大大提升了可观性，去除了沉重压抑，增加了活泼性，却又不失成熟、灵巧和漂亮。他更注重的是细节与剪裁，不规则的剪裁设计与肌理效果的运用，让简单的服装变得不再简单。此款服装看起来更像艺术品，设计师用自己的方式传递着艺术的视觉享受，不要奢华，也不要浮夸，只是恬静地欣赏便好，为的只是与志同道合者的不期而遇。

黑色是非常强烈的颜色，也是具有非凡魅力的颜色，黑色服装以其独特的美韵而产生诱人的魅力，这就是此款的经典之处。它还重现了"泰坦尼克"号女性乘客所戴的大帽子，如同锦上添花一样，增加了服装的魅力。

64 深灰色套裙

设计：Yohji Yamamoto

日本，1997

作品赏析

山本耀司作品的最大特点就是将男性服装元素融入女性的着装风格中。既有个性，又不过分张扬，儒雅中透出时尚，成熟中体现干练，简洁平和中展示精致的现代风格。山本耀司的设计融合浪漫的气息、创新的灵感、古典的韵味，讲究细节，面料总是给人舒适的感觉，款式简洁、流畅，是都市职业女性的最佳选择。

此款以优雅的流线型展现女性修长的美感，彻底回归简约本源，其古典的、高级的、独一无二的感觉互相调和，在穿着者沉稳文静的气质下，具有复古和现代主义风格。

山本耀司擅长拿捏不对称的剪裁与女体之间的比例，这是一种女人自己看自己时才会有的敏感。不对称，要不对称到多大程度才是美？立领，要立到多少才能保持优雅与温柔？这些都是山本耀司的强项，在缝制细节上，他掌握着女人喜好的细微变化，关注女人的细节。此款简单明了，在细节上，领子、口袋、对襟都有花边，减少了沉闷感，制造出了如时间静止般的鲜明印象，风格独特而新鲜。简约而立体的剪裁，充满思考性的结构线条设计，带来一种视觉上的启发和体会。设计并不需要太过震撼，让观众放松心情也是一种理念。轻松的穿着，给人愉快的感觉。

65 "睡莲"长裙

设计：玛格丽特·雷（Margaretha ley）

德国

　　1976年，推出的高级成衣问世。1990年，推出艾斯卡达皮革制品。1991年，成衣问世。1996年，推出运动装。1999年，推出高尔夫系列。2000年，推出鞋、包以及其他配件系列。2001年，推出女士内衣系列。艾斯卡达，这一来自德国的全球顶级时装品牌，由德国女设计师玛格丽特·雷和丈夫沃尔夫冈·雷（Wolfgang Ley）于1974年在慕尼黑创立了自己的时装公司后推出，"艾斯卡达"从此诞生。作为时装模特的玛格丽特·雷曾以一头美丽的金发和姣好的身材风靡欧美的T形舞台。更为重要的是，玛格丽特·雷对时装有着强烈的领悟能力，她总能尽善尽美地将设计师的意愿表现并传达给观众。在多年的模特生涯中，她对时装形成了独特的见解，终因抑制不住内心对创造美的追求，而决定亲自设计时装，体味将心中喷涌的灵感展现于灵动舞台的创造激情。她以当时的一匹纯种爱尔兰赛马的名字——艾斯卡达为自己设计的时装命名。凭着对时装的理解和对时尚非常敏锐的触觉，玛格丽特·雷总能将设计的理念传达给每一位穿着者，在创意与市场间寻找平衡——简洁、干练、精明、个性是艾斯卡达刻意创造的形象。她设计的服装风格明快，造型优雅，功能性、实用性强，可系列搭配或单品组合，注重新型织物及独到的色彩体系的运用也是其特色之一。

作品赏析

　　图中这套服装，艾斯卡达用高级时装的方式重新演绎了著名画家莫奈的名作《睡莲》。众所周知，莫奈画风所关心的是整个大自然，在莫奈的画中，人和大自然和谐地融为一体，两者融入景色、阳光和空气中，而这一切又融合在画家特有的灿烂、艳丽却又像乐曲般和谐的色彩之中。色彩就是描绘壮丽的自然交响乐的音符。莫奈研究色彩，很重视笔触，认为它是色彩表现的灵魂，不同的笔触能表现出事物不同的质感和动势。他运用不同的笔触充分表现色彩以符合自然的本来面貌。这种浪漫自然的艺术表达手法正是艾斯卡达所一直追求和向往的设计境界。相信无论是看画的人还是欣赏这套由画启发灵感的经典服装设计作品，人们都会沉入那片暗绿的池塘美景中，静静地屏息、默想、轻叹，悄悄走过，再频频回头：目光是那流动的水，自己已成那朵梦中的花……那些"睡着"又"醒着"的花，烙印般烙在观者的脑中，久久开着。睡莲在池塘里盛开：绿叶浮在水面，花朵挺出水面。色彩鲜艳，蕴涵清香。长裙上呈现出一幅远景：莫奈在池边支起几个画架，以最迅捷的方式捕捉光影色彩的变化，把瞬间的视觉光效展现在画布上。这些睡莲，有各种形状各种色彩：有浓荫背景下花叶的姿态，有蓝色雾中朦胧的花影，有色彩绚丽的线条细描，也有只见色块不见轮廓的狂放写意……所有的睡莲都空灵美丽。这些玛格丽特·雷均用成千上万的丝线和珠子手工缝制而成，朵朵睡莲呈现立体的效果，使整条裙子富有明晰的肌理感。色彩从蓝紫逐渐向下过渡为蓝绿色调，沿裙下摆优雅地向后延伸开。明亮大胆的色彩视觉冲击塑造了迷人的艾斯卡达风貌。大块面几何纹与繁复的印花、刺绣、绣边构成的鲜明对比经常出现于埃斯卡达的服装之中。总之，埃斯卡达为高收入、性感、个性而自负的职业女性提供各式成衣。

FIVE

20世纪80年代，整个社会出现了前所未有的繁荣景象。但同时社会问题也层出不穷，如城市贫困区的无家可归者，这荒凉的一幕与过着优裕生活的人群形成鲜明的对比。环境问题是人们应关注的另一个问题，跨国大公司的经营管理方式越来越受到认真严格的审查。消费者们举行抗议示威，理想主义者们开始联合抵制在意识形态的不平等。这个时代创造了巨大的财富，尤以媒体和新兴的电脑业为主。这个时代也充满了光明与希望，服务业成了崛起的新兴行业，为女性带来了利益。公关、新闻、商业都向女性敞开了大门。周末，人们纷纷拥向狂热喧闹的迪斯科舞厅，挥汗如雨地释放积聚的压力。同时，炫耀性消费呈增长势头，而且越炫耀越好。时装设计经过一百多年的发展演变，80年代的服装已经形成固有的格局和观念，在近十年来不断被消解，时装创作突破实用行业局限，开始处于自由独立的主体地位。很多时装设计师经过各种后现代哲学、艺术、设计思潮的冲击，开始逐渐找到自己的立足点，这正是所谓"不破不立"。"公开性"、"改革"这些新词进入国际用语词汇表，人们在展望未来的同时，对环境保护问题、温室效应和核灾难、能源危机等一系列由世界快速发展所带来的危机也充满了忧虑和疑惧。这种担心也迅速地反映到服装与纺织品设计中，世界时装设计越来越趋向于多元化和国际化，"回归自然和回归历史"、"发展绿色纺织品"开始成为设计师惯用的两大设计主题。

20世纪90年代，女装的总体特征是具有鲜明的前卫性和兼容性。如讲究品位，突出个性。女子服饰宛如都市里一道亮丽的风景线，展示出了都市的无穷魅力。"时装渐欲迷人眼"，风情万种的女装，将女性的柔媚表现得淋漓尽致。它可以包含各种设计理念和风格，具备各种具体款式和穿着方式，大众对它们均持宽容态度。20世纪以来曾出现过的一些样式在90年代纷纷得以再现，如20年代的低腰长裙、30年代的柔软剪裁、60年代的年轻样式和70年代的喇叭裤。人们曾经趋之若鹜后又被抛弃的这些东西如今又在不同的人群中找到了归宿。而后，代表着由街头到大师的流行走势的街头时尚迅猛地渗透到全球服装的元素中，这种颓废并带有一些反叛精神的

时尚倾向沿着60年代"嬉皮士风貌"、70年代"朋克风貌"的路径保留至今，以怀疑和否定传统的法则、秩序、形象为显著特征的风格继续盛行不衰。90年代中期以来，怀旧的情绪卷土重来，演绎着现代版的浪漫情怀。这时期的服装采用高科技纺织面料，内层以纯棉真丝，高支高密毛纺织物为贴服物，使服装具有挺括感；远红外材料、罗麻布、牛奶丝、微生化复合材料被应用到服装中，使服饰具有了保暖、抗菌、保健的功能。同时又有融入合金材料为设计骨架的内衣问世，主要起定型支撑的作用。此外，正红、亮黑、荧光色等愉悦色彩纷纷出笼，又使服饰色彩更加丰富，变化多端。社会稳定时期的服饰蕴含着繁荣、健康的情调；动荡时局则使服饰携带了压抑、散乱的信息。与19世纪相比，我们同样发现，20世纪90年代的服饰扫尽世纪末的浮躁不安，显现出明亮乐观的气息，这是对太平盛世社会稳定、生活祥和的充分肯定。

1989年，法国庆祝大革命胜利200周年之际，法国的各个市长们想挑选出一个最最出众的女性，作为法国的形象。最后，伊纳以她与众不同的魅力，成了20世纪末年轻女孩梦中的偶像。19世纪80年代，埃尔米妮·卡多勒发明了文胸。100年之后，魔术文胸的时代宣告到来。时尚总是步履飞快，来去匆匆。在巴黎，迪奥、巴尔曼和纪梵希等传统高级时装再度迎来了顾客盈门的局面，他们设计的高级时装仍然保留了以往的结构特征和装饰手法。1983年，卡尔·拉格菲尔德成为夏奈尔的首席设计师，他为这个高级时装品牌注入了一股新的活力，吸引了许多年轻消费者的注意，同时他又保持了夏奈尔一贯的传统，照顾到了老顾客的品位和爱好，他对传统和时尚有独到理解并加以灵活运用，让夏奈尔品牌重新站到了时尚的最前沿。同时，拉格菲尔德趁热打铁，在这一时期推出了自己的品牌。

到20世纪80年代，"意大利制造"已经代表设计上颇具前卫的风格，这一时期的成功首先要归功于精明的市场策略，包括政府时装局的策略和时装设计公司自己的策略。在意大利，设计师设计的职业女性套装赢得了职业妇女的一致称道。由于职业妇女逐渐在

各个领域取得一定的成绩和地位，所以为了创造和男性类似的职业外形，强调肩部造型的西服式套装便成为成衣产品中的重要组成部分。1982年，范思哲以其完全符合现代人审美品位的设计脱颖而出，乔治·阿玛尼也以略带男性化而线条流畅的皱褶套装创造了一种全新的国际时尚。

在英国，约翰·加里阿诺（John Galliano）和维维恩·维斯特伍德（Vivienne Westwood）是设计师中的佼佼者，他们善于接受新的观念和意识，以一种全新的方式定义了时尚和服装本身的概念和价值。他们的设计虽然很时尚很前卫，但还未达到可以左右主流时尚的地位，影响主要是在观念上的。他们的设计观不但极大地冲击了传统时装界，而且代表了激进的年轻一代。从某种意义上来讲，他们像20世纪60年代的玛丽·匡特一样，给予这个时装世界剧烈的冲击。

在美国，男装和女装同时出现了回归传统的趋势，唐娜·卡兰（Donna Karan）的时装设计则为女性塑造了一种舒适、风格化、展示多面个性的新形象。拉尔夫·劳伦、佩里·艾丽斯和卡尔文·克莱恩都不约而同地把设计的灵感瞄准了20世纪20年代英国贵族的服装样式，并追随着可口可乐、麦当劳等成功企业的足迹，在美国年青一代的消费者中获得了巨大成功，迅速扩展到海外的销售网点，积极打开海外市场，从而跃居知名品牌的行列。这个时候的时尚是从建筑师米斯·凡·德罗的"简单即美"的设计哲学中演变出来，整个时期的时装趋势使用比较自然的色彩，特别是在时装消费的大国——美国更是如此。

01 夏威夷丝绸裙

设计：卡尔·拉格菲尔德（Karl Lagerfeld）
法国，1973

1938年9月，出生于德国汉堡。1952年，移居巴黎。1955—1958年，在皮尔·巴尔曼公司任设计助理。1958—1963年，在让·帕图公司任艺术总监。1964年，成为自由时装设计师，为包括芬迪、克洛耶等在内的多家服装品牌提供设计服务。1983年，任夏奈尔高级女装与成衣系列设计师。1984年，在巴黎和德国分别成立了自己品牌的高级时装公司与成衣公司，同时兼任设计师和舞美工作者。

著名国际服装大师卡尔·拉格菲尔德，是现任夏奈儿、芬迪品牌的首席设计师，时尚界人士称其为"老佛爷"、"大帝"。在属于自己的品牌中，拉格菲尔德的设计个性得到淋漓尽致的体现：合身、窄身、窄袖的向外顺裁线条，古典风范与街头情趣结合起来，形成了诸多创新。

卡尔·拉格菲尔德说过："我设计夏奈尔时装时，延续了该品牌高雅、简洁、精美的风格，但在色彩上却突破了夏奈尔一贯的黑白主张，大胆运用了胭脂色、粉红色等轻柔淡雅的色彩，使夏奈尔时装更加柔美。"他设计的克罗埃女装则体现了南欧希腊地中海风格，强调旖旎浪漫，洋溢着新古典气息。他总结道："我认为，任何一个品牌都有因历史沉淀而形成的风格框架，身在其中的设计师只能对此进行符合时尚的诠释。只有在自己创立的品牌中，设计个性才会得以淋漓尽致地体现。我创立的时装品牌就叫做卡尔·拉格菲尔德。有评论说，这个品牌的时装带有些许德国遗风，实际上我把古典风范与街头情趣结合了起来，一些装饰细节设计时常会闪现出超现实主义风格的神来之笔。"

作品赏析

如图所示，拉格菲尔德在简单的服饰线条下，透露出神秘的魅力，他设计的女装采用暴露的透明紧身衣、文胸、腹带，下摆剪口鲜明的裙裤，加上模特的塔形假发，厚底高跟鞋，风格大胆硬朗。

这个版本选用了显眼的不对称式绸缎旋涡造型，环绕下摆处、膝下和腰部的规则斜向活褶使丝绸礼服十分合体。他保持了旋涡造型中

扭曲的、自然的形态；简约的荷叶形帽子与礼服上的图案形成了鲜明的对比，烘托了主体的浪漫气息；简约的上衣与设计复杂的下裙之间也形成了鲜明的对比，蓝色的裙摆给人一种在夏威夷海边度假的感觉，洋溢着新古典气息；柔软面料紧贴着肌肤进行剪裁，创造出独特迷人的美丽风情。

从款式上看比较简约，有着简约主义的韵味。简约主义本来就是强调把设计简化到它的本质，强调内在的魅力。此款裙子的内在魅力就在于让人感到简单而又不失时尚，大大的荷叶帽完美融入礼服中。大朵鲜艳的热带植物花卉突出明媚的热带风情。简单的上衣，长至脚踝的裙摆更显示出了模特修长的身材；裙上的花大而不显庸俗；同时衬以蓝色的裙边，花的图案以白色作为背景色，展示浪漫的海边风情，是女士们去度假时的不二选择。

02 拉格菲尔德冬装

设计：Karl Lagerfeld

法国，2000

作品赏析

这是服装品牌拉格菲尔德冬季比较经典的两款中长外套。由厚实精致的布料制作成的服装在同类服装中略胜一筹，加上巧妙而又精致的细节部分，更提升了衣服的档次。这两款正式的服装更适合职业女性们穿着，更能够显示出女士们独特的气质。

从图中右侧白色款式的外套中可以看出设计师的匠心独运。采用黑、白两种经典颜色搭配：黑色代表高贵，白色代表纯洁，设计师恰好将它们完美地结合到了一起；加上黑色条纹的围巾与珍珠项链配饰与服装融为一体，活泼而不失庄重，显得优雅、高贵。整套服装在保持简朴优雅风格的前提下增添了活泼趣味，使穿着者显得更加年轻、现代和成熟。他将原来的黑色、米色等无彩色系转变为

艳丽色调，并缩短裙长以露出膝盖。他在保留原汁原味的冬装款式的同时加入了自己的清爽风格，使人耳目一新。带有德国遗风的款式，显得硬朗鲜明。而左侧浅灰色的外套就略显成熟稳重，不过从

精致的做工技巧中不难看出衣服的品质。这两款外套采用了两件套的方式，里面的短装有着束身保暖的功效；设计师还特意把一般系在外衣上的腰带放到了里面，独具创新的思想让人看到了时尚的缩影。设计师把握住了高级女装的成衣化倾向，把成衣的舒适与高级女装的绚丽优雅统一为一体。

03 文艺复兴风格礼服

设计：克里斯汀·拉克鲁瓦（Christian Lacroix）
法国，1992

1951年出生于法国。1973—1976年，学习艺术史。1978—1980年，爱马仕公司任设计助理。1980年，纪·保兰公司任设计师与艺

术总监。1987年，在巴黎创办了自己的高级女装公司、高级成衣公司、时装沙龙。1988年，举办个人时装发布会，并为吉尼公司举办成衣发布会。

作品赏析

如果说有一位设计师抓住了80年代的时代精髓的话，那这个人

非克里斯汀·拉克鲁瓦莫属。高贵豪华、璀璨夺目是克里斯汀·拉克鲁瓦最典型的设计风格。拉克鲁瓦高级时装是纯手工精制而成的，表里一致，讲究精益求精的高雅和精致。他把烦琐的巴洛克风格中的种种因素集中起来，结合文艺复兴时期的礼服特点，创造了极为灿烂和华丽的新时装系列，克里斯汀·拉克鲁瓦的设计作品常常让你感叹不已，为他的思绪如潮、广纳借鉴的手法。克里斯汀·拉克鲁瓦的天才用色、强烈的对比及精致的图案，如同夏季海滨的阳光一般在冬季一波波地袭来，活力的运动元素引发迷人魅力。流行的搭配元素——"混搭"在这套服装上同样有所表现。粉彩的皮草与雪纺把城市女性深层的柔媚全部诱发出来。颜色的渐变和布料的剪裁缝制让人惊叹；胸前的点缀更为经典，宛如幻化的人鱼公主。欣赏华丽的克里斯汀·拉克鲁瓦服装是一种视觉享受：绚丽的刺绣与印花、皮草，哥特式的妆容，金色装饰充斥着全身，气势非凡，凸显女权气质。这套晚礼服风格上更加妖艳化，模特们的发髻装饰着金色首饰，披搭肩腕的红色轻纱更增添了几分飘逸和灵动。隆重感与强烈的细节感依旧是这套晚礼服的主要特色，将所有精致华丽的元素集于一身，这套礼服让人惊艳。

04 冬季长裙

设计：Christian Lacroix

法国，1990

作品赏析

　　这款服装则是上衣下裙的套装。拉克鲁瓦的这种设计形式与中国古代服装的上衣下裳有异曲同工之妙。上衣部分比较短小、简单，裙子则运用高腰结构。正因为提高了裙子的腰线，才可以拉长穿着者的身材比例，使人显得高挑，女人的优美曲线顿时展露出来。从服装的整体特征看，上衣是一件小开衫，因为剪裁较短，运用流行的立体剪裁法，带点小夹克的味道。在领口和开肩的地方加上一点点毛绒点缀，使整套裙款十分浪漫、温暖。同时，设计师巧妙地利用这种装饰中和了上衣的帅气造型，使得上身和下裙显得更协调，整体效果不至于太男性化。裙子是花苞形长裙，上面点缀了片状的绿叶造型，有一点清新的自然风味道。整款衣服豪华中透出自然气息，自然中流露出优雅。

　　从材质上看，上衣运用的是毛绒质面料，比那些麻的面料更显高档，也更保暖，让爱美的时尚人士不再只在炎炎夏日才能展现裙衫的飘逸。毛绒的面料服帖感也更强，很适合这种优雅、自然和高贵的服装，能完美地展现出模特姣好的曲线。裙子的面料同样是有一点点毛线的感觉，时尚感很鲜明。把这两种材料放在一起组合成一个全新的时尚组合，令穿着者显得气质优雅而高贵。

　　克里斯汀·拉克鲁瓦的这套裙服最出彩的地方就是它的细节，衣服色彩丰富，且繁复华丽，让人感到华贵而不俗艳。这款服装图案复杂而华贵，色彩绚丽而古典，他把传统法国时装的种种因素，比如珠饰、饰件、抽纱、花边、刺绣、补绣等全部融为一体，创造出复杂而华贵的新古典主义作品来。这件衣服同样在胸前和裙子上都用精美、闪亮的细珠，打造出复古摩登的80年代风格。特别是裙子上的珠子用一定的规则钉在上面，里面的圆亮闪闪的，很吸引人的眼球。外面散落在上面的簪珠组合成的圆形图案令人想到满天繁星的星空。总之，这是一件很高贵、闪亮、豪华、优雅的衣服。

05 民族风情长裙

设计：Christian Lacroix

法国，1992

作品赏析

这件优雅的黑色上衣加上印度裹裙，民族风格浓郁。简单、大方的黑色上衣却也有它很特别的地方：领口是一字领，衣领开口的胸前运用了极具中国特色的中国结造型手工盘扣装饰，富有民族特色的五行色和五彩长裙互相呼应。设计师经过鬼斧神工的巧妙构思，把这些不同民族的精华融合在一起，显得如此优雅和高贵，估计只有克里斯汀·拉克鲁瓦才能如此自信。无论克里斯汀·拉克鲁瓦的服装多复杂、多华丽，也会让人感觉轻巧、自在，这便是克里斯汀·拉克鲁瓦服装的特色。

款式同样是上衣下裙，上衣的黑色很沉闷，但是配上明亮的蓝色，突出了蓝色裙子的特色，而且上衣面上的几朵花采用很明亮的颜色，一下就跳出来了，堪称整件服装的点睛之笔。裙子的灵感来自于印度的围裙，非常有民族风格，加上它的面料有特殊处理的花纹，显得金光闪闪。在裙子的前面有条挺大的褶皱，很有女神的感觉。凸显出女模特优雅、高贵的东方气质。这款衣服的布料、剪裁、刺绣都是高难度的，根本不同于工厂批量生产的成衣。也许，这就是高级定制

时装艺术的至高境界吧！而设计得这么精致漂亮，正是克里斯汀·拉克鲁瓦的追求。

这款衣服设计师最大的用心是在裙子上，十分有民族风，也很具东方特色。它的剪裁很特别，用的是拼接的方法，上面又有各色小菊花，很有大自然的天然气息。它在膝盖的地方细节突出。拉克鲁瓦高级时装是纯手工精制而成的，表里一致，讲究精益求精的高雅和精致。而且，设计的细节也是手工的，又加了点流苏，很像印度的服装。这套衣服也用了很多复古的东西，很有欧洲80年代的典型优雅气息。正是这种优雅而华贵成就了拉克鲁瓦完美的服装组合。

06 神秘黑色纱衣

设计：罗密欧·吉利（Romeo Gigli）

意大利，1991

　　1949年，出生于意大利波伦亚，学习建筑专业，后改行服装设计。1972年，为"快步"公司推出第一个系列的作品。1978年，任纽约迪米特里时装店设计师。1981年，创立罗密欧·吉利品牌。1989年，开始担任罗密欧·吉利公司顾问。

　　罗密欧·吉利是20世纪80年代成名的设计师。对世界时装界来说，罗密欧·吉利并非十分惹眼的设计师，这可能是因为他的事业近乎完美、无可挑剔，因没有争议反而常常被人们忘却。有人把他称为"设计诗人"，说明他的想象力丰富和创作的诗意感浓厚。罗密欧·吉利的设计作品能将靓丽的色彩、流畅的剪裁、精美的装饰与人体形态完美地结合在一起，形成和谐的整体。他设计的服装款式以色彩明快、剪裁流畅、装饰精美、造型简练等特点给人留下了很好的印象。吉利对意大利时装界有着不可忽视的重要影响。当其他人在这个时代追求设计上的"性感"、"成功感"的时候，他却津津乐道地探索时装设计所营造的浪漫感，这种与众不同的设计正是吉利成功的原因。对面料、色彩效果和服装轮廓造型的重视是他的设计特点。另外，罗密欧·吉利通过对美国、摩洛哥、刚果、中国、印度等地的游历，丰富了自己的设计视野，从那些地方的民间设计中汲取营养，寻找灵感。其中，他长时间在印度停留，当地的风土人情不仅表现在他的作品中，而且也反映在他的设计思想中。罗密欧·吉利的品牌由于坚持其浓厚的民族色调和古典式的精致造型，常常将自己置身于流行之外。他喜欢古典绘画的色彩，在面料上经常反映出古典绘画的气氛来，他的作品有时会使人联想起佛图尼的设计思想。带有民族意蕴的设计风格，露肩、低背、斜袒，钟情椭圆弧的线条造型，含蓄而有内韵，独特的面料肌理、色彩和花纹，凸现出民族气息中潜蕴着的现代感。他的设计风格非常清晰，色彩的运用也很有系统性，对古文明国家的贵族生活情有独钟，有浪漫华丽的创作风格，充满东欧圣堂的装饰感，却不失优雅婉约的高贵气质，罗密欧·吉利的品位格调，值得细细品味。

1981年罗密欧·吉利在米兰创立了以自己名字命名的知名品牌。罗密欧·吉利女装以柔美、浪漫著称，他的衣服大多能增添女性魅力。罗密欧·吉利品牌由于坚持其浓厚的民族色调和精致的复古造型，常常将自己置身于潮流之外。基于这一观点，罗密欧·吉利品牌服装形成了精致、老练、华丽的风格。其明亮的色彩、流畅的剪裁方式、精美的装饰与人体完美组合，形成平衡、和谐的统一体。这款黑色钟形针织披风，款式东方化，里面是黑色的小裹胸，更衬出了女人的柔美和高贵。罗密欧·吉利品牌，针对的是那些快节奏生活的现代女性。除高超的剪裁技巧外，精巧的装饰是罗密欧·吉利品牌的一个重要表现手段。这些精巧的装饰表达了一种古老东方的神韵，款式上看比较简约，有着简约主义的韵味。简约主义本来就是强调把设计简化到它的本质，强调内在的魅力。手工钩织花边，尽显女人的成熟美；紧挨着脖子的帽子不但美观大方，而且保暖。罗密欧·吉利运用了全黑的颜色来突出女人的另一面——刚强。用丝和纱来突出女人的柔美。图中是她1991年的作品。利用女人最原始的美丽来体现衣服简约而不简单的魅力。她让女人该露的地方露了出来。外面的披风又让她们多了一层神秘感。披风没有花哨的颜色，没有另类的款式。可是，它是与众不同的。这位被誉为"古典巴洛克大师"的意大利设计师，依旧延续着他浪漫华丽的创作风格，充满东欧圣堂的装饰感，却不失优雅婉约的高贵气质。最与众不同的是秀场中随处充满的率真随性。罗密欧·吉利凭借敏锐的艺术触觉，展现出的是独一无二的绅士世界。借鉴了欧洲及文艺复兴创作意念，带来的是一系列英式典雅的设计和复古风潮。他选的颜色比较灰暗，做工也比较严谨，衣边和丝连在了一起。钩织的花样也很特别。而帽子是用毛线做成的，和披风连在一起，随性而为。不同质地面料及色彩的对比运用，有着强烈的吸引力。里面尽显女人的身材，外面是随性的搭配，显得高贵典雅。

07 天鹅绒大衣

设计：Romeo Gigli

罗密欧·吉利品牌由于坚持其浓厚的民族色调和精致的复古造型，常常将自己置身于潮流之外。副牌G·吉利却极具现代气息，而且带有较多的流行概念：着重线条美；色彩也较偏向街头流行风

格，趋于便服的感觉。最新的春夏汇展上，罗密欧·吉利给人们提供了多种新的尝试，力求表现一种初生的幼嫩、轻盈及新鲜的感觉，好似回到了80年代流行的少女服饰的图案以及透明的衣料营造出了十分浪漫的感受。设计风格非常清晰，色彩的运用也很有系统性。复古的花边，透明的丝纱，无不透露着女性美。它把女人的身材美表达得淋漓尽致。下面是黑色长裤，更能体现女性身材的修长，这无疑就是最巧妙的一点。看似简单的外套，其实强烈地表达出了罗密欧·吉利崇拜东方贵族的高贵气质这一主题，所以让人有皇家贵族的感觉。罗密欧·吉利虽然是建筑师出身，但他却了解女人的需求和需要，能满足女人对服饰的渴望。

在这张照片上，模特Benedetta Barzini很受用地穿着罗密欧·吉利设计的奢华大衣，金线制作的花朵、刺绣成的叶子堆积在披肩式的领子、袖口和下摆上，一条天鹅绒围巾两端装饰的是金丝流苏。吉利的童年沉浸在艺术史和古旧书的氛围中，他如饥似渴地仔细阅读，这些培养了他对于美、历史和旅行的鉴赏力，为他的作品打下坚实的基础——他运用来自历史和非洲、欧洲文化的布料自由地创作。吉利的风格一向在时尚圈独树一帜。20世纪80年代，吉利作品的华丽只有克里斯汀·拉克鲁瓦可以与之媲美。丝质面料的套装配以筒状细长裤子或窄长裙，衬衣领子围住脸庞，外罩天鹅绒大衣，一副雍容华贵的形象。他给人留下的印象与波莱特类似：一根纤细的枝条上衍生出丰茂的似锦繁花。罗密欧·吉利设计的核心是使用珍贵的面料：奢华的天鹅绒、宝石簇拥的蕾丝、光亮的丝绸。他的系列一般修长而流畅，绝不寒酸。纤细的香烟式裤子在膝盖处越变越细，搭配上高腰柔软的椭圆夹克或者有珠帘装饰的胸衫。设计的轮廓都带点飘逸感。可以说，他的设计的渊源正是出自他生命中两个重要的部分：读万卷书和行万里路，因此，在他的设计中我们无时无刻不强烈感受到故国风月和异域风情。

凭着敏锐的艺术触觉，罗密欧·吉利展现出独一无二的绅士世界。向全新领域提出挑战的罗密欧·吉利，他的最新系列吸引了各方面的注目。他那英式典雅设计，为他塑造了"众人皆醉我独醒"的设计师形象。他以欧洲及文艺复兴为创作意念，为我们带来一系列的复古风潮。

08 古典主义黑白束腰裙子

设计：多尔切与加巴纳（Dolce&Gabbana）

意大利，1988

多梅尼科·多尔切，建筑设计师。1958年8月，出生于意大利巴勒莫。1980—1982年，于米兰从事设计工作。1982年，与加巴纳合作成立自己的公司。

斯特凡诺·加巴纳，1962年11月出生于意大利威尼斯，在米兰学习平面设计。1980—1982年，于米兰从事设计工作。1982年与多尔切合作成立D&G公司。

作品赏析

多尔切与加巴纳两人的作风非常独特，创业初期不但婉拒为成衣工厂代工生产，坚持自己负责制版、裁缝、样品、装饰配件及所有服装，还只任用非职业模特儿走秀，在当时讲究排场的时装界，是相当独树一帜的。展示会中经常播放古典音乐，临时化妆，模特统一为地中海发型，具有一头黑发的南方女子为模特儿营造出的南意大利西西里岛风情，几乎成为它的标志风格。这款是由黑白经典色搭配的学生裙装，产生了令人震撼的视觉效果。这种搭配结合着紧身的腰部、细腰强调、系带捆绑等细节设计，塑造出动感不羁的迪斯科女郎形象，刺激着人们的神经。黑

白两色交相辉映，令人不经意间联想到巴黎圣母院的修女形象。整套服装也弥漫着淡淡的宗教气息。宽松得体的白色上衣设计，干练而简洁的现代女性形象油然而生。胸前的黑色领结设计，在复古的风格中融入性感与浪漫情调，表现了女性自信、性感而优雅的魅力。下身略显蓬松的裙撑设计，灵感来自欧洲十四、十五世纪的洛可可和巴洛克风格，衬托出女性浪漫而优雅的内心气质。

09 紧身胸衣晚礼服

设计：Dolce&Gabbana

意大利，1992

作品赏析

图中的这幅作品是用黑色与红色的经典搭配，呈现一种年轻、时髦又极具流行感的调子，鲜明的颜色表现了多尔切与加巴纳服装的十足活力。是典型的意大利风格，它具有热情、浪漫、风趣的内涵，同时又是高度性感的，富有十足的女人味。在比例上也是很强烈的，缎纹面料的紧身胸衣式上装，腰部采用紧身设计，体现女性优美的线条。这种源于南部地中海地区及西西里群岛的"南意大利性感炸弹"形象风貌具有强烈的浪漫风格，保持着极其性感、大胆展示女性美丽的特征，使多尔切与加巴纳成为世界时装舞台上的耀眼品牌。黑色透明的蓬纱设计以其南部意大利的热情、感性的形象，塑造了90年代的新优雅形象。黑色手套，永远是设计师展现服装高贵气质的独门杀手锏，多尔切与加巴纳也绝不会忽视它的高效。系于裙腰间的黑色蝴蝶结使得整套裙子从高雅间渗露出丝丝浪漫情怀，与流行的无性别式运动休闲服装形成鲜明对比。优雅对多尔切与加巴纳来说，只是一种实际而非短暂的品质表现，所以在他俩的服装作品中，可以清晰地感受到意大利西西里岛的色彩，和对过往巴洛克时光的缅怀。

D&G品牌，无论是男装还是女装都表现了一种自信、性感而优雅的魅力，这些特征是强有力，但却从不逾越穿着者的人格意志。它是具有影响力的，同时又富有进取精神，是80年代末及90年代意大利具有影响的品牌之一。

10 印花一步连衣裙

设计：米歇尔·库兰（Michel Klein）

意大利，1992

　　米歇尔·库兰1957年出生于法国的蒙帕纳斯。1972年开始从事圣罗兰服装发布会用纹样设计工作。1973年，在意大利从事制衣工作。1974年开始着手针织品服装发布会。1975年与安德莱·普特曼、科罗波共同开设了"特瓦尔"时装店。1980年在巴黎自费发表了自己的品牌，成为当时时装界的话题。1981年在库鲁乃尔大街开设了自己的品牌时装店，1983年与约德集团合作发展"米歇尔·库兰"品牌，双方于1986年6月解除合同。1986年12月，设立完全由自己管理的新组织，以其新的经营管理方法，开设了"米歇尔·库兰公司"。1987年在布莱奥尔大街开设了女装店，推出妇女用、男用香水，给自己的品牌发展带来了极大的效益。1988年在布莱奥尔大街开设了男装店，同年6月开始担任克里斯丁·奥夏尔服装发布会整体造型工作。1995年，就任盖伊·拉罗奇的设计师。

作品赏析

　　此款服装出自米歇尔·库兰的设计，用一句话来形容米歇尔·库兰的女装，那就是"极度优雅女性化与现代感，是特别为了有着多样风情的女人所量身定做的"。一如他所说的，这确实是一件有着金沙般光泽的衣服。设计上别具风情，采用柔软贴身的面料，里面的连衣裙以明黄色为底色，印染不同图案的条纹印花，色彩对比鲜明。而外套同样以明黄色为底色，辅以大片规则的暗色调彩带图案，与连衣裙相呼应，组成统一和谐的画面。以大红色的印花围巾为点缀，呼应整体的明黄色调，给人前卫、热情又不落俗套的感觉。款式上采用两件套式，都比较简约，将设计简化到了服装的本质，简约而不简单。及膝的贴身连衣裙很好地展示了女人特有的S形曲线，领口采用大开圆领，极具诱惑力，领口处的褶皱很好地起到了装饰作用，显得美观大方，去除了平整布料的单调感觉。

高腰的剪裁也使得这件衣服穿在身上更显修长，设计师很好地运用了女人天生具有的美态。配以渔网状的黑色丝袜更是增添了几分性感。上下统一协调。外套与连衣裙采用相同的材质，剪裁成风衣的样式，下摆看起来非常垂顺大气，简约的设计给人以大气、华贵的感觉，一改女人阴柔的气质，很有现代女强人的味道。大红色的印花围巾是一个亮点，很好地划分了大衣和连衣裙之间的界限，增添了服装的整体设计层次，感官上却不显得突兀，外形很潇洒。

米歇尔·库兰说过："若衣服让人望之却步，这实在难以形容。衣服应该有自然的颜色，应该适合身体，令人感到自在。否则，衣服是空洞、了无生气的。"很显然，这款衣服很成功地表达了他所要表达的设计理念，整体感觉舒服、自然，并且充满热情、贴合身体，大气又不失性感，点到即止。独特的花纹图案是一个最大的亮点，使得简约的款式设计不显得沉闷和空洞，外套平铺规律的花纹和连衣裙条状图案相互呼应，对比协调。左右手花纹颜色不同的手套装饰是整体效果的一个延伸，恰到好处。

整体的服装效果配上模特精心打扮的妆容及发型很好地诠释了米歇尔·库兰极具优雅女性化与现代感的女装设计理念。

11 红与黑

设计：Michel Klein

意大利，1992—1993

作品赏析

这款服装是1992—1993年秋冬服装展米歇尔·库兰推出的设计作品，设计风格非常突出。有着独特的美感和强烈的艺术气息，透露着都市女人姿态高贵、聪颖、迷人、充满灵气的感觉。

颜色上采用了经典的红与黑的搭配，这样的经典搭配虽然不那么具有新意，但却非常实用，传达了设计者所要表达的美感。大面

积采用黑色为底色，显得沉稳高贵而优雅，配以大红色外套，使得整体感觉沉稳又不单调。由于绝美的款式设计，尽管只有两种颜色的搭配，却碰撞出了美丽的火花。

外套的设计有着简约主义的韵味，明艳色彩和黑色相搭配，有宽大的体积轮廓。这里以西装式样的女士吸烟装作为上衣的基本外形，在外套上没有一点多余烦琐的装饰。线条非常干净利索，敞开的翻边大领口很是帅气地从上到下贯穿整件衣服。在腰部的搭扣很有韵味，打破了外套死板的感觉，也提高了里面V领礼服的层次，仿佛腰带一样，更好地体现了女性腰部的美丽线条，也很好地划分了人体的比例，使腿部显得更加修长。里面的V字领礼服简单经典，透露着高贵迷人的气息，V形领口的琥珀色装饰很抢眼。而整条裙子在及膝下摆处如蛋糕裙一般的收尾，设计得很棒，为这件酷酷的服装添加了一丝俏皮的小女人感觉。袜子和手套都选用了黑色，服装整体的感觉很高贵得体，并且具有实用性，里外相互照应，相互区别，各有特色又可以融为一体。

在这件设计作品当中，我们也可以很好地感觉到米歇尔·库兰简约细腻的设计风格：时刻彰显的巴黎气息，服饰低调、稳重而优雅，十分注重剪裁和材质，是极度优雅的女性化与现代感的结合。从干练剪裁的职业套装，到性感迷人的透视礼裙，米歇尔·库兰的设计低调但不刻板，充满了新鲜血液。

12 凝望着睡觉的牧羊女的牧羊人

设计：维维恩·维斯特伍德（Vivienne Westwood）
英国，1990—1991

1941年，出生于英国，就读于哈罗艺术学校，并接受训练成为一名教师。1971年，与麦克拉伦一起开设专卖店。1982年，以自己的名字命名开设专卖店。1989—1991年，受聘于维也纳实用艺术学院，任时装设计教授。

英国先锋时装设计师维维恩·维斯特伍德被称作"惊世骇俗的时装艺术家"。迄今为止，在她所经历的35年的时装生涯中，曾跨越了数个重要的艺术时期。在这样一个瞬息万变、潮流激荡的时装界，极少有人能像她那样以惊人的创造力，不断推陈出新，始终弄潮于时尚的风口浪尖。她不仅是英国先锋艺术的代表，同时也直接影响到戈尔齐埃、加里阿诺、麦克奎恩等世界级的前卫设计师。

维维恩的时装生涯开始于20世纪70年代。那个令人难忘的朋克时代，那种曾在世界范围内掀起轩然大波、至今仍产生着深刻影响的朋克文化，如果少了维维恩时装的推波助澜，不知将会失去多少颜色！那时的维维恩经常会买回一些黑色的或者是条纹的T恤衫，在上面挖洞、撕扯、打结、翻卷，加上铁链、毛发、拉链、橡皮乳头、大头钉、鸡骨头、印刷图形等元素，构成特立独行的"朋克时装"。她的想法也很直接："我的工作就是去对抗已经确立的东西，努力去发现自由在哪里，去发现我到底还能做些什么新东西。我所做的最引人注目的事情，就是通过性感T恤去表现这一观念。"她的创作使时装、性和政治相互碰撞，融为一体，使其成为当时英国社会中反叛一族最恰当的表述符号。"我流行的唯一原因就是破坏了'顺从'（conformity）这个词，除此以外，我对任何东西都不感兴趣。"没有人怀疑她的叛逆，她甚至因"在公众面前展示下流的图形"而在1975年受到起诉。或许有的人认为，维维恩就是一个极端叛逆的人。但实际上事实远非如此简单，一个极具破坏性的"叛逆"人物是不可能引领潮流35年的。

作品赏析

"这些年来，也许就数在重新演绎绘画传统方面大获成功的英国设计师维斯特伍德最为大胆、最肆无忌惮了。布歇、安格尔和提香笔下的大使夫人，她让女士紧身衣、臀垫再度复活。"《第二帝国和印象派》的作者玛利亚·西蒙如此评价维维恩·维斯特伍德。实际上，维维恩对于传统的学习早在20世纪70年代就开始了，她曾无数次地流连于V&A博物馆（享有"世界时装博物馆"之称的伦敦维多利亚和阿尔伯

13 肖像

设计：Vivienne Westwood

英国，1990—1991

作品赏析

特博物馆，Victoria and Albert Museum，简称V&A)，从传统服装中，从17、18世纪，从布歇（Boucher）和华托（Watteau）的绘画中去学习服装的结构。她像一个学习艺术的学生一样虔诚地去临摹这些作品，在那些结构复杂而迷人的服装中，她感到无穷的乐趣。"我推崇临摹，没有哪个时代像我们现在这样，人们竟会如此地不尊重历史。"她采用最新的摄影技术把布歇1743—1745年的名作《凝望着睡觉的牧羊女的牧羊人》印在披巾和女士紧身衣上，让它们合并成一幅延绵不绝的风景。这款赋予紧身胸衣以重生的是维维恩·维斯特伍德最重要的时装理念。这套紧身胸衣以18世纪的样式为原型，胸部被压平并抬高，腰部收紧至S形身材的恰到好处，突出了女性古典的风韵之美。

另一款仿效18世纪肖像画《持棒的少年》的是一件红色的巴拉西厄精仿毛呢大衣，维维恩·维斯特伍德再次将沃尔特·霍克斯沃斯·福克斯的《持棒的少年》运用到自己的服装上，成为自己的设计灵感。她曾经谈道："画廊对我的作品而言至关重要，并不仅仅因为油画中有服装出现，而是画中的整个景色、人物以及画家赋予他们的和谐色彩、布局和姿态都促使我萌发许许多多的设计灵感。"很难想象，极端的叛逆和极端的传统会如此和谐地统一在一个艺术家的身上。而一旦能够做到这种融合，她也就不再肤浅，也就具有了更加宽广的视野和更加自由的创造空间。这件红色的巴拉西厄精仿毛呢长开襟上衣上镶拼了黑色的天鹅绒领面和口袋，使黑与红两种经典色再次相遇，凸显服装的优雅和谐。下部分维维恩·维斯特伍德配搭了简洁、传统的红色铅笔裙，干练的女性形象和画作中少年的英俊、潇洒如出一辙。丝绸质地的金色丝巾同样来源于布歇的经典画作，显得高贵、典雅。维维恩·维斯特伍德想让她的模特从《持棒的少年》这幅肖像画中走出来，更因为这套服装的设计灵感来自18—19世纪的肖像画，她为这款服装取名为"肖像"。

14 绿色长裙

设计：Vivienne Westwood

英国，2000—2001

作品赏析

这款服装给人的第一感觉就是很张扬很夸张，首先是颜色的处理，绿色的长裙和红蓝条纹的裙围，一下子就很醒目，这样的颜色搭配不但不土不俗，还很新颖特别。这种款式打破了以往西方传统服饰样式，很能体现女性的自信洒脱之美，有种敢表现自我的张扬性格存在。然后是这款衣服的帽子设计独特：它很夸张，几乎占据整个头部，形状很像一朵花，很美也很新潮。整件绿裙设计师是以丝绸作为材料，整个看上去丝润圆滑。而围裙的取材较为坚硬，和绿裙形成鲜明对比，就形成了外观是一紧一松，质地上是一软一硬的特点，这便是女性特有的两面性格，这是大家喜欢这款服装的地方。这样的设计让这条裙子看起来又舒服又有型，塑造了新型的女人形象。可能设计师正是要打破传统，也可能与设计师不喜欢拘束、不喜欢死板，喜欢自由和朋克的个性及支持各种青年反叛流派有关。这幅作品满是不羁的味道，对传统高级时装的彻底否定，用反传统的粗暴方式来冲击服装美学。低垂的领口以便展现女性的肌肤美，宽大的袖口招摇自在，不对称的剪裁，尚未完工的下摆和不调和的色彩，整套服饰大致和厨娘衣着相似，然而它是那么不羁和夸张，甚至带有点叛逆和朋克风格。设计师的目标很明确：就是向时装界的传统偶像挑战。不规则的剪裁和结构夸张繁复的无厘头穿

搭方式、不同材质和花色的对比搭配，给人的感觉就像是在浴缸里的金属摇滚乐，泡浴使人舒服，听摇滚使人全身轻快，这套服装便是如此。绿裙是中规中矩的绸缎，有传统的富家气息。特别是帽子的多折设计看上去很软，像绿色的花，而下面的搭配则反叛得多，不规则的裙摆，时尚朋克的拓片装饰，腰部配一条时尚的皮带，女人的异想天开和实际的美丽得到完美诠释，这也是设计师最令人赞赏的一面。她从传统历史服装里取材，转化为现代风格的设计手法，让很多年轻人为之疯狂。从裙子的设计中可以看见设计师的设计历程：80年代初期，脱离强烈的社会意识和政治批判，开始重视剪裁及材质运用，像早期所发表的多重波浪的裙子、荷叶滚边、皮带盘扣海盗帽和长筒靴等带有浪漫色彩的海盗风格。到了80年代中期，开始探索古典及英国的传统。到了90年代，设计出不规则的剪裁和结构夸张繁复的无厘头穿搭方式、不同材质和花色的对比搭配等，它已经成为设计师形成独特风格的代表作品。

15 迷你衬裙

设计：Vivienne Westwood

英国，1987—1988

作品赏析

在这个系列中，维维恩·维斯特伍德回到了传统的英国剪裁时代，她说："当你停下一件事开始做另一件事的时候，就是最重要的关键点之一。这属于方向性的改变——我想做些合体的东西。"作为"迷你衬裙"系列的冬季版本，这个系列采用了轻若无物的红色巴拉西厄精纺毛呢。红色的海里斯粗花呢温暖而时尚，海里斯粗花呢最早是由苏格兰的外赫布里岛中巴拉、海里斯、刘易斯等岛上的土著用手工纺出的羊毛纱线浸入植物染料染成的织物。这种柔软的厚斜纹呢被维斯特伍德运用得恰到好处。双排扣短上装的灵感来自英国女王年轻时穿过的一件公主外套。曲线形的领子和口袋盖很实用，与像貂皮一样的天鹅绒彼此呼应。它极其昂贵，穿的时候要非常当心。在收腰后，沿着身体曲线向外伸展至臀部的线条非常流畅，公主上装稳稳地"坐"在钟形裙的顶端，平衡了轻若无物和漂浮感觉的衬裙。裙装的部分，服装正面用一个厚重可爱的红色蝴蝶结作为装饰，后背就暴露出维斯特伍德擅长与众不同的设计特质，仅仅用上衣部分的裥褶草草结束，取而代之的是一条极其普通的白色平角裤。以往用"颓废"、"变态"、"离经叛道"等字眼来形容维斯特伍德的服装在此略有收敛，正如海福尔德评论说："她是过去十年里英国最有影响的设计家，她的设计思想从根本上改变了我们的服装观念。"

16 异教徒

设计：Vivienne Westwood

英国，1992

作品赏析

20世纪80年代，随着朋克时代的终结，维维恩也开始探索自己的设计风格。她从早期宽松的、无结构的几何服装，逐渐转换到20世纪90年代着重于表现剪裁方式和技术的设计。从她的作品中我们可以看到，她对历史上的剪裁技术曾进行过系统的研究。她也曾自豪地告诉人们："我的作品萌芽于英国的剪裁技术，""我的作品就是通过实践去学习传统。"当怪异成为习惯，先锋变成主流时，维斯特伍德又开始寻找自己新的方向了。令人惊奇的是，这个以反传统成名的设计师，竟然一步步走向了回归传统之路。在"异教徒"系列中，维斯特伍德推出的多为褶皱、烦琐、华丽，带有英国古典风格的设计作品，设计师进一步表现出了对民族传统的热爱。充满英伦风情的束身女裙、外套和条纹背心都展现了她作为一名英国设计师的特立独行和自豪。维斯特伍德同时发明了新的裁缝技术和褶形布料。略衬支撑物的精纺羊毛小方格裙的颈部线条弯曲，向下伸到臀部，显露出嵌入鲸骨的白色真丝紧身胸衣。裙子的背后剪裁得短一些，以方便搭配巴士尔腰垫。维维恩·维斯特伍德结合了18世纪布袋礼服的褶裥造型和19世纪用填垫方式隔开衣料和身体的技术："我注意到，有一款帝政线条的服装里面有四个真丝小球，我想它们是用来隔开衣服和身体的。我想我可以把它们藏进褶裥中，使褶裥更具体积感。这条裙子充满动感——因为它穿在你身上，却与你的身体保持距离。它会发出沙沙的声响，会随着你的行走而翩翩摇曳，非常精神又活泼。"由于它太短，所以特别在里面配上了丝质短裤。穿透热闹的表面景象，深入到维维恩的作品中，我们可以发现，在维维恩极端叛逆的表象背后，浓郁的复古主义精神充斥其中，其扎实的传统文化根基不容小觑。的确，如果没有传统，也就无所谓背叛；如果不了解传统，也就无从创新。维维恩认为时装可以通过再创造而变得更加丰富多彩，这正是她一切创作中的一个最为根本的出发点。她后来的全部创作，无不源于西方的传统文化和艺术。可见，维维恩的创作方法是以传统为根基、破中有立的创作方法。

17 萨维尔

设计：Vivienne Westwood

英国，1989—1990年秋冬

作品赏析

20世纪70年代，英国时装设计师维维恩·维斯特伍德，因其荒诞、古怪的设计和大胆的风格被称为"朋克之母"，在时装界一举成名。

成名时的维斯特伍德，使用零碎、拼凑、不对称的设计方式制造出不和谐的效果，彰显了年青一代热情大胆而又充满叛逆的个性。她的设计构思在服装领域里被认为是最荒诞、最稀奇古怪，同时也最有独创性的。维斯特伍德的主导思想是"让传统见鬼去吧"，而恰恰正是这种怪诞、荒谬的性格，博得了西方颓废青年的喝彩。这件名为"萨维尔"的芥末黄色海里斯粗花呢排扣上衣，配以海蓝色未系结的碎花领带，传统中略带叛逆。这款设计的奇特之处在于，绿色的无花果叶装饰在私密处，加上白色衬衫上挂着松开的领带，整体效果仿佛效仿了19世纪早期的男装搭配。灵感来自当时遭偷拍的上衣和光滑的软皮紧身裤。维维恩·维斯特伍

德解释说："我想要的是上半身像男人那样打扮，下半身却像没穿裤子的女孩的效果。"

维斯特伍德的服装正是这么一种观念，即粗鲁地反对当时的社会政治，抵制传统的程式服饰。维维恩迷恋于紧身的、略略滑离身体的服装，她喜欢让人们在身体的随意摆动之间展露色情，因此，她经常会将臀下部分做成开放状态，或者在上衣下做出紧身裤装，或者用一条带子连住两条裤管，奇特的垂荡袜也是她的发明……她认为："如果你穿得够震撼，才能过上更好的生活！"正如上图中私密处的别致设计，丝毫不缺乏设计感。她的服装常常使穿着者看上去像遭到大屠杀后的一群受难者，但又像是心灵上得到幸福、满足的殉难者。所以，维斯特伍德被认为是伦敦最有创造力的勇敢的设计家。

18 切割和裂口

设计：Vivienne Westwood

英国，1991

作品赏析

"切割和裂口"系列（1991年春夏）是维斯特伍德特别为男性设计的第一场时装秀。这场时装秀先是在佛罗伦萨比提宫发布的。这个系列采用了粗斜纹棉布，部分原因是维斯特伍德意识到这是最具商业价值的工艺手段；更深层的因素在于：手工剪裁的切口和磨损的边缘赋予了上衣与牛仔裤以生命力。都铎时期的肖像画传达出来的那种热烈的、男儿气概的蓬勃生命力让维斯特伍德完全折服在他们面前。根据以往的经验，维斯特伍德利用一个Broderie Anglaise程序设计出一种精致的机器切割来处理衬衫和服饰配件——省略了刺绣，但保留了有规律的精致裂口。这些充满活力的套装和松松垮垮、故意脱散出破洞的毛衫配合得天衣无缝。在看过从比提宫凯旋的"切割和裂口"

男装秀之后，时装史学家朱丽叶·阿什（Juliet Ash）这样描述这场时装秀的精彩纷呈：

"这些华丽服装上的一道道裂口，就像是些懒洋洋地靠在回廊上的侍从。'最开始，我展示了剪裁考究的服装，你不会看到任何裂口装饰；然后，我就想加一些切割的元素混合在里面。'（维维恩语）灰蓝色和深蓝、白色的男式丝绸礼服上用18世纪室内装饰风格的印花织物做翻领，大的裂口甚至贯通整条腿，感受裂口和磨损就是感受服装之下暴露的皮肤。而缎子却又是光滑的，保持着宽松的条状外形的睡衣裤，随着人体的移动，鼓动起微微的清风。剪裁精到的套装采用了酷酷的棉白色、金黄色、蓝色，铁锈色柔软垂皱装饰了斜裁的边缘。"在"切割和裂口"系列中，维斯特伍德探索了无性别服装，在朋克系列后她一直间歇性地探讨着这个方面的课题。结合18世纪

的法官装束和19世纪的花花公子服饰，她创造了一个更体贴但不那么瘦削的服装轮廓，远远避开了20世纪晚期那种表现男人气概的剪裁手法，比如垫高的肩部。很多男性顾客发现，要找到一件肩线自然下落的衣服非常困难。"我采用了一些正相反的做法，都是些非常有力的手段——介于男性化和女性化之间（有多少女性化的元素融入男装中，就有多少男性化的元素可以融入女装中）。"

19　复古金片女装

设计：约翰·加里阿诺（John Galliano）
英国

1960年，生于西班牙的直布罗陀。1966年，就读于伦敦著名的圣·马丁艺术学院，学习绘画和建筑。1988年，约翰·加里阿诺被评为本年度最佳设计师。1990年，应巴黎设计师们的邀请，加盟了巴黎时装界。1994年10月，由约翰·加里阿诺推出1995年春季时装系列。1996年，荣登纪梵希高级时装及成衣公司的首席设计师宝座。

作品赏析

约翰·加里阿诺的惊人才华，令他在短短数年间成为英国最重要的时装设计师之一，传媒更纷纷以"天才"、"大师"等称呼为他冠名。没有什么可以抑制约翰·加里阿诺的表现欲，无论是商业上的压力还是流行时尚，他是秀不惊人死不休的戏剧人物。他可以在自己的品牌中玩疯狂的行为艺术，用他自己的话来说就是："人们都需要一点儿生活乐趣！"这款带有异域风格色彩的作品，以金色为主要色调，红色英格兰网格布为底色，民族与时尚的结合，使服装呈现出靓丽光鲜的视觉效果。女模特的头上赫然顶立着一条舌尖吐芯的金色眼镜蛇，让人不禁联想到蛇蝎美人，阴柔而惊艳。约翰·加里阿诺的这套服装，加上富有印度风情的亮片及波希米亚风头饰，最流行的造型元素加上复古民族

风，让人眼前一亮，并使得整套作品风格特异，精致典雅，美妙绝伦。在整款服装的造型上，约翰·加里阿诺运用粗线条的格子背景，中性的上衣款式简单、大方，配合精致透明的纱质内衣，使女性玲珑优美的身段若隐若现，刚毅中不乏柔美，蕴含着广泛的时装文化和设计意念。约翰·加里阿诺追求服装积极、有建设性的一面，即"新都市风情"。他向往19世纪50年代的伦敦和20世纪20年代的巴黎生活，喜爱那些年代的风情、艺术与服装。

平时他最大的乐趣莫过于逛博物馆和俱乐部，因为那里能唤起他的创作灵感，所以他的作品融合了英国的传统和世纪末的浪漫，正如这件服装在内衣上印有美洲印第安土著人形象，加上戏剧化的衬托，产生了一种难以抗拒的吸引力，令人耳目一新，难以忘怀。他的设计常常极具创意，非常夸张，从不拘泥于传统。加里阿诺着眼于现代，设计的服装在传统中透露着简练的时代感。伊夫·圣罗兰称加里阿诺的作品"太像马戏团了"。但他的剪裁却常常有出人意料的高雅、优美感，且非常合身。

20　旗袍式裙装

设计：John Galliano

英国，2002

作品赏析

　　此套旗袍式衣裙是加里阿诺设计的一款服装，以简单的黑白色很好地诠释了此服装的格调。模特的妆容与造型更进一步展现了此套裙装的魅力。本款裙子采用旗袍样式，很好地展现了女性柔美的身材。黑色本身就具有一定的诱惑力，同时又有很强的鬼魅气息，再加上此模特的装扮，更有力地突出了它的灵异。同时又配上那副诱人的白手套，使其古典中又透露出时尚的气息。这可能正是设计师想要追求的效果吧。从款式上来看，整体上借助中国旗袍的样式。上半部分的衣领采用立领的形式，袖子是连肩短袖。下半部分的裙摆具有独特的特点，并不只是按照传统的旗袍样式，它有两个开口处——这就是它的独到之处。当然，从图上可以看出，设计师的主要目的并不在于表现女性温情柔美的一面，而更多的是表现一种诡异的气息。红色的背景与黑色的前景结合在一起，就能很好地看出这一点。从服装的材质与剪裁方面来看，采用的应该是丝纱面料。同时，采用了镂空的设计手法，使其野性中不乏性感的一面。

这正是现代女性所要追求的一种气质。镂空的花纹具有很强的中国剪纸的味道。从头饰上来看，似乎也有很强的中国风味。整个格调是比较张扬而充满性感且前卫的。但是这款服装能够极力突出女性的身材——这正是一直以来所有女性所追求的。

从此款服饰及造型我们不难看出，设计师加里阿诺带给我们

的是充满幻想和不羁创意的表演。加里阿诺确实是时装界最动人的浪漫传奇——从他设计的服装、色彩丰富的背景到奇迹般地获得名望，这一切都像是最美妙的童话。但是，他不希望仅仅被视为服装设计师。让人确信无疑的是加里阿诺的力量，只要他打定主意，一切都是可能的，一切都可以做到，而且完美无缺。加里阿诺把超现实主义视为自己的灵感来源："就像达利和哥克顿（Cocteau）所懂得的，富有机智却总是浪漫无比。"他说他"总是着迷于达利和他的妻子加拉之间的关系以及他们之间的性别支配力量"。最后，在赋予他灵感的人中，他提到了伊万达女士，那位说服拍摄对象穿成希腊众神模样的著名超现实主义摄影师，"她来自伦敦的斯特里汉。"加里阿诺说。在这种典型的上层与卜层社会的游戏中，他用一声巨响将整场表演带回现实，只是在离开房间前眨了眨眼，补充道："和我一样。"

21　灰姑娘的记忆

设计：亚历山大·麦克奎恩(Alexander Mcqueen)
英国，2005

1969年，出生于英国伦敦。1991年，毕业于圣·马丁设计学院。1996年，推出了他的第一个设计系列。1997年，推出了一场时装史上技术性最为复杂的伸展台表演。1997年，纪梵希任命他为约翰·加里阿诺的继承人。

作品赏析

亚历山大·麦克奎恩回想起的第一个与服装有关的回忆，是三岁时在姐姐房间的墙上调皮地涂鸦，画了一个穿着束腰蓬裙的灰姑娘。无巧不成书，这和他现在宫廷气质的设计风格竟然如出一辙。从这点看来，现在的他会成为戴着成功皇冠的服装设计师似乎是上天注定的。这款公主装的连衣百褶裙设计大胆，造型简

约。双肩隆起的扇形褶皱美观大方。简约风格的服装几乎不要任何装饰，信奉简约主义的服装设计师擅长做减法。他们把一切多余的东西从服装上拿走。如果第二粒纽扣找不出存在的理由，那他们就做一粒纽扣；如果这一粒纽扣也非必要，那他们说干脆让人穿无扣衫；如果面料本身的肌理已经足够迷人，那他们就不用印花、提花、刺绣；如果面料图案确实美丽，那他们就理所当然地不轻易打衣褶、镶滚边；如果穿着者的身材是那么匀称，那他们就决不会另外设计廓形，这时，人的体形就是最好的廓形；如果穿着者的脸部线条让人的目光久久不能离去，那他们也绝不会以服饰的花哨来分散这种注意力。廓形是设计的第一要素，既要考虑其本身的比例、节奏和平衡，又要考虑与人体的理想形象的协调关系。这种精心设计的廓形常常需要精致的材料来表现，通过精确的结构和精到的工艺来完成。整件裙装除了行如流水的褶裥，没有一点多余的装饰在里面。

亚历山大·麦克奎恩的最大特点是非常认真的零瑕疵的服装剪裁，他常常加上一点挑逗的甚或是色情的小细节来冲淡其严肃性。大胆的性感，让许多人为之疯狂，震

撼了整个流行界。这款裙装同样延续了他大胆的设计理念，领口低至女性的乳房以下，近乎接近肚脐的位置，鬼才设计总是给人带来意想不到的效果，把性感展现到极致。这种夸张的表现形式也符合被称为"坏男孩"的亚历山大·麦克奎恩风格。只有当舒展的裙摆在风中飘动，洋溢着青春，充满活力，也许他想象中的"灰姑娘"才会出现。

亚历山大·麦克奎恩也很喜欢在色彩上做文章，虽然表面上只是单一的一种颜色，但在灯光的映射下，长裙变得五光十色。这种金属色在他的设计中运用得十分广泛，但每一款都给你一种不一样的梦幻感受：灯光打在百褶裙上，就像寂静的天光云影映衬着冬日的晚霞，那份神秘的光彩让你走入梦幻般的世界。像珍珠一样的打褶素绉缎从紧身上衣处一泻而下，没有任何干扰。刀形压褶随着腹部体形顺势而下，到臀部下突然散开。喇叭裙裁片透明精致，可以让人透过裙装隐约瞥见大腿。腰间的那根束带，让整套裙装有了生命，她是整套裙装的黄金分割点。这套裙装以大胆的设计、细腻的裙褶、华丽的颜色征服了世俗人的眼球，达到了理想化的境界，"都市灰姑娘"的大胆突破，这套裙装给了时尚新的定义。

22 绿色连衣裙

设计：Alexander Mcqueen

英国，2005

作品赏析

聪明、智慧、坚强、勇敢的女人，不在乎她们的高矮和胖瘦，都是业历山大·麦克奎恩的设计对象，他说自己不单希望她们能穿他设计的服装，更希望她们因此而坚强起来。正如这款半透明的绿色纱质长裙带给你不一样的梦幻魔力：X形交叉的前胸设计，充分突显女性的傲人身材。细致的褶皱纹路叠加在一起，产生的自然美感无可挑剔，收腰与下身宽大的裙摆完美地结合，让整体感觉如行云流水。亚历山大·麦克奎恩品牌的高级时装线条简洁，款式性感，并极富巴黎风味，处处体现出设计师亚历山大·麦克奎恩狂妄不羁的性格。他还是典型的恐怖美学的忠实拥护者，他剪刀下设计的女性形象总有那么一种锐利和强悍。虽然他少年得志，并成为上等人御用的设计师，但却是来自中下平民阶层，并以此为荣。他的反叛个性也表现为不屑中产阶级的矫揉造作，

所以他的衣衫总是在尊贵中隐现堕落气质。中世纪时绿色代表邪魔（包括龙），有时又代表爱。这些象征意义在现代已不明显。忧郁的绿色让人沉醉，也给人希望的感觉，让人产生无限的联想；绿色的心理特性是：自然、新鲜、平静、安逸、有保障、有安全感、信任、可靠、公平、理智、理想、纯朴，让人联想到自然、生命、生长。亚历山大的每一款裙装都有独到之处，下身的裙摆没有特意的设计，自然下垂形成褶皱效果，给人一种飘逸洒脱的感觉，整体形成了一种自然的美感，细致的包边让褶皱更加自然。她迈着梦幻般的脚步，缓缓向我们走来，微风吹动着裙摆，半透明的纱质面料，以一种朦胧形式展现她的完美曲线。

纽约大都会艺术博物馆服装馆馆长查理德·马丁说过："所有现代设计家之中，亚历山大·麦克奎恩对视觉效果和情绪控制的拿捏最精到。"这个在伦敦街头长大的小孩，讲起话来除了叛逆，还带着一种"混混"式的粗鲁。实在让人很难想象，这个站在舞台上的大男孩，一个顽皮叛逆的孩子——亚历山大·麦克奎恩总是让服装界的卫道士瞠目结舌——因为他们没有自我。

23 复古流苏

设计：Alexander Mcqueen

英国，2005

作品赏析

此套设计从整体上营造出了一种复古的感觉，无论是从款式上还是从局部上看都突出了一种特有的与众不同的气质：从棉麻质地的裙裾摇曳，到独具特色的新颖大衣，加上流苏的独特设计，充分展示了设计师匠心独具的设计理念与新颖大胆的创新意识。衣领采用的小须边使之看起来不太单调，在衣边上也进行了特殊处理，加上流苏的设计风格，使之看起来简单却不单调。衣服上加上的小装

饰完全是这个衣服的精华之所在，它也就是上衣的"焦点"，有了它，这件衣服不再平凡。有街头风格的衣服加上有陶瓷纹路的毛线袜配上流行的高跟鞋，这样的搭配可能显得有点不伦不类，但是它显示的效果却另有一番风味。它不同于传统的中规中矩，也不似新潮风格的颓废疯癫，由特有的纹路及闪亮的饰品来点缀，使之更加丰富；这样的衣服搭配起来非常夺目。整套衣服看起来每个地方都很独特，可是它更注重搭配，从上衣和装饰的搭配，到下裙和裙摆及鞋袜的搭配都是处处留心。总之，这套衣服的搭配可以说相当得体。而且模特的高挑身材把整套衣服表现得非常完美：大方阔气的T形台加上亮丽灯光的照耀，把它的色泽、质地、款式诠释得都很完美。所以说，亚历山大·麦克奎恩总是很善于运用多种方式表达自己的设计思维，而这套衣衫在尊贵中表现出了堕落气质。秋冬传说

中的女主角就这样款款而来，在灯光的笼罩下幽美得近乎不真实，越是伸手想要抓住那虚幻的美，越是追随着跌入了她的梦幻国度。这套装束有点古典与野性相结合的味道。亚历山大的作品里面渗透着一种狂野的活力，宽大的领口，腰间随意的束带，还有下身的不规则裙摆充分体现了这一点。整套服装运用灰褐色的搭配，灰色象征从容、自信、平静，褐色象征朴实、经典、忧郁。色彩的和谐搭配，使整体都渗透出一种古典的美。从容中带着朴实，自信中又有点犹豫，这就是亚历山大·麦克奎恩充满魔力的地方。衣服上的点状纹路让灰色不再单调。左肩的亮片装饰是整套服装的亮点，因为有了它，整套服装显得活力十足，像是万里晴空中的一点白云，万花丛中的一块翡翠，格外抢眼。上身的独特设计充分体现了亚历山大·麦克奎恩的设计理念：宽大的领口给人无尽的想象空间，睡衣式的束带设计显得女人味十足，情趣盎然。硕大的荷叶袖外加丝带的点缀搭配，体现了狂野的一面。低调的色彩与高调的设计完美结合，给人一种全新的感觉。下身的不规则裙摆给人一种原始野性的美，细致的剪裁、精心的设计让人们看到了亚历山大·麦克奎恩匠心独运的一面。不规则的裙摆让整套服装都活力十足，洋溢着一种自然风情，飘逸、洒脱，给人无限的遐想空间。总体设计搭配和谐，设计新颖，色彩的运用让人回归理性。独特的设计又赋予穿着者放荡不羁的野性魅力。整套服装洋溢着飘逸、洒脱、活泼的气息，充满魔力。麦克奎恩懂得从过去吸取灵感，然后大胆地加以"破坏"和"否定"，从而创造出一个全新意念，一个具有时代气息的意念。他像一个偷窥的小孩，在残破的布料中，寻找最性感的地带。这就是亚历山大·麦克奎恩——让女人更加美丽！

这件设计作品，看起来似乎很简单，但是风味很特别，从这套服装中我们可以感受到那个时代的流行，那个时代的文化，它把设计师的独特思想、惊人的想象力及把事物重组后的改造力很好地展示了出来。虽然作者来自中下平民阶层，但是他以此为荣，也正因为他拥有这样的性格，才会以颓废派的无礼态度为出发点，设计出看起来毫无质感的朋克服装，并以此

点亮了他的时装生涯。

　　亚历山大·麦克奎恩的反叛个性也表现于不屑中产阶级的矫揉造作。作者最著名的设计是性感又晦暗的流浪主义服装，像是刻意对过分精致、华丽的高级定制服宣战，这套服装就是如此，平凡的风味中显示出了奢华的本质。亚历山大·麦克奎恩是个能给人惊喜的设计师，尤其是他的这套女装，设计非常精致,充满魔力，情趣盎然，女性味十足，用那些很难剪裁的面料却能表达出意想不到的效果。亚历山大·麦克奎恩是时装界出了名的坏男孩，他有异乎常人的梦想，他的想象力像是被施了魔法，充满了神奇色彩。

24 神秘面纱

设计：Alexander Mcqueen

时间：1999

作品赏析

　　这套服装是设计师亚历山大·麦克奎恩所设计的宇宙系列中的作品之一，从整体上让人感觉到了一种空前的前卫。无论是从模特造型上还是衣服的本身色泽上都体现出了作品的华贵，整套服装有美丽性感的曲线，但是它表现出来的更多的是奇幻的魅力。服装从上到下都诠释着一种神秘鬼魅的特性。从头部设计来说，金色的头盔加上面具就让它充满了神秘的感觉，有古埃及的神话色彩和元素存在。上衣的白色图案是它的精华之所在，像是一种宗教文字和信仰象征，第一眼便将这种神秘气息灌输给观众。加之腰间带有紧花纹的丝巾，我们可以看出设计师很善于运用各种图案表达自己的思想和创作意图。剪裁上也非常讲究，很注重细节，让人耳目一新。而由深色纱质丝绸及红色、白色搭配在一起所做的长裙更显现出古时衣物的特性，非常独特。服装在尽显华贵典雅、千娇百媚之余表现出东方女性的神秘莫测，同时又带点伦敦女性的古板怪异，让我们有种活在现实和梦幻之间的神秘感，可见作者无时无刻不在试图以时装的方式描绘人们心灵

深处的梦境。

　　它是宇宙系列之一，但仅此一套就可以把宇宙系列这一主题完全体现出来，简单却不简陋，神秘却富有个性。整套服装无论是颜色上还是款式上的搭配都非常前卫。设计师整体上采用了深色的布料，加上金色装饰品，还有一些白色的特殊纹样。整套服装就只有这三种并不鲜艳的颜色和看来毫不繁杂的花纹，设计师却把它们发挥得淋漓尽致，设计出来了一套既有个性又具有神秘面纱的时尚服装。色彩的运用和不同材质的混搭都充分流露出作者鲜明、独特、奢华的风格，充分显示出了作者设计的大胆。整套衣服设计师所运用的设计手法都很一致，使得各种元素可以完美地融合在一起。款式简单，并没有明显的与众不同，

但它们搭配得可以说是完美无瑕。既是这样一套平淡无奇的服装，又为什么能够有那么神奇的魔力？这就取决于设计师充满魔法的想象力。很少有设计师将面具套在模特脸上走T形台的，但在这里我们看到了，而且看到的仿佛不是一件衣服，而是一部神话剧，很有意境，正是作者这奇特的想法使之成为英国乃至世界上最炙手可热的设计师之一。

色彩运用和不同材质的混搭都充分流露出麦克奎恩鲜明、独特、奢华的风格。我们从这套服装所表现的效果就可以看出设计师的设计线条简洁，款式富有特殊的创造性，处处体现出设计师狂妄不羁的性格。他以大胆的戏剧性的设想震动了世界服装设计界，并且连续两次获得英国时尚奖最佳设计师奖。设计师麦克奎恩自己解释说："这是一件艺术作品，反映出高级定制所蕴含的奢侈品质和美学价值。我设计的这款非比寻常的作品会得到具有设计眼光人士的青睐和珍藏。"

25　黑色紧身西装

设计：唐娜·卡兰（Donna Karan）
美国，1996

1948年，出生于美国纽约，曾就读于纽约帕森设计学院。1967—1968年，出任安妮·克莱恩公司助理设计师。1968—1971年，任安妮·克莱恩公司设计师。1974—1984年，任安妮·克莱恩公司设计师及设计指导。1985年，创立唐娜·卡兰公司并任设计师。1988年，创立了唐娜·卡兰 DKNY Jeans牛仔裤品牌，获美国时装设计师协会奖。1996年，唐娜·卡兰股票在纽约上市。1997年，第三次获得CFDA的年间最佳设计师称号。

唐娜·卡兰是第一个具有国际影响力的美国女设计师。在"为成功而穿"的20世纪80年代，服装设计与职业前途有着密切联系，因此出现了许多职业服装设计的典范，成功的女性穿着剪裁讲究的上班套装。而就在这个时期，卡兰却大胆地突破传统设计圈子，丰富了这一

时期的女装界。她的服装与80年代流行的职业装有相似的地方，但是却更加具有性格，有个人的表现，在中规中矩的基本形式下，又有变化，当时女性极为宠爱，因此在服装界也好评如潮。

作品赏析

唐娜·卡兰的设计很适合职业妇女，图中模特穿着的服装非常得体，又非常舒适，加上在设计上的考虑，她们可以整天穿着，

1996年 卡兰

无须考虑不同的环境。这款设计中最基本的是一件紧身衣，紧身衣可以配裙子，也可以配长裤；既可单独穿着，也可以再添上一件外套。以紧身衣为核心的设计，是她的设计构思最成功的地方。卡兰设计的紧身衣很多时候或许是这样的，它代表着艺术或者反叛；自由自在、展示自我；贴身与性感；情趣与生活品位；梦幻般的舞蹈效果；在展示动人曲线的同时，又带有危险的引诱，这不禁让人想到了20世纪40年代曾经流行过的运动型服装——鸟笼式的裙子，加上宽皮带，很随意，但也可以很正式。如果要变化，可以调整紧身衣的色彩和形式，以紧身衣带动整个服装系列的改变。她喜欢用简单的运动衫作为自己系列的中心，在材料上则多用绉纱，加上不透明的连裤袜，上衣多不用纽扣，不是套头装就是无扣的外衣、纱笼裙，有时候服装剪裁故意突出交错不齐的布局，很具有雕塑感。她的设计给上班族提供了一个既不违反公司条例、公司形象，又具有强烈的个人气质，比较性感、具有艺术风范和高品位的选择，自然非常成功。

羊毛服装效果仍然非常出众。内搭一件紧身T恤，漆皮包，增加了时尚感。20世纪80年代的宽肩和弧形轮廓风格很相配，并且统一了整体风格。灰色大衣的色彩浓烈但并不很刺眼，所以无论搭配纯净的白色还是耀眼的红色都不会太突兀。而卡兰为模特精心选择了一双充满野性的豹纹平底鞋，凸显出现代女性的敏锐和干练，配搭上整套服装，性感而成熟，并且不乏职业女性的沉稳气质。

26 灰色大衣

设计：Donna Karan

美国，1996

作品赏析

　　此款深灰色大衣款式独特，选用羊毛加呢子的细呢面料，摸上去特别舒服，领子和袖子都是毛的，手感柔软的织物使得服装变得非常温暖而昂贵，增添了冬日穿着的时尚感和暖和度，并且巧妙地减弱了灰黑色调服装给人的生硬感和冰冷感。大颗扣子成为粗线条装饰物，双排扣能拉长腰身。浅灰色的横条、口袋更给衣服增添了色彩。剪裁十分强劲有力，让整体看上去没那么平凡。很显瘦，即使冬天穿着也有个好身型。领子可以打开也可以全扣起来，各有各的风味。尽管这款深灰色大衣深沉冷酷，但这件极端保守的深灰色

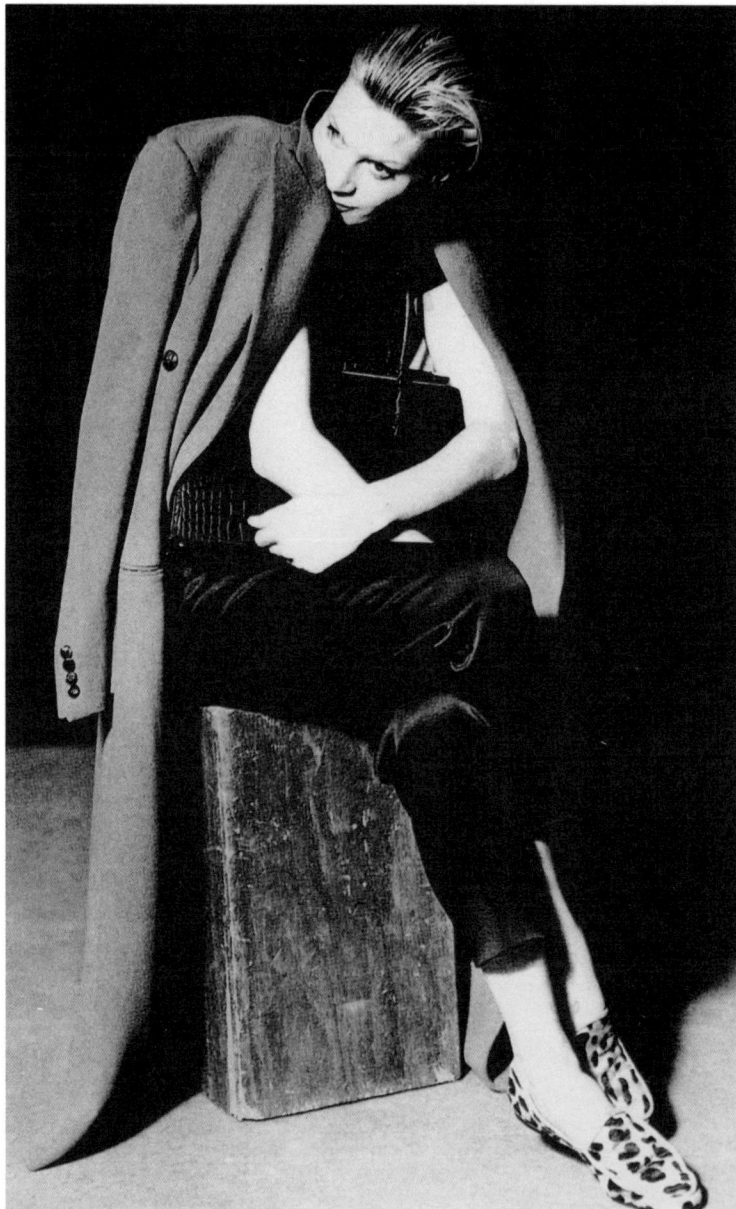

6

蓄势待发的
中国品牌时代
（2000 — 2009）

进入21世纪的这十年中，女装中流行的连体衣裤、宽肩西装、皮条流苏、皱褶袖口、方格裙子、斜挎腰带、大背包、小皮靴、罗马鞋、无装裤，以及满身珠链、堆花、层叠装饰等，被青年人所钟爱，且时急时缓地流行着，一直不肯离去。这种流浪民族的服饰风格在近些年流行不是偶然的，它是继发达国家20世纪60年代嬉皮士、80年代朋克之后又一次对传统，同时也对现代社会具有反叛意味的一种表现形式。当然，也可以说是人们厌倦了信息时代的喧嚣和浮躁，厌倦了水泥建筑玻璃幕墙中的刻板职业套装，渴望寻觅游荡的自由和昔日的安宁。总之，人们希望找到那种与机械、电子时代格格不入的粗犷与豪放，也许这里显现的正是21世纪人的朴素原望。

跨入21世纪的中国服饰路，已然进入全新阶段，这里既有高速公路，也有快速路，还有穿山隧道和崎岖曲折的盘山路。磁悬浮列车已载着人们直接与国际接轨，电子网络手段更是打通了信道的一切阻隔……中国人见多识广了，服饰有前卫、有怪诞、有流行；同时也有个性、有惯例、有最新的理念。中国虽然还没有完全具备世界的眼光，但实际上已进入了地球村。再听人们说今年流行什么，已不是中国人自己的流行，而是世界潮流。中国人着装国际化了。回顾我国本土服装产业的发展——经历了一条由"自给自足、自产自销"到"出口代加工"再到"本土化特色品牌孕育而生"的"三步走"道路。"自给自足、自产自销"的时代开始于新中国成立初期至20世纪六七十年代，国情决定了我们的纺织服装产业只能停留在满足人们的日常生活需要的层面上。"出口代加工"时代是指改革开放以来，在沿海等开放城市迅速崛起的为发达国家提供代加工生产服务的纺织、服装生产行业。这些服装生产企业虽然集中在东南沿海及长三角地区，但经过一个时代以上的迅猛发展，一方面为中国本土培养了一批工艺精湛的服装技术从业人员，另一方面也为当地的纺织服装产业及其他辅助行业的迅速成长提供了动力，如服装配件、辅料及产品包装等，这些都为日后中国本土服装产业的品牌化发展奠定了坚实的基础。

2000年后，时装就花样翻新地抖出各种卖点：闪亮、斜肩、花卉以及荷叶边。那其中软软垂下的荷叶边几乎无处不在，似乎成了女人的心爱之物。而那些穿着荷叶边的女子，也好像平添了一分

温柔，一分妩媚。新世纪服装追求最有民族性的就是最有个性的。经历了十多年外来服饰的冲击，新世纪人们再度回眸注视中华本土民族性的服饰：蓝印花布重新披在窈窕淑女身上，尽显东方迷人风采；旗袍加入了镂空领形的设计，将现代服饰工艺与传统风格融合，端庄中不失妩媚，令人惊艳不已。以传统吉祥物为图案作为服饰面料的中装也悄悄地在都市中流行起来，在色彩上中式服装追求艳丽的效果，大红大紫，明黄色调，皆可搭配成衣，因此与西式服装比较起来非常醒目、抢眼。性感风情则是现代都市女性追求的另一面。给身体多一分关心，多一分体贴，多一分柔媚，内衣时尚渐渐为国人认识。同时内衣时尚开始超越原有的概念，不再仅仅属于闺房，内衣外穿成为一种时尚。夏日里、骄阳下，镂空服，宛如凝脂的肌肤，千般柔媚，万种风情，传递了多少含蓄的性感！年轻的女性争相穿吊带衫，是为了贪图凉快，也是为了展示自己的窈窕身材、靓丽的青春，实际上也反映了现代年轻人已经由传统的内敛型性格向外向型性格发展，更加重视自己的身体曲线美。

在新千年到来的时候，承载着丰厚的民族传统和民族内涵的红色以其喜庆吉祥的色调赢得了人们的青睐，红色的服饰纷纷登场亮相，一时间，穿红挂红成了都市服饰的一个时尚潮流。时尚人士惊呼：都市掀起了"红色风暴"！这时期服装采用高科技纺织面料，内层以纯棉真丝、高支高密毛纺织物为贴服物，增强服装的挺括感，远红材料、罗麻布、牛奶丝、微生化复合材料被应用到服饰中，使服饰具有了保暖、抗菌、保健的功能。又有融入合金材料为设计骨架的内衣问世，主要起定型支撑的作用。此外正红、亮黑、荧光色等愉悦色彩纷纷出笼，又使服饰色彩更加丰富，变化多端。社会稳定时服饰蕴含着繁荣、健康的情调，动荡时局则使服饰携带了压抑、散乱的信息。与19世纪相比，我们同样发现20世纪90年代服饰扫尽世纪末的浮动不安，显现出明亮乐观的气息，这是对太平盛世社会稳定、生活祥和的充分肯定。

谈及我国服装产业的发展，除了由先辈的实干家们的辛勤积累，不得不提及我国的服装设计教育所作的突出贡献。服装设计教育同其他的设计教育一样，起步晚，多借鉴西方或日本设计发达的国家的成功经验，但是也有符合国情发展的特点。自20世纪80年代

中期以来，这类教育机构先后为中国的服装产业发展培育了各种新型人才，他们现在正是我国服装设计产业的中坚分子；另外，由各大相关院校的专家学者组成的"中国服装设计师协会"也是目前为止中国服装设计领域的最高领导机构，组织各种服装设计大赛、专业论坛及合作交流活动，为我国服装产业的进一步发展提供了更好的平台和广阔前景。

十年前能吸引人们的那些华丽、美艳的时装中，恐怕十之八九是"舶来品"。而今天，当我们驻足于各大时装卖场，处处可见由我们自行设计生产的精美时装。它们工艺考究、面料精良、品位十足，完全可以和大牌时装相媲美；而且它们还有着大牌时装所不能企及的优势——价格适中。如我们现在所熟知的"天意-凉子"、"鄂尔多斯"、"潘怡良"及男装品牌"杉杉"、"圣得西"等等，他们正一步步由中国制造朝中国设计发展，他们是中国未来服装产业的希望。中国的服装品牌化发展不同于其他西方国家的案例——以设计师品牌发展成时装产业，更多的是由"实业家"发展成品牌世家。如"报喜鸟"、"东北虎"、"三毛纺织"等等，这些纺织服装产业由加工向设计生产的成功转型代表了一大批中国大中型纺织服装产业的发展途径，具有相当雄厚的经济实力、产业基础。另外还有一部分服装品牌是20世纪初由传统的服装手工艺继承下来的传统品牌服装，如"瑞蚨祥"、"静安鸿翔"等，它们最先由服装作坊发展起来，现在已经是具有百年历史的传统品牌服装世家。而随着我国人均消费水平的逐渐提高，也迫切需要有像夏奈尔那样的本土化高档时装品牌的问世，这就需要我国服装从业者们积极努力和奋斗，相信在不久的将来，在积累了数百年的积淀的"金字塔"顶端，将树立起属于我国的经典时装。

01 皮草礼服系列

设计：张志峰

中国，2005秋冬

张志峰，黑龙江省牡丹江市人，著名服装设计师，国际服装品牌营销专家。在多年的代工积累之后，于1992年创立东北虎时装公司，任董事长兼艺术总监，而后相继在法国、意大利、美国、中国香港成立了其全球四大设计营销中心，开始了其独立打造中国皮草国际品牌的新旅程。

东北虎（NE·TIGER）应邀亮相于2005年10月东北虎上海国际顶级私人物品展。2005年6月，东北虎总部由北京迁往上海。同年10月，东北虎代表中国顶级时尚品牌，应TOP MARQUES主办方的邀请加入"TOP MARQUES上海国际顶级私人物品展"，以主人的身份迎接众多国际顶级品牌的到来，在这个世界最顶级奢侈品盛会上成为耀眼的中国亮点。NE·TIGER应Kopenhagen Fur之邀正式加入"紫色俱乐部"，也是第一个中国会员，享有只为全球顶级品牌特供、代表顶级品质的紫色品质皮草。2006年，中国国际时装周十年盛典在北京饭店的金色大厅隆重开幕，NE·TIGER高调入场，一场以"凤"为主题的NE·TIGER2007高级婚礼服发布会演绎盛世繁华。2007年，NE·TIGER隆重推出了体现中华民族复兴精神的"锦绣国色华夏礼服"系列，预示着中华礼仪之邦服饰文明复兴的一个新开端。2008年11月，在北京饭店金色大厅，NE·TIGER第七次拉开中国国际时装周的序幕。作为"华夏礼服"理念的开创者，也作为"华服"的引领者，NE·TIGER创始人张志峰先生延续着"一脉贯通，一世融汇"之宏大理念，在延续原有织绣工艺的同时，又采用了宣和缂丝研制的"织中之圣"——缂丝装饰面料，打造出真正意义上的中国式奢华时装。

作品赏析

东北虎皮草诞生于哈尔滨，设计师张志峰先生由于从小受母亲的影响，从少年时期就对服装剪裁产生莫大的兴趣。家族遗传的

上图，为"东北虎"公司于2005秋冬推出的蓝白系列皮草装饰礼服。图中展示的三套设计穿插了湛蓝、藏青、白三色，以奢华的材质展现了传统民间服饰色彩的新时代魅力；款式上以西式常见的晚礼服特征为主，无肩带、窄肩带款均是展现女性高贵气质的首选设计。融传统卷草纹、欧洲洛佩兹纹样特征于一体的印花设计与传统的素雅、静谧共同演绎着时尚；湛蓝、纯白的皮草分别透露着不同的奢华气质，无须任何多余的装饰，它们是大自然赏赐给人类的华衣。除了有灵性的皮草，还有什么能体现人性的光环和一切诱人的女性气质呢？

对于本土设计来讲，如何在全盘西化的服装市场里延伸传统服饰美是关键，借千年华夏之底蕴，扬百年中华国服之光，将设计定位于本土文化才能跻身世界时装品牌之列。张志峰将这一点理解得很深入，对于"东北虎"的设计定位拟定以恢复华夏民族之美为目标，给混沌的中国服装设计市场树立了一面鲜明旗帜；又以绝对高档的材质和精湛的工艺保证了其作品的奢华品质。他看准了改革开放后对着装怀有高层次追求的人越来越多，那些风格特异的异国奢

商业头脑使他对市场的把握和前景的预设具有相当的前瞻性。对于服装产业起步尚晚的中国来讲，创造中国第一奢侈品牌的目标既是他的梦想，也是所有中国设计师的梦想。由他兼任设计总监的"东北虎"时装最初极具中国北方特有的历练线条、恢宏气度及高贵品质，代表了广大北方女性的新姿态。

侈品牌根本满足不了迅速膨胀的中产阶级、精英阶层人士的需求，故他的设计能迅速得到社会广泛的热衷和接受。作为一个成功的服装设计师，仅仅凭借扎实的技艺和独到的创意是不够的，更需要像张志峰这样的心境和眼界。

02 手绘梅花图案礼服一

设计. 张志峰

中国，2007

作品赏析

2005年东北虎公司总部迁往上海，这是张志峰所做的又一具有远大意义的决策。它意味着东北虎开始走向更为国际化的本土高级定制时装发展路线，融入了江南传统丝质品国粹的高级时装让国际舞台上的中国华服令人惊艳。图中展示的为一套真丝渐变手绘梅花无肩礼服，如唐代仕女般秀逸、楚楚动人。

此套设计为张志峰于2007年推出的"锦绣国色华夏礼服"系列中的一套。此系列设计的推出预示着中华礼仪之邦服饰文明复兴的一个新开端，也昭示了中

国奢侈品文明新兴进入新时期。采用中国传统的织造工艺，将苏、湘、粤、蜀四大名绣的技艺美妙地融于一身。此套设计用料较之于一般礼服富足有余，造型为H形，将多余面料规整折叠于上胸围，至下缘收褶，形成一个通透的"筒状"，细细品味却发现它其实汇集了魏晋以来的服饰风气。手绘梅花图案布满全身，朱红腊梅中夹杂着洁白的腊梅，似寒冬又似春景，让人沉浸其中。加上浅灰的渐变背景，恰如一幅国画精品，意境深长。领部由精致的橄榄绿底朱红花朵图案的刺绣云肩装饰，云肩的大小远小于传统云肩，仅围住颈部，却是极为贴身的形状。结构设计精巧，由多片椭圆形片拼接而成，多朵花朵同礼服上的梅花连成一体，像是开在不同枝头的花朵布满全身。

中国传统女性自唐代以来素有头戴鲜花的风俗，直到新中国成立前，这种装扮一直持续流传于各阶层女性中。该套礼服设计的头饰沿用了传统的花朵装饰习俗，将模特修饰得楚楚动人，给整套服装以立体上的装饰形态，弥补了由于过于平面化的图案装饰的单薄感。

03 手绘梅花图案礼服二

设计：张志峰

中国，2007

作品赏析

此套红色礼服采用具有1600年历史的中国皇家御用贡品云锦，辅以中国传统的四大名绣，给人视觉上以"饕餮盛宴"之美感，占尽春光。整体剪裁融会中西，西式的合体剪裁修饰女性的纤细曲线，下摆采用传统的中式百褶裙作褶，凸显女性曼妙身姿。款式上首先以其弧线形的宽阔袖口为主要特征，由传统汉服的宽阔袖口演变而来；另外，其V字形开口是对传统的颠覆和挑战，一改传统封闭的立领，使其有了开放而文明之光；领口的钻石镶嵌璀璨闪耀，具有项饰和胸饰的综合意义，修饰着颀长的颈部曲线，也支撑着肩部的造型，使其看起来不至于过于单薄，而让人感觉重心下坠。袖口的五彩刺绣是其绝妙之笔，七彩芙蓉花图案结合人面纹、蝴蝶纹、鸟纹等，传统的吉祥寓意不言而喻，精细的绣工再现了传统的工艺美学之淳朴、亲切之情。

整套设计秉承华夏女服的儒雅、含蓄之美，设计师以现代高级时装的工艺手法和标准，再现了传统服饰文化的精髓。经过改良的宽大水袖及缩短的百褶裙摆等，都是传统女服的主要特征的间接运用。在世界高级时装舞台上，虽然不乏中式的服装元素，但唯有真正的中国制造才能微妙、细腻地展现华夏之美服中的气韵。

04 单袖露肩上衣长裤套装

设计：梁子

中国，2004

梁子，女，1990年毕业于西北纺织学院服装设计本科。1994年，创立天意TANGY服装品牌并设计开发"天意莨绸"时装。1996年，出版《服装原形剪裁及应用》《服装效果图到平面结构图的转化》两本著作。1999年，就读于法国高级时装公会学校。2001年，就读于纽约时装学院。2002年，应邀参加韩国汉城时装周时装发布会。2003年，应邀赴巴黎参加"'时尚中华'当代中国时装设计师作品发布会"。2003年，在保护传承的基础上成功深度研发天意彩莨。2004年，荣获中国国际时装周"最佳女装设计师"奖。2005年，应邀参加上海国际时装周时装发布会。2005年，应邀参加马来西亚吉隆坡时装周时装发布会，同年获得"中国设计业十大杰出青年"称号。2006年，荣获中国国际时装周"最佳女装设计师"奖。2007年，作为中国服装设计师的唯一代表受邀参加新加坡时装周。2007年，荣获中国国际时装周十周年"十大设计名师"称号。2007年，荣获中国国际时装周最高奖项"金顶奖"及"最佳女装设计师"奖双重殊荣。2008年，荣获中国国际时装周"最佳女装设计师"奖。

作品赏析

梁子无论从生活、从言语还是从她的设计中都自然而然地带出那种独有的，属于梁子自己的禅韵，让人感觉净透。那种真实、真切的感觉，并不是刻意模仿就能做到的。禅宗崇尚天地万物皆与人同根一体。由之衍化出的简朴、单纯、自然等理念，和西方最时尚的"简约主义"在精神本质上有异曲同工之妙。而梁子自身也是向往一种轻松、简单、不张扬、高品质的生活状态。梁子的作品，具有自然和谐之美，是一种生活境界，令人远离都市的喧嚣，使心灵回归质朴和宁静。一种禅居的生活态度，是静谧的，又是厚重的。从图中这款设计，我们可以真切地体会到这一点。看似任意缠裹的上衣无领无扣也无任何装饰，仅有系带固定，没有任何意味和象征，像是自然天成的一件外衣罩在身上，若有若无，让身体完全呈现在轻松自然的状态中；裤装采用了莨绸混纺纤维面料，深浅不一的绿色纹路交织成一片幽深的碧海，让人产生种种奇妙的幻觉。墨绿色的编织发罩深藏着人们内心的诡异，它的结构更像是由藤类植物编织的一张网，天然质朴的元素被设计师移接到头顶的装饰上。整套设计蕴涵了自然的随意感，同当今都市化风格明显的着装相比，有种超尘脱俗的气质。

05 针织无袖套装

设计：梁子

中国，2009

作品赏析

"天意TANGY"之特色是走平民化路线，它的设计并不惊艳、奢华，却能打动人心，这源自其设计定位精准。"天意"视原创设计为灵魂，将"平和、健康、美丽"的品牌理念与中国文化精髓"天人合一"的和谐境界相统一，两者贯穿于"天意"服装设计开发的各个环节之中。莨绸作为中国独有的古老生态坏保丝绸珍品，在历史长河中一度濒临灭绝。是梁子发现了它，并对其进行保护、开发、创造，以莨绸制成四季时装，从而使"天意莨绸"成为时尚界独一无二的闪亮风景。图中展示的是一款2009年推出的TANGY春夏款，依然沿袭了代表性的天然质地材质特色，上衣为麻混纺针织面料，加上疏松的针法使其更具凉爽透气功能，保留了原来纤维的自然色，将环保概念贯穿始终。搭配湛蓝、蓝灰不规则拼接短裙，层层叠叠的堆积感虽然不如西式服装来得立体，但是却有含蓄的神秘之美，从中能窥探到传统女装多层缠裹的款式特征。裙身上纯正的湛蓝色让人心神宁静，上浅下深的搭配也符合中国人的搭配习惯。

梁子有种发自内心的民族使命感，她说要将这样的文化传承下去，而且坚持不懈。但她也坦言，坚持是最难的。她的设计中含蓄的美，民族的情结，并没有刻意去标榜。"天意TANGY"正是致力于创造真正适合中国人气质内涵的设计，去呼应人们心中深藏的民族美学情愫，让本土的服装有一片五彩的天空。

06 莨绸·自然之美

设计：梁子

中国，2006

作品赏析

人类越往前走，怀旧情绪就越浓烈。传统和商业，就像如影随行、难辨正负极的磁铁，时而相吸，时而相斥，那些灿烂的对撞总是近乎玄妙，只有在对的时间、对的地点遇见对的人，尘封的珠宝才能被拂去尘埃——盒子打开，华彩亮满屋。

本作品的设计师梁子拥有温暖、舒畅、毫无心机的笑容，在这笑容背后，有着不为人知的执著。她执著于生活，执著于那份对自然的热爱与眷恋。正因如此，她的作品才散发出一种自然的灵性、健康与和谐的光芒。

本作品运用了一种产于广东，曾在20世纪20年代风靡全国、贵极一时的时髦衣料——莨绸。从该作品的裤子

上，我们不难发现莨绸的美。它的正面是黑色，泛出幽幽光泽，像是黑陶一样；其反面是棕色，有着不规则的龟裂肌理，像殷商甲骨残片。莨绸的制作工艺为天然加工工艺，每匹布甚至每段布的色彩都不完全一致，这就决定了用它制作的作品具有一种难以抗拒的独特性。麻质的上衣简练大方，红与黑这两种持久富有冲击力的色彩搭配，也向我们诉说着那沉睡了近百年将被人遗忘的经典。

诗人荷尔德林说过，最难的、最深刻也是最崇高的是自由地运用我们的身体。人作为一个有灵性的生命，需要一个精神家园。面对现代社会精神家园的片片凋零，"诗意穿着"的追求，编织的是一份精神返乡的梦想与渴望。设计师梁子用她的执著努力与自身拥有的真性情，无意间赋予自己一个神圣的天职，她像持灯的使者，用温暖、朗照的亮光，挖掘古老，呈现未来！

07 濡

设计：梁子

中国，2005

作品赏析

濡，是中国书法艺术中纤毫、墨汁和宣纸之间发生的一种物理关系：柔性接触，渐进式吸收和渗透，干湿浓淡，一气呵成，产生一种无法复制的形式美和神韵美。濡也是一种东方式的生活美学，更是现代人类社会和美生存的理想状态：彼此尊重，相互吸纳；你中有我，我中有你；你因我而灿烂，我因你而精彩。

该服装伴随的是中国濡风与水墨相结合的写意风格，汲取了东方服饰飘逸的特点，也吸收了西方服饰风格，整个造型笔墨感很强，服饰飘逸，笔锋遒劲，颇具书法的感觉。表现水墨接触以后墨在水中飘散纠结辗转融合的意象。从裙摆中可以看出墨在水中一点一点地飘散，从沉睡到苏醒，墨的展开给人以春天万物复苏的感觉，长裙飘逸，充满活力和生机，自由伸展、挣扎、纠缠，最后走到和谐，这就是研墨的效果。最后水墨分明，有一丝墨飘散舒展开来，稍后是大团的墨和水的融合，这墨、水合一，分散均匀，平衡和谐，干湿浓淡，一气呵成。设计大胆，尤其是裙摆的设计，无论是前面还是背面效果，都表现得淋漓尽致，视觉感平衡，水墨淡彩，体现了中国古老的历史文化，又不乏西方气息的时尚。以墨为主，以色为辅，在墨中感受色彩的灵动，用墨的优雅、黑的神秘与高贵诠释模特含蓄、高贵的气质。水墨韵律，以墨取色，繁简和谐，意蕴无尽，彰显中国古老元素。

08 橘红团花刺绣外套

设计：王陈彩霞

中国，2004

　　王陈彩霞生于1951年，中国台湾省彰化县人，本着对服装的热爱，逐步累积实力并摸索出独创之风格。由王元宏与王陈彩霞夫妇携手创立的夏姿（Shiatzy Chen）服饰，成为台湾时尚产业的传奇代表。20世纪90年代中期，夏姿在巴黎成立了自己的时装工作室，专门派设计师在法国接受打版和制衣训练，并融会到自己的品牌中。而王陈彩霞本人也在1998年被法国《费加罗女士杂志》专题评选为台湾九位杰出女性之一，同年获选为年度菁钻大章。2001年，这个品牌开始在巴黎开设自己的专卖店。2003年亚洲《华尔街日报》评选夏姿为台湾最具代表性的时尚品牌。2004年，印度尼西亚最具权威性的时尚杂志Dewi专文介绍来自台湾的夏姿服饰，该年英国伦敦《金融时报》亦以大篇幅报道夏姿为年度当红时尚品牌之一。

　　整体而言，以较为宽松的H箱形线条、维多利亚式合身与中国服饰线条为主要轮廓。

　　图中所示这款坎肩设计便是典型的"箱形款"，肩部与下摆同宽，整身不做任何收褶、省道。挺括而轻盈的泰丝面料带给人高贵而含蓄的气息，天然的纤维光泽映照着通身上下。款式上突出的是领部造型，中式交叉领形被设计师改良成平行式，中间空缺的部分由一组平行褶填补，直角门襟下摆，装饰性单结盘扣呈现微妙的秩序感。

　　胸前有一绳绣团花图案装饰，腰部两侧各有一团花图案装饰，强调视觉上的平衡感。这便是王陈彩霞的"华夏新姿"，强烈的秩序美感和华丽的手工精作，让人流连于东方的古典魅力。改良的细节及手工的现代化赋予了其现代气息，具有了新时代的中国式象征主义。东方服饰文化一直是时装界永久传奇的主题，王陈彩霞致力于保持并发扬这种服饰文化。在她的设计中，尽管现在已经从面、辅料到工艺都不乏很多西方的成分，但传统的服饰特征依然是其表现的主题。

作品赏析

　　设计师王陈彩霞一开始就对夏姿的品牌定位很坚定——"华夏新姿"，"要让顾客一见就知道是中国的设计"。夏姿每年都会有两季时装发布，但在款式上还是有一贯风格。以仿中国古董提花布、绳股绣、织锦缎、双色缎为主，并将手绘、蕾丝、绣花、水晶装饰、毛料与斜纹绸相结合，毛料与乌干纱结合缝线装饰。

09 手绘兰花大摆裙

设计：王陈彩霞

中国，2007

作品赏析

　　传统服饰的现代化发展大致来讲有两个方向，一是凭借电影、电视、话剧等媒介延续下去，另外就是依靠现代艺术家及设计师的有意识引导和反复借鉴，去引导和培养大众的审美观。夏姿的设计介于这两者之间，她对于传统经典的灌输是彻底而深刻的，抛弃一切肤浅和庸俗的东西，直指传统文化的精深意境。

　　如图中所示为夏姿于2007年推出的裙装。粉蓝的高档绌丝轻

而不飘，"伞形"的大摆设计沿袭了传统女服中冗长层叠的下装设计，这无疑是传统服饰文化中"对身体绝对敬畏"的表现。内层撑垫着质地细腻柔软的丝绵混纺衬裙，一方面有填充的作用，更重要的是传统礼教文化背景下的"女服之训"，设计师以轻描淡写的方式再现了昔日女服的含蓄礼教色彩。在深藏的文化背景下，设计师有其随意而轻松的表现方式——

下摆着以宝蓝色泼墨画装饰，表层最后手绘大朵白色兰花图案，完全的写实手法让人似乎能嗅到阵阵花香，这种写意的图案方式唯中国画独有。形式为身体所适，意境为自然所赐，此款长裙以轻松的姿态展示着中式的优雅。

娜选为总决赛晚宴服以及环球小姐选美会的台湾区代表礼服；2003年参加中国上海国际服装文化节"经典联想"服装发表会，并获时装设计成就奖；2002年及2007年参加中国石狮服装节之海峡两岸三地著名设计师时装发布会等等。

逐渐在国际上享有声誉的亚洲针织时装设计师潘怡良，以精致细腻的手工质感，颠覆针织刻板形象来展现女性曲线的特质，深获女性消费者的喜爱，近年更频频登上国际舞台展示东方服装的独特魅力。其深厚的针织美学基础带给她酝酿更深层的编织手艺的灵感及创意，把东西方所珍视的概念扭转，在国际市场上深受欧美时尚者的推崇。

作品赏析

潘怡良将针织与布料混搭，创作出具有浓厚东方风格的针织旗袍长礼服。如图中所示，没有什么材质比针织更适合表现女性温柔、细腻的气质了，潘怡良的GIOIA PAN大肆采用针织面料运用于礼服中，这在时装界尚属罕见。首先针织面料的加工工艺要求高，另外，线圈组织并不容易被定型。潘怡良在这组系列设计中充分展示了其公司针织生产工艺的精湛，其对时装剪裁技术的运用也是极为老到的。

此系列主题为"蝶恋花"，作品结合了针织面料和多种材质，以流行的花苞造型和经典的修身长裙设计展现女性的柔美曲线。色彩以黄和黑两色相互穿插构成。左款造型设计上为喇叭形，背心款礼服收紧腰臀，仅在膝盖处施以多层荷叶边装饰，形成打开的下摆，整体形态呈喇叭状。网状的鱼鳞形图案布满周身，视觉效果丰富。胸前的蝴蝶结同下摆的荷叶边一起强调了整套设计的浪漫主义风格。右款造型为经典的X形，大交叉领显露女性的高贵和奢华，有大唐盛世之遗风。腰臀紧收，膝盖以下打开成伞形，下摆呈不规则形态，由正中向两边倾斜。整套设计节奏分明、流畅而明朗。细节之处如胸前下摆处，也有浪漫主义风格的花边和蝴蝶结装饰来衬托女性的娇艳。潘怡良对其品牌的定位就是如此，并不刻意去设计或追求某种风格如怀旧、经典或者前卫，而只是静静去展示不同时期

10 针织连衣裙系列

设计：潘怡良

中国，2004

2001年她以象征"欢欣乐观"的意大利文名字创立个人品牌（GIOIA PAN），2003年进驻台北101大楼，品牌旗舰店于2006年开设在台北市精品密集的丽晶商业圈，并于2007年在北京世贸天阶成立高级时装定制概念店，将"针织高级定制"理念从台湾带到了大陆。GIOIA PAN连续两年被世界小姐选美会的中国佳丽李冰与吴英

适合中国女性美的元素。对于民风开化刚过百年的大多数中国人而言，她们需要的就是这样能展示她们的唯美而又不跨越千年来的那条"安全线"，无论时尚如何风云变幻，她们都需要像这样平凡而不俗的设计去装饰她们的日常生活。

11 大红羊绒上衣

设计：鄂尔多斯设计师

中国，2004

鄂尔多斯集团是由1981年建成投产的前伊克昭盟羊绒衫厂逐步

成长壮大起来的大型现代企业集团。以羊绒纺织为龙头的纺织服装板块是集团的事业基础。近三十年来，集团始终以"立民族志气，创世界名牌"为己任，孜孜追求"鄂尔多斯温暖全世界"的远大理想，现已发展成为当今世界产销规模最大、产业体系最为完善、营销网络最为成熟、技术装备最为先进的行业领军企业。羊绒制品的产销能力达到1000万件以上，占到了中国同类产品销量的40%和世界同类产品销量的30%，产品质量、市场占有率、销售收入、出口创汇多年蝉联中国绒纺行业第一名。依托强势的品牌资源，集团不断向羊绒服装高端和羊毛衫以及男装、女装、内衣、皮革、羽绒、家纺等非绒领域拓展延伸。"1436"已成为中国羊绒服装顶级品牌，鄂尔多斯奥群羊毛衫成为集团旗下的又一个中国名牌，鄂尔多斯男装、女装和内衣正在向行业前三强迈进，大服装产业格局业已成型，鄂尔多斯正在实现向世界名牌迈进。

作品赏析

羊绒被誉为"软黄金"。中国有着广阔的牧场，羊绒的品质和产量都位居世界前列。近年来，人们对羊绒服装的审美意识有了很大的提高，除了柔软、弹性和保暖外，更多地希望赋予其各种风格和含义，开发出适合羊绒生产的各种装饰路线。图中所示为鄂尔多斯集团旗下的顶级羊绒品牌"1436"于2009年推出的新款设计。此款设计在保持了羊

绒衫的保暖防寒功能外，给予了其更为时尚、前卫的设计：领部为双层内折式中高立领，领围突破了传统的贴身设计，变得挺拔而立体，将女性的颈部曲线衬托出来。立领于前中有规整褶皱，不但构成了整个领围的菱形形态，而且还保证了整个衣身的平整。从整体效果看，褶皱的出现也是全身的视线重心，给予胸部以立体的造型装饰。袖子同领部及衣身连成一片，弱化了女性的肩部线条，使得女性上身形态显得纤细、立体感强。袖口加长的紧口螺纹设计同上半部分宽阔的袖身形成鲜明的对比，突出女性纤长的手腕。同整身的廓形相比，袖身的纤长同宽而短的衣身是"长短"对比。头上的粉红色礼帽，以冷色调出现调和了整身温暖的大红色，使其更加鲜亮而不艳俗，及膝的红色漆皮马靴同礼帽一起赋予了此套设计以中性气质，以使其设计更国际化，能适应不同着装者的需求。

美结合，运用不同织物的组合、不同材质的拼接、别出心裁的缝制工艺进行天马行空般的设计，对女性的美丽再次进行了更大胆的诠释，将女性的妖媚、自信、品位与优雅表现得更加淋漓尽致。

作品赏析

邓皓此次以"永远的绿色"为主题，分为"形"、"色"、"意"三个系列。"形"系列将针织与梭织面料的特性组合搭配，利用科学原理让两者有机地结合起来，使得女性人体结构与材料特性融为一体，打破了针织时装受季节影响的制约，优化了服饰性能。如图中所示，为绿色针织面料无袖超短裙款。给人最深刻的印象便是其沁人心田的绿色，以及下摆鲜亮对比的花朵图案。通身就像是开着娇艳鲜花的绿色篱笆墙，田园风光满溢。款式上部分为复古的20世纪60年代的迷你裙式样直筒塑身，下摆及膝长度，无袖无领，凸显充满青春活力的俏皮女性形象。针织面料的表面呈起绒质感，肌理丰富，手感好。同时大量精细的刺绣、镶花、镂空、缉线在服饰上的巧妙运用，表现出女性时装抑扬顿挫的时尚魅力和卓尔不群的个性体现。同时通过"永远的绿色"主题，表达了设计师激情、浪漫的生活态度及对绿色生命的珍爱、渴望世界和平的美好愿望。

12 绿色针织连身裙

设计：邓皓

中国，2004

邓皓为深圳市邓皓时装设计有限公司董事长兼艺术总监，高级服装设计师，广东省优秀服装企业家，中国十佳服装设计师。曾在日本、法国进修、深造。被邀出访过日本、韩国和中国的台湾等地做时装展示。1991—2005年期间获得多次专业比赛奖项。

邓皓又名花妖。做设计师之前，邓皓是个科研工作者，她的工作是研究直升机。然而邓皓偏偏不安分，她从小喜欢剪纸、画服装草图。一个偶然的机会，她穿着自己设计的斗篷上班，居然在那个要求服装统一的年代里没有遭到白眼，还被一家媒体报道。这给了邓皓鼓励和信心，她终于下定决心离开直升机，转投自己真正热爱的时装设计。从此一发不可收拾。她设计的"花妖"系列，以多幕剧的形式串起一场又一场妖娆大气的时装秀。

在时装之都巴黎建立了设计工作室，吸纳了众多国外优秀设计人才，将国际最新潮、前卫的流行元素与含蓄内敛的中国文化完

13 真丝提花吊带裙

设计：邓皓

中国，2004

作品赏析

邓皓采用大量进口面料、自创面料及不同织物面料进行创意设计，运用领先行业的高新针织工艺及先进的剪裁手法，使不同肌理、不同组织的面料得以完美地拼接和整合。对高饱和度、高对比度的色彩用油画的创作原理及艺术表现手法突破常规地大胆运用，结合蛋形、腰果形、管形等国际流行结构，将东西方的古典文化及纹案合而为一，将个性、艺术性、经典性表现得淋漓尽致。如图中所示，有着金属纤维混纺的提花面料是20世纪初装饰艺术运动风格的自然植物曲线花朵图案。合体的背心式上衣，突出女性的骨感美，裙摆由腰部开始蓬松，呈腰果形向身后倾斜而下。

"让女人如鲜花般绽放"是邓皓的最大愿望。2007年的春夏，邓皓以原创设计的手法对女性的美丽再次进行了更大胆的诠释，不同织物的组合、不同材质的拼接、自由的搭配、别出心裁的缝制工艺、含蓄内敛的中国文化与前卫的国际流行元素完美结合，将女性妩媚、自信、品位与优雅表现得更加淋漓尽致。

14 后蚀流

设计：凌雅丽

中国，2009

凌雅丽，女，1977年5月出生。1998—2001年，就读于中国美术学院。2000年赴香港，与香港理工大学学生进行学术交流。2001年，在清华大学美术学院主办的2001年全国纺织品设计大赛暨理论研讨会评比中荣获一等奖。同年，获第九届"兄弟杯"铜奖。2001年携带作品参加2001年西博会服装暨开幕式潮流服装的部分设计及杭州世贸中心流行趋势展。2002年，参加法国"双年展"。2004年获第十届全国美术作品展-设计展"服装设计类"金奖。同年，应邀参加韩国第三届汉城设计节。2004年，其版画作品入选"第十届全国美展-上海展"。2005年10月28日，举办上海时装周开幕式酒会中方唯一秀场，主题"中裔濒·絮叶婵"，同年11月获得上海时尚产业卓越贡献奖——最佳本土设计师。

作品赏析

凌雅丽的作品就像唤醒了魔法王国沉睡千年的公主，她对美丽女子的所有梦想和憧憬全都以最细腻的情感和设计，细密缝制在裙裾纱织之间。

柔弱娇小的凌雅丽，设计中的解构、层次却有着不可思议的玄幻、华美和厚重，那一件件徘徊在虚幻与现实之间的服装，每一个细微处都是精雕细刻的折纸雕塑艺术品，层叠错落的羽毛、弯曲扭转的线条、栩栩如生的立体花卉攀附在由硬挺面料构成的骨架上，加之面料恰到好处的肌理变化以及手绘、珠绣等传统设计的点缀，使所有这些作品都有一股强大的建筑美，但是却不会让人惊骇。穿戴上身，女孩们宛如绽放的花瓣，怡然自得的美人鱼，动静之间像被施了魔法，神采自顾自地从眼眸蔓延到全身。

如图中所示，此套为凌雅丽2009年推出的"后蚀流"系列之一，全套设计采用金属灰色系，充满外太空的冷色调，让整套设计定位于科幻般的境界里。其结构设计以不对称感为主要特色，上身

的抹胸上羽毛及针织图案连成一片，由平面延伸到了立体空间，向身体的一侧伸出。而下裙的设计则是多层的褶皱堆向身体的另一侧，褶皱堆积的面料自然垂落于下摆，形成丰富的层次感。水洗的牛仔面料像是布满了灰尘的展览品。模特身着银色反光面料紧身衣，头戴半透明头盔，将整个身体严实地包裹起来，正是对主题的呼应——"后蚀流时代"，一切变得苍白和畸形。

一直以来，在模特身上都可以看到，为体现服装的华丽感和建筑美，凌雅丽的作品都少不了大量的笔挺牛仔、硬纱，但这些身体雕塑无法亲近柔嫩的肌肤，所以她会巧妙地加入真丝、亚麻和轻纱，保持质感的通透，也衬托服装的优雅。每一季，要让秀场四周那些挑剔而专业的目光触摸到新意，凌雅丽会将这些常规面料反复拼合缝制、折转扭缠、抽丝、折叠甚至亲手用有腐蚀性的高锰酸钾给面料染色，借以形成没有审美疲劳的新造型。凌雅丽说："这就是我需要的效果，放大一切，放大我们在其中花费的心血，放大我们的技艺，放大服饰的肌理、质感，更放大该有的美丽！"

15 从古到今·中国第一系列

设计：蔡美月

中国，2009

作品赏析

旗袍婚纱照是尊贵和复古的，但纯旗袍婚纱缺少了几分时尚感。此款婚纱将西方的婚纱文化同中国传统的凤冠霞帔及顶戴花翎完美结合，独树一帜，给中国新娘一种拥有属于自己的婚纱的感觉。运用蕾丝和纯金纯玉，以及自创手指刺绣等材质，使婚纱设计既高贵典雅，又前卫时尚，充满现代气息，不时向人们彰显着中国传统文化的魅力。大红旗袍加大红色蕾丝，颜色艳丽醒目，款式别致，充分展现出中国历史文化的底蕴，着重体现东方女性含蓄优雅的魅力，却走在潮流前线。此幅作品中的顶戴花翎采用清朝官员的官帽，头冠上的珍珠是身份的显示。清代亲王头上有十颗，亲王的世子有九颗，郡王有八颗，而此幅作品中头冠上的珍珠可给新娘们至高无上的尊贵感和骄傲的民族自豪感。早年间女子出嫁时可享受穿戴凤冠霞帔的殊荣。凤冠，因以凤凰点缀得名，凤凰是万鸟之王，所以只有皇后或公主才配得上它，普通平民一概不能穿。如今此款婚纱能将新娘打扮得如此高贵，同皇上的"娘娘"平起平坐，享受这等至高无上的荣誉，给人一种独一无二的感觉。

白色婚纱是婚礼文化中最重要的一部分，象征新娘的美丽和圣洁；红色为中国人所喜爱，它代表着喜庆和美好，中国人民在盛大喜庆的日子里都会应用红色，以此来沾上喜庆和好运。总之，此系列把中国文化与西方文化完美地结合在一起，给中国人民强烈的民族自豪感，让中国新娘终于拥有了属于"自己"的婚纱。

16　针织服饰

设计：张继成

中国，2009

中国国际服装周的舞台上并不缺少出类拔萃的设计师，但是顶尖的针织服装设计师却是微乎其微，实属凤毛麟角。设计师张继成的可贵之处就在于他在中国的针织服装设计上进行了零的突破。代表设计师最高荣誉的"金顶奖"见证了张继成为这份事业所付出的艰辛和汗水。

作品赏析

该服装时尚大气，彰显华贵气质，运用民间钩织，使钩织与羊绒结合，具有厚重质感。那些东方古典含蓄的精神，传统经典的纹样和色彩，与现代时尚的服饰样式相结合，冲突之下交织出新美感。

编织在面料、色彩、工艺等方面形成了天然、朴素、清新、简练的艺术特色。该服装用天然

的浅棕、白色给人以自然大方的美和淳朴的艺术享受。通过运用编织、缠扣等多种技法，编织成丰富多彩的花纹和造型。采用疏密对比、经纬交叉、穿插掩压、粗细对比等手法，使花纹造型形成凹凸、起伏、隐现、虚实相间的浮雕般艺术效果，给人美好的视觉享受，显示了精巧的手工技艺，彰显了中国的编织艺术，自然地融入了中国元素，充满东方人的智慧与哲思。

奢华与简约，高贵与典雅，内敛与激情，端庄与休闲，传统手工与现代化机械制作的天然契合；钩织的长衣与羊绒衣领的结合，既显线条的优美，又突出了高贵奢华之气质；素净的颜色，巧妙的花纹编织更显神秘，以民间钩织与现代装饰引领时尚。

17　黑色针织装

设计师：张继成

中国，2008

作品赏析

此款针织装是秋冬装黑色系列。张继成运用镂空的针织设计，加上黑色毛茸茸的球，以对称的形式布满整个衣面且蔓延至两个袖端，巧妙使用里面内衬的针织衫使其显得像黑色蕾丝般性感，女人味十足。裤子也同样是采用镂空的形式，选取了20世纪80年代初中国反响

最大的喇叭裤形，就像是对中国现今服装发展的回顾。毕竟喇叭裤的出现改变了中国人传统意义上的服装理念——只有服装没有时装，颠覆了几十年来中国人对服装的刻板认知，拓展着所有人的视野，改变了人们的保守思想。

黑色一直是一种具有多种不同文化意义的颜色，是一种经典永恒、不会过时的颜色；而针织衫也一直是秋冬季不可或缺的搭配，因其运用合成的化学纤维以及后整理工艺而具有多个品种。颜色以及材料的完美结合，更好地诠释了本款产品系列化、多元化的组合搭配特色，款式显得更加大方自然；最后搭配上黑色的皮质高跟鞋，一位成熟优雅、高贵大方的成功女性便活灵活现了。

我们可以从这一整套黑色针织装中体会到张继成设计风格的简约、经典、时尚、优雅，使人感到舒适、自然，再加上高级面料制作，严格的版型，完美地展现出女性魅力的同时，又充分体现出女性对生活充满热情、善于享受生活以及乐于构筑自我的美好形象。

18 水墨服装

设计：罗铮

中国，2009

作品赏析

该服装展示的是中国水墨画的写意风格，汲取了东方服饰飘逸的特点，也吸收了西方服饰风格，黑与白、虚与实、阴与阳融为一体。整个造型笔墨感很强，服饰飘逸，笔锋遒劲，颇具书法的感觉。长裙舞动，表现水与墨接触以后，墨在水中飘散纠结辗转融合的意象，从长裙中可以看出墨在水中一点一点地飘散，从沉睡到苏醒，墨的展开给人以春天万物复苏的感觉，长裙飘逸，充满活力和生机，自由伸展、挣扎、纠缠最后走入和谐，这就是研墨的效果。最后水墨分明，有一丝墨飘散舒展开来，稍后是大团的墨和水的融合，这墨、水合一，分散均匀，平衡和谐。露背设计，线条感强烈，视觉感平衡，从白色、灰色向黑色过渡，水墨淡彩，体现了中国古老的历史文化，又不乏西方气息的时尚。

模特给人的感觉不是现代昂首挺胸的美，而是有传统女性含蓄娇羞的美，飘逸、淡雅。长裙同样给人饱满浑厚的视觉感。以墨为主，以色为辅，在墨中感受色彩的灵动，用墨的优雅、黑的神秘诠释模特的含蓄、高贵气质。水墨韵律，以墨取色，繁简和谐，意蕴无尽，彰显中国古老元素。

19 燕尾小西服

设计：王玉涛

中国，2008

　　王玉涛为中国服装设计师协会会员、艺术委员会委员。毕业于天津工艺美术学院，曾师从日本文化服装学院佐佐木住江教授和服装工艺专家佐藤典子女士。现任职广东省中山市柏仙多格制衣贸易有限公司设计总监。1999年推出作品"林海澜杉"获第七届"兄弟杯"国际青年设计师作品大赛银奖，同年，参与了在法国举办的"中国文化周"服饰展演活动。担任天津炳恒实业发展有限公司首席设计师。2000年推出作品"胭脂扣"，获第三届"益鑫泰"中国服装设计最高奖评审金奖，同年赴丹麦北欧世家国际皮草设计中心进修，并举行"圣劳德"皮装流行专场发布会。同年被评为中国皮装十大设计师之一。2001年推出作品"彩绒花"，获首届中国服装设计电视大奖赛金奖兼最佳创意奖；同年在中国服装界年度杰出人物评选中被评为"最有才华设计师"。2002年推出作品"发源"，获第十届"兄弟杯"国际青年服装设计师作品大赛铜奖；并同时获得"事业成就奖"。2003年荣获中国十佳时装设计师称号。次年再次荣获中国十佳时装设计师称号。2005年创办BeautyBerry.homme男装品牌，2005年度被评为中国最佳男装设计师。

作品赏析

　　这件作品是王玉涛比较成功的设计。它演绎了男装独特的风采，既优雅又时尚。其成功之处主要体现在：第一，肩头的褶皱恰到好处。肩部褶皱的设计不仅可以使服装整体看起来比较时尚，而且能与男性身材特征很好地契合。本来大家都认为生活中的男人不修边幅，这刚好可以弥补这点不足，而且很新颖，令人耳目一新，视觉冲击力很强。第二，大胆的收腰设计。这幅作品比较青春，属于年轻类，设计师巧妙地运用收腰设计，有束身的感觉。男装收腰的比较少，有点运动的感觉，对男人的身材要求比较高。这也是这

件作品的一大特色。它的腰部还有线系。比如说女人可以系腰封，男人同样也可以，但男人和女人的系腰完全不一样，虽同样也起到收腹的作用，但是它就像是男人的一种饰物一样。第三，燕尾设计。燕尾一般是演奏、表演、婚礼等的服装，既优雅又正规，属于派对系列。而这款作品既不像休闲系列，也不像运动系列，而是适合晚宴。只要你想成为焦点，想吸引大家的目光，就可以自由选择，就可以这么做这么穿。第四，黑白搭配。在颜色方面，黑白的搭配广度比较大，但有时因为各方面的原因，搭配出来的感觉不一样。这件作品既精致又不失大方，整体很和谐。最后，合适的饰物搭配。一些饰物其实就是设计师想呈现给大家的一些精彩的小东西，就像这片羽毛，搭配上去一点都不多余，相反倒增添了许多时尚感。总体来说，这件作品很成功，拥有它，就要用心感受它，领略它独特的风采。这件作品自身散发的气味合成是男人味，而不会因为一些修饰而呈现阴柔之气。

20 古典的高傲

设计：王玉涛

中国，2008

此套礼服中设计师的灵感来自荷叶，高贵典雅的设计理念，采用蕴含复古的金属、白色粗布、金属白面料，裙摆夸张放大盖住脚面。用不规则的袖子样式，类似于松散开的荷叶，给人一种高傲、复古的感觉，同时也有一点绝望。衣袖及胸部前沿的荷叶领上，设计师巧妙运用抽象图案的美学法则增加了复古感。设计师在这一部分上下了很大工夫：修边的粗线露在外边而不加以修饰，给人大方自然的感觉。裙摆因为采用不光滑的粗布而很有造型感，面料上的布痕肌理相当明显，巧妙地应用服装面料的肌理给人强烈的视觉效果。另外，在裙摆下端一堆看似乱码的英文字符起到了一定的修饰作用，使过于单一的宽大裙摆不再单调。上半身的合体剪裁，使得宽大的荷叶衣袖和领子处并未将模特曼妙的身材挡住，加上质地夸张的裙摆，反而表现出模特性感迷人的身姿。设计师将领口拉至胸前，露出肩和锁骨，使模特如"出水芙蓉"一般将高雅与性感展露无遗。设计师用了一种逆光的效果，使服装的整体表现得以突出。此款服装的特色在于超夸张大V领和裙摆彰显了女性高贵和性感的风貌。以往设计师们在表现高贵与性感的一面时多使用质地光滑的柔软布料，如丝绸一类但王玉涛在此作品中并没有选用那些柔软的布料，而是采用质地较为粗糙、肌理较明显的布料，但在表现力上却不亚于它们，给人一种不同于以往的古典高傲美。

21 古典，新潮，唯美

设计：刘薇

中国，2008

刘薇为中国民主建国会文化委员会委员，中国服装设计师协会理事，艺术委员会委员。现任中国服装研究设计中心职业装研发中心总监，北京杉杉玫瑰黛薇服装有限公司艺术总监，BONO艺术总监设计顾问。1998年和2003年两次荣获中国十佳服装设计师称号。2004—2007年连续荣获年度中国最佳女装设计大奖。2006年荣获中国设计业十大杰出青年提名奖。2007年荣获迎奥运北京时装之都职业服装设计名师称号。2007年荣获首届"旭化成"中国时装设计师创意大奖。2008年荣获"光华龙腾"基金—中国设计贡献奖及奥运设计特别奖。2009年荣获北京朝阳文化创意产业精英人物称号。2004年在中国国际时装周上举办大型个人时装专场发布会"爱琴海的微风"，获中国最佳女装品牌设计奖。 2004年3月联合中国服装第一品牌杉杉集团联手打造了玫瑰黛薇（ROSEW）女装品牌，以其独特的设计风格，表达着浪漫奔放而又复古典雅，质朴脱俗而又神秘高贵的设计新理念，将国际时尚流行元素与民族色彩融合，将自然的美丽、浪漫的唯美、优雅的经典融合绽放。

此幅作品将细腻与粗犷这两种截然不同的文化自然地融合，汲取中华民族服饰的精华，用现代理念将玫瑰、编织、图腾完美结

合，给人无穷的遐想。突出了以下亮点：第一，"凌乱与整齐的结合"：作品中头饰、披肩、胸前的玫瑰、发型给人一种蓬松感，具有极强的张力和感召力；无袖露肩的大摆裙给人古典唯美的感觉。体现出女性的S形线条美。把头、躯干、下身形成的三个自然转折点表现得淋漓尽致。第二，"裙摆上的印花"：经典优美的图腾花纹图案，拥有神奇的魔力，让你目不暇接。第三，"编织的披肩"：不能用时尚来形容此披肩，它是编织的。编织在我国有悠久的历史，下层人民利用竹、绳、草等自然物创造出许多手工制品，用以从事生产、美化生活，此披肩是用毛线编织的，像渔网，让人联想到渔民的勤劳和智慧，散发出无穷的生活气息。第四，"1/4的裸露"：现代大多服饰以裸露面积来评定其时尚感，裸露成为其设计理念。据专业人士称，裸露人体的1/4是最迷人最性感的。这幅作品的1/4包括头、颈、手臂、后背的1/2，能完美地凸显出女性身体的柔美。第五，"玫瑰"：玫瑰一直是女人的最爱，代表着女人的高贵和纯洁，代表着潮流新颖。此作品把它用在头部和胸前，形成一种呼应，有强烈的节奏感。最后，强有力的"灰色调"视觉感：有人曾说灰色是世界上最丰富的颜色，一幅好的素描绝对是灰色层次最丰富的画面，而灰色也是最难琢磨和把握的。此幅作品全部使用灰色调，在阳光的陪衬下产生无尽的变化，灰色也适合现代人的品位，让人产生无穷的遐想。

22 "玫瑰黛薇"

设计：刘薇
中国，2008

作品赏析

这幅作品是"玫瑰黛薇"系列中的一件，灵感来源于玫瑰。玫瑰本身就是充满浪漫与唯美的，作者将玫瑰元素运用到这件作品中，以红色为主题色，配以金色内衬做对比，使作品具有富丽华贵之感。头上大朵玫瑰配饰与两侧蓬松的小卷发形成了浪漫与可爱相结合的味道，成熟中带有些许的俏皮。模特清淡优雅的妆容更能凸显裙身色彩的华贵与古典。肩上的皮草披肩，使用红色与主题呼应，柔软的质感不仅可以让穿着者感到舒适，更可以体现出女性的柔美和风情。穿上它，爱美的女性即使在再寒冷的冬天也不用担心，这是典雅与时尚的美妙结合体。模特手中握有的单枝玫瑰，在安静中优雅地开着，紧扣主题。挂脖式的前胸设计，与修长、性感的颈部形成流畅的线条，在腰部突然被横切的直线打破。围住腰部的横式设计，贴合女性纤细的腰部，并起到承上启下的作用，犹如毛笔书写中笔锋的转折，温柔而有力。

裙身下摆的褶皱边缘就好比是玫瑰花瓣的边缘，温柔地诉说着那风雨中的故事。裙摆由前方的短小向两侧和后方逐渐变长，像花瓣一样没有规则地自由变幻，自然而又古典。内衬则采用另一种材质，缀上黄色花瓣和墨绿色叶子，在红色的花海中开出另一片天地，营造出罗曼蒂克的感觉。红色裙身与内衬的色彩对比夺人眼球，两者之间的薄纱面料则充满神秘感。高跟鞋前方简单的交叉式设计与脚踝处的扣环式设计简约而时尚，与主题相符。

整件作品没有固定地采用一种元素，而是将多种元素混合使用，体现出作者追求的是一种精神的自由，超凡脱俗的感觉。中西方文化元素碰撞产生的力量让人震惊，焕发出自然、清新、浪漫、唯美、经典的味道。

23 鼎盛时代

设计：吴海燕

中国，1993

吴海燕于1984年毕业于中国美术学院（原浙江美术学院）工艺系，并留校任教至今。1984年起从事服装设计工作，26年间，曾为电影、电视、舞台主持人、演员进行服装设计，并主持国内外服装及家纺品牌设计工作、大型文艺晚会策划及任总设计师。1987年起其作品多次赴欧、亚、美、澳的主要国家和地区参展，并多次参加中国香港、慕尼黑、杜塞尔多夫时装节动、静态展示。1992年推出作品"远古情怀"，获全国首届服装设计绘画艺术大赛一等奖。1993年推出作品"鼎盛时代"，获首届中国国际青年服装设计师大赛唯一金奖。1995年被评为首届中国十佳服装设计师。1995年被日本《朝日周刊》誉为中国"五佳"服装设计师之首。1997年荣获第二届中国十佳服装设计师称号。1997年评为中国首届"金榜"设计师第二名、新闻排行榜第一名。1998年应国务院之邀为随访我国的韩国总统金大中夫人设计礼服。1999年推出作品"起承转合"，获第九届全国美展设计艺术类金奖。1999年作为中国服装设计师优秀代表携作品参加联合国教科文组织等举办的"99巴黎·中国文化周"中华服饰文化展演专场。1999年被国家文化部评为优秀专家。2000年在北京成立了以自己名字命名的北京吴海燕服装设计有限公司。公司共设六个工作室，分

别为："名媛男仕"形象设计，"为服装品牌设计"，"纹样设计"，"服装流行趋势研究"，"家用纺织品设计"，"大型活动策划与设计"。2001年获上海国际服装文化节颁发的杰出设计成就奖。2001年被《中国经济日报》报业集团《服装时报》社授予2000年度最有才华的设计师称号。2001年12月举行的"中国国际时装周"期间，在北京706兵工厂举办"观点2002"时装专场，获中国服装协会、中国服装设计师协会颁发的唯一设计师"金顶奖"。2002年4月获中国国际青年服装设计师作品大赛组委会、日本兄弟工业株式会社特颁发继"兄弟杯"大赛之后的事业成就奖。2006年10月为"天下河坊"大型主题时装展演设计120套以杭州丝绸为主体的创意服装，演绎"东方丝国"的极致魅力。现任中国服装协会副主席，中国美术学院学术委员会委员、设计学部副主任、染织服装系主任、教授、博士生导师，北京吴海燕服装设计有限公司总裁，艺术总监。

作品赏析

这幅作品是"鼎盛时代"系

列中的一件。头顶为唐朝标志性发型——高耸的发髻，发缕间插有稀疏的竹简，这个发型显示出个人风度的雍容典雅，使东方情调凸显得淋漓尽致。面部妆容以眼妆和唇妆为主。虽然没有过多的脸部修饰，但是橘红的眼妆和夸张的眼线配着浓重的唇色更能体现出模特的雍容华贵。服装是以绸缎和纱为主。上衣衣领半开至腋下，表达出当时的封建思想阻挡不住人们追求时尚的脚步。露出的纤细手臂和锁骨，凸显出模特脖颈的修长和柔美。剪裁出的曲线夹杂着木制的竹签，刚中有柔，柔中带刚。由领口向模特右半身延伸的金属方形花饰让此作品看上去更添了一些刚硬之美，而金色也是权力和金钱的象征，使简单的上衣显得庄重起来。上衣后面延伸至大腿，腰以下以百褶纱制面料为主，使上衣的女性之美中略带俏皮。右半部分用金属铆钉点缀，让人充满无限的遐想。右边最后一个金属方形花饰配上尾部吊着的绿色绳穗，更像是传统的中国结。上衣由肚脐处呈人字形开衩，隐约露出模特纤细的腰身。顺着绳穗转向模特腰以下部分，是一件深蓝色裙子，顺着模特的曲线演绎出和谐美。从正面看是简单的短裙，而裙体却从模特左胯向下延伸形成大裙摆，整体与上衣交相辉映，体现出女性的柔美，典雅与时尚结合得天衣无缝。露出的腿映衬着模特的发型，更显现出女性身材的曲线美和高挑的身形。配上浅口黑色高跟鞋，使整个服装从古意盎然中透出现代气息和东方情调。

　　整套服装不是纯粹的复古，而是把传统的经典融入现代感中，更能体现出东方美的精髓之所在，让人们对古典美有了更深的认识。

特的魅力。边上还有精美的刺绣，充分说明了这款作品带有中国民间美术的气息。衣服穿着舒适并且体现出高雅、气派，彰显了女性高贵和性感的风貌。"个性是时装设计的生命"，这是吴海燕设计师的设计宗旨。采用高新考究面料，张扬、摩登、感性、前卫、多变、独特，生产出千姿百态、异彩纷呈的时尚精品。整个服装华丽典雅、流畅飘逸。丝绸面料那柔滑的质感美，飘逸的个性风格，雅洁的氛围，把人们带进了一个如梦如幻的艺术境界，充分展现出了东方女性的气质。衣着的花纹更是起了点缀的作用，是设计师精心策划的一部分。帽子也体现出了中国的独特风格，以长方形的形体拼出帽子的边缘，需要人们从另一角度去欣赏这一款式的韵味，体味它的独特之处。

　　此款用了面和块相结合的设计思想，象征了情感与理智，同时既奔放热情，又神秘含蓄。胸前别致的V字领设计，充分展示了女性锁骨的魅力。整套衣服无须任何首饰，就给人以简洁大方、高贵时尚之感，符合了现代人追求时尚而又经济的审美需求。同时，该款服装运用斜裁的手法，使得整条长裙没有多余的分割和省道，而是依人体曲线自然流畅垂下，曳地的裙摆更增添了其倾泻而下的优雅，造型别致。

24 时尚女装

设计：吴海燕
中国，2006

作品赏析

　　这是一款高贵并具有特色的服装，以白色为主色调，但具有独

25 灵鸟

设计：吴海燕

中国，2006

作品赏析

这幅作品一眼看去就具有中国民族气息。从外部到整体的造型都给人一种视觉上的新鲜感。从局部来看，夸张的头部设计，像"鸟笼"的造型，繁复而具有想象力，头部的鸟笼提手"钩"，钢力的形象与模特蓬松硕大的发型完美地结合，给人一种极大的张力感。中国古代就有文人雅士喜欢饲养"灵鸟"，将其置于精致华丽的鸟笼里，这是文人墨客身份的一种象征，就像古代的君子佩玉。这里模特就像笼中的百灵鸟，灵秀、优雅，充分体现了

东方"天人合一"的思想。胸前的黑蕾丝边，具有强烈的参差感，像鸟的羽毛一样一层叠一层，洋溢着浓厚的跃动感。个性色彩完整融合，具有时尚气息。个性夸张的开领，应用西方的塑形手法，把前、后背领口开得很大，表现出当代社会的民族风情和时尚气息，大胆展现了现代女性的张扬个性，与古代的历史风情形成强烈对比。后背的设计便于露出女性洁白的肌肤，使女性显得格外妩媚。拖长的裙摆，采用独特的材料制成，放眼看去有如凤鸟的羽片，具有柔美的跃动感。其实上面的羽片是圆形并刻有花形花纹，这种花纹是中华传统的花形图案，圆形边，采用波浪式花边，中间有多个半圆形和基本的几何形，所组成的花形复杂而细致，像这样的图案大多数表现在中国传统的民间艺术——剪纸中，它也是由简单的集合体组成类似的图片，洋溢着浓厚的民间情节。

从整体来看，头部设计的繁复与裙摆下方的厚大形成强烈的对比，从模特的腰间至臀部以下，羽片逐步由小变大。设计师充分利用了三点透视来表现女性身躯柔美的S形曲线，具有强烈的视觉冲击性。羽片黑白色的混搭，凌乱随意，脱离了传统的拘束性，独特的搭配，曲线流畅，把女性服饰的华美、灵秀演绎得淋漓尽致。

吴海燕用民间元素和民间风情来表现现代时尚，将民族文化与国际时尚相结合，以进入东西方美学相融合的意境。

26 生命之树

设计：吴海燕

中国，2001

作品赏析

这款服装采用黑、白、黄搭配的样式，具有中国民族服装的特点，融合了民间特色——典雅、庄重、大方。黑色五行中属水，

2001年"观点2002"作品

象征北方的冬天，给人以联想、智慧、高贵、富丽的象征，黑色的上衣使女性洁白的肌肤显得格外妩媚。上衣下面留有豁口，白色宛如天女散花般从天而降。白色代表秋天万物萧条；但本款服饰中给人的感觉是丰收的季节，给人以温馨清扬。黄色是中国古老的富贵色，是贵族的象征，代表着至高无上的权力，古代只有皇帝才能身着黄色，现在人们热爱流行黄色。

裙摆上面附着飘逸的树枝，好像壁画上的飞天一样飘逸洒脱，让人浮想联翩；茂密繁盛的树叶对比衬托出花的美丽，给人以无限延伸的生命力。远看黑白对比强烈，层次分明，裙子上的纹饰运用了中国传统艺术里的中国水墨画的写意技法，把中国传统的技法用现代的方式表现出来，将传统与时尚相结合。近看做工精细，用料考究，色彩搭配强烈，在灯光的照耀下，冷暖融合、不分你我。

外部整体造型给人一种新鲜感，把女性的神秘感表现得淋漓尽致。夸张的头部造型大胆而富有想象力，与黑色上衣融合统一，更具有整体感。腹部采用波浪花边，做工复杂而又细致。从模特腰部以下，画面好似杂乱无章，大小长短变化不一，但通过作者精心设计，运用科学透视技法，把女性婀娜多姿的体型完美展现出来。

独特的搭配造型和流畅的曲线把视觉美展现得淋漓尽致。尤其是衣物上的花纹充分体现了古典的气息，将传统美与流行美相结合，达到了一种"天人合一"的境界。

27 黑色珠片晚装

设计：刘洋

中国，2006

刘洋，中国著名旅美高级服装设计师，美国美中时装协会常务理事，广东刘洋艺术创作有限公司总设计师，中国服装设计师协会理事，中国服装设计师协会艺术委员会主任委员，广东高级职称评审会委员，广东服装专家委员会会员，广东服装设计师协会主席，广东服装行业副会长，广州模特协会副主席，广州市第九、第十届青联委员，广州纺织学院教授，中华全国工商业联合会纺织服装业商会专家委员会专家，亚洲时尚联合会理事。中国服装设计师最高荣誉奖"金顶奖"获得者。

作品赏析

这幅作品是刘洋在2001年的丝蒂玛发布会上展出的。从服装的款式设计来看，服装的外部轮廓造型和部件细节造型是设计变化的基础。外部轮廓造型由服装的长度和纬度构成。这款服装总体印象是外部轮廓简约但细节造型精致，整体较长，上紧下松，是有腰节的连衣裙。裙子正前方有开口，属于垂直分割。整套衣服无须任何首饰，就给人以简洁大方、高贵时尚之感，符合现代人追求时尚而又经济的服装需求。服装的轮廓造型是A型。简约的轮廓造就了流畅的线条，这也就直接决定了这款服装在现代社会的流行。这款服装的领子直接围在脖子上，形成一个环状，也与时下流行的样式相一致。这款服装是无袖的，在两个肩膀处呈三角形，裸露的肩膀把女性那种柔和的美展露无遗，与胸前封闭的衣服形成互补。裙摆垂直无变化，这也与这套服装简约的理念相统一。没有口袋的装饰也就没有了累赘，显得简洁大方。胸前的纽扣给这套衣服带来了装饰效果，给人以美的享受。剪裁精细，做工优美，也使它更具美感。为了避免单调，设计师在模特手上配上了一双手套，这也与整套衣服交相辉映、相得益彰，不会使衣服显得空洞、孤立。

这套衣服的材料采用的是混纺。混纺是将天然纤维与化学纤维按照一定的比例混合纺织而成的针织物。在弹性、柔软性、多孔性、抗皱性等方面都非常好，并且轻薄、合身、柔软、滑爽，色彩绚丽且富有光泽，吸汗透气，穿着舒适。

从颜色上讲，这套服装采用的是黑色。黑色是一种具有多种不同文化意义的颜色。黑色是永恒的色彩，任何时代都流行——只要

人类需要穿衣打扮，黑色就会流行。对于明艳的人，穿上黑色的衣服，立刻光艳照人。黑色服装在设计上，线条以简明为主，因为太复杂的剪裁不容易辨认出来，那就等于是一种浪费。穿黑色服装讲究的是它的轮廓形状必须非常明显，才能使造型突出，这也与这套服装的设计理念相吻合。这款服装的模特妆容化得也与衣服相符合，眼睛有充分的立体明亮感。

总的来说，这套衣服以简约的设计、优雅的线条、流畅的剪裁、精致的工艺见长，显得优雅、简约、时尚。设计师也希望借此作品深层次地唤醒每个人心灵的纯净，寻找失去的优雅。

28 轩妮·女人香

设计：刘洋

中国，2001

作品赏析

看到这件服装，首先映入眼帘的就是衣服上紫色和蓝色的花纹、黄色的叶子与模特头上的紫色花相互映衬，产生一种古典美。

这件衣服的民间元素不是简单的中国文化堆积，也不是对民族传统服饰造型、色彩、式样、表面形式上的模仿，而是自然生发于中国的民族性之中。作者将中国的花朵进行一种中国文化精神、艺术精神的体现、升华与创造，让我们从服饰中感受到民间文化的幽远古朴、粗犷博大，让我们从服饰中同时感受到现代生活的明朗。这件衣服以现代人的创造手法表现出民间元素的美：裙子长而

宽大，是适合大型场合的服装。从民间元素在服装设计中的体现上看，这件服装在阐释中国文化时比较到位，设计出来的东西更为巧妙。但是这件服装也有一点瑕疵——那就是有点照搬和模仿的味道，但这并不排除设计师师夷长技的创作思想。

大体来说，这件衣服的民族元素已融入了现代设计中，并很好地适应了现代生活的要求，是一件好作品。同时，这件带有民族元素的服装并不"土"，而是能与现代生活很好地融合，虽不特别"洋"气，但也没有简单地把民族图案、刺绣、水墨画、少数民族图腾等具有代表性的民族元素搬到这件服装上，而是运用花朵的样式与颜色将民族元素文化精神真正融入"世界性"服装流行的设计中。

29 白色雪纺礼服

设计：张肇达

中国，2007

张肇达1963年出生于广东省中山市。现任中国服装设计师协会副主席、亚洲时尚联合会中国委员会主席团主席、清华大学美术学院兼职教授。

张肇达，20世纪80年代走向世界的中国时装设计的拓荒者；在市场与优雅之间创造完美平衡；一位颇有争议的设计师，当今中国最有影响力的时装设计师。伴随着记忆中梦的影子和激情，他走上了一条实现梦想的时尚品牌王国的缔造之路。他的成功，源自丰富的文化内涵，同时也源自他始终低调的处世态度，能不懈追求服饰的完美境界。张肇达的激情与梦想，尽情舒展在他的Creation系列品牌中。从"东方晨彩""贵魅惊艳""大漠"，到"紫禁城"以及"江南"高级时装发布会，无不包含着借鉴生命中某些尊贵元素并为我所用的时尚主题。

作品赏析

最流行的时装造型完美解构经典东方元素。层层叠叠的雪纺、极品刺绣的浪漫手工花朵在华丽材质的衬托下彰显出无与伦比的华彩乐章。裸露得恰到好处的唯美裙装，层叠雪纺与高级蕾丝的极致诱惑，奢美的装饰主义风格，大量的华丽材质，叠加出无与伦比的美丽世界，处处流露出SUPER STAR的风采。

　　头饰采用中国传统剪纸，与中国女性黑色的头发产生对比，而且运用纸张的硬度与白纱的柔软对比结合，设计上基本采用经典西式晚装的X造型，甚至还能看到西方传统的紧身胸衣和裙撑的影子，将中西艺术结合得完美极致。

　　洁白的裙子赋予了女性洁白柔和的肌肤感，褶皱的衣纹更加衬托出女性光滑的肌肤，这是一种浪漫主义风格的设计，设计手法细腻。整体显得现代、舒适、华丽、精致而又不失典雅的气息。白色代表冬天，让人联想到洁白的世界，清洁明亮，让人感觉温馨浪漫且富有诗情画意。也有西方婚纱的庄严淡雅，给人以纯美的享受。白色褶皱打破了传统的死板，通过环形装饰将衣服设计成双X形，巧妙地凸显出女性优美的体态。女性不再被简朴单调地包裹，而是独立自信、端庄典雅，散发出动人的个性魅力。即使是朴素，也是有内涵的简洁，而绝不会是简单。

30　蓝色偏襟上衣

设计：任平

中国，2007

　　任平，一个从街道服装厂走上世界服装舞台的逐梦者。1987年毕业于天津纺织工学院服装系，1994年由大连市政府派往日本文化服装学院学习。1997年毕业于鲁迅美术学院，获硕士学位。同年创立大连丰艺实业有限公司，推出"任平服饰"高级女装品牌。中国时尚联合会中国委员会委员，中国十佳时装设计师。1989年获全国"金剪奖"服装设计大赛银奖。1990年获全国"木兰杯"服装设计大赛金奖。1991年获日本国际服装设计大赛特别奖。于1995、1996年两次在大连国际服装节举办高级女装展演，并多次应日本政府邀请在日本成功举办"任平"高级女装展演及发布会。

作品赏析

　　这是一款蓝色针织偏襟上衣，针织面料舒适而有弹性，携带着阳光的味道，优雅中又添亲和力，使服装透出温暖的体贴感，深得设计师的青睐，势不可挡地抢占了时尚舞台。

　　服装整体采用X造型，大胆凸显女性纤细的腰围，展现优雅流畅的线条。在背部则设计成不对称的披肩式样，大方随意，颇具时尚风味。同时与前面的X造型形成强烈对比，有紧有松，新颖别致，是整件服装的精彩之笔，充分显示出设计师的独具匠心！

　　胸前别致的V字领设计，充分展示出女性锁骨的魅力。脖颈处搭配简单随意的同色系项链，使胸前不至于显得单调、空旷，反而使整件服装看起来更为和谐。另外，加上温婉细致的白色蕾丝花边的交叉点缀，使服装愈显清丽脱俗，成熟中透出一丝雅致。

此款针织衫在针法的处理上非常细腻，袖口处采用精细的平纹，简单却不失优雅。在背部披肩处把单一的椭圆形状重复排列组合，以及前面竖条形状的重复不规则排列，产生出意想不到的效果。重复本身就是一种力量，使得整件服装富于韵律和节奏，给人以律动和明快感！

服装色彩以沉稳的蓝色为基调。蓝色是大海的象征，也是永恒的象征。它是三原色之一，是最冷的色彩，也是非常纯净的色彩，表现出一种美丽、宁静、理智与豁达，让女性更具成熟魅力！整件服装无论是在整体造型上还是在细节处理上都考虑得全面到位，无不散发出女性特有的气质。

31 OL职业女性装

设计：任平

中国，2008

作品赏析

此款服饰由中国最佳女装设计大师任平设计，以作者的名字命名——任平服饰。这凸显了作者对品牌的自信和对服装的完美追求。

此款服饰整体呈现给我们一种简练、高贵、典雅、时尚的感觉。从整体上讲，它只有黑与白两色，既简洁大方，又能给人以强烈的视觉冲击，让人感觉时尚端庄，而不会显得暗淡。同时整体也是一组深与浅、白与黑的对比。白色宽松的上衣与黑色紧身的下裙又是一组对比。在材质上，里面黑白条的紧身内衣与白色的宽松外套、黑色的紧身下裙形成对比，可以说处处有对比，处处突出作者的细心，同时又形成简明大方的格调，不失大师风范。主体白色镶黑边修长的V字领突出女性的苗条身姿，又带来一丝轻巧活泼。一字形的布扣给人以时尚明了的视觉效果，配合服饰的缩腰，更为突出女子的窈窕身姿设置了锦上添花的元素。装饰性的口袋恰到好处地

提升了服饰的审美价值。柔软而贴身的斑马条纹内衣给穿着者带来安全感的同时又凸显女性的丰满，配以宽松又厚实的洁白外衣恰好控制了整体构架的松紧度，做到了性感的高度体现，又为服饰的舒适感提升了档次。相对衣服而言，黑色及膝短裙就显得更紧身了，也正因如此，人体的S形倍加突出，人体美得以展示。再看裙腰，你会发现有皮质感的条纹，这应该是设计师的点睛之笔。这些皮质纹路由右向左呈放射状分布，再一次凸显了女性的性感，也给单色的裙装添加了一种华丽之美。

32 羽绒长衫

设计：朱琳

中国，2007

朱琳，波司登股份有限公司设计总监、副总经理，中央企业青

年联合会委员、中国服装设计师协会会员、中国服装设计师协会时装艺术委员会委员、中国服装流行趋势专题特约研究员。1987年毕业于苏州服装设计中等专业学校。1994年于东华大学学习。1999年受委派赴法国巴黎高级时装公会学院学习；2001年被中国国际时装周评为"中国十佳设计师"之一；2002年被"走进时尚"华夏经典品牌时装发布周评为最受欢迎的时尚设计师之一。

朱琳女士从事防寒服设计18年，其主持设计的成衣产品在国内市场享有盛誉，作品多次应邀赴韩国、日本等巡回展演，并在韩日第17届世界杯足球赛期间作为中国设计师的代表赴韩做时装发布。她长期关注和研究国内外服装流行趋势，1997年起连续10年参与中国秋冬服装流行趋势的专题研究并作防寒服流行趋势专场发布。

作品赏析

在一些人的印象中，羽绒服给人的感觉就是像面包一样的臃肿造型。朱琳设计的羽绒服以崇尚自然的心态来演绎时尚，以平和怡然的色彩来诠释生命，彻底颠覆了传统羽绒服臃肿肥大、款式单调的概念。在寒风中她给人以温暖，在萧瑟中她给人以时尚，在靓丽中她给人以品位。该设计运用了自然褶皱的布面肌理，适当的剪裁技术使本来臃肿的羽绒服能自然地紧贴人体。借鉴中国清代满族服饰的设计，宽大的袖口，褶皱层叠的风格让人能感受到服装的律动感，感觉更加轻盈便捷。貌似围巾的宽大领口，使人们从传统的服装中得到另一番享受。

33 花开富贵

设计：武学凯

中国，2007

武学凯，中国服装设计师协会理事、时装艺术委员会主任委员。1994年毕业于天津纺织工学院服装设计专业。1995年至今就职于中国杉杉集团有限公司，现任杉杉集团有限公司设计总监。1998年荣获中国十佳时装设计师称号。2002年荣获中国时装设计"金顶奖"。2003年赴巴黎举办"时尚中华"当代中国优秀时装设计师作品发布会。虽然武学凯一直走在时尚最前沿，用一支画笔操纵着多个服饰品牌每年的流行密码，但很少有人会把他跟"时尚达人"这类流行词汇联系到一块儿。在人们的印象里，武学凯是个留着长发、笑容腼腆、淡泊低调的男人，唯独对时装痴狂到近乎迷恋的程度，有一点理想主义，就像从一幅漫画里走出来的人。

作品赏析

提起中国服装，旗袍无疑最具代表性。从高高的立领开始，旗袍把女人的身体包裹得密不透风。中国人对红色特别崇拜，红色，一向是喜庆吉祥的色调。武学凯的这件服装作品，运用了典型的中国红，如今看来，它依然含蓄、依然性感。整体的线条设计，或是衣身上的刺绣处理，都成为设计的灵魂元素。细部的中国

结式纽扣与华丽刺绣，完美凸显了女性的身段曲线，有如高级定制服装般的精致古典；象征着东方色彩的中国红也一同铺陈出神秘的中式时尚。高竖的领口、盘扣显得自然大方，脖子的曲线在自然摆动中若隐若现，十分抢眼。

下方裙摆的设计，越到尾部颜色越浅，很有设计感。蓬松的裙摆是这款服装的经典之笔，犹如盛开的牡丹，给人强烈的视觉印象，使不同的人联想到不同的时尚元素。裙摆的花纹，看似零碎，但又互相牵连，带有非常强烈的中国韵味。

34 黑款职业女装

设计：赵伟国

中国，2006

赵伟国，中国服装设计师协会理事、时装艺术委员会委员。汇博（服饰）设计有限公司设计总监。浙江理工大学（原浙江丝绸工学院）服装设计系主任、教授。1979—1983年就读于苏州丝绸工学院美术系，染织美术设计专业学士；1983—1986年就读于苏州丝绸工学院美术系，服装设计专业硕士；1990年任江苏皮鹿丹服装公司首席设计师；1993年在首届1993CHIC中国（北京）国际服装博览会上举办个人服装发布会；1994年在香港成振集团从事高级女装设计，开始研究服装品牌设计与运作；1995年在首届上海国际服装文化节举办个人服装发布会；1996年任浙江梦耐制衣有限公司首席设计师，从事皮革服装设计；1997年在中国国际时装周举办个人服装发布会，获第二届中国十佳时装设计师称号；1998年在中国国际时装周举办个人服装发布会，获第四届中国十佳时装设计师称号；

1999年任青岛红领集团艺术总监、首席设计师；2001年获浙江省教学成果一等奖，同年获国家级教学成果二等奖；2002年任中国宝兔集团艺术总监；2003年任"爱都"品牌设计总监；2004年获上海国际服装文化节TOP10时装设计师杰出贡献奖，任"海棠花"品牌设计总监；2006年任特步（中国）运动用品有限公司艺术总监。

作品赏析

　　本服饰以单一的黑色系为主，设计简单大胆。看见这件服饰，首先让我们想起的是中国民间古代的服饰，设计师巧妙地运用了中国古典服饰这一元素，使人感受到民间文化的幽远古朴。以最具有古典味道的交叉式V领作为本服饰领口的设计，使服饰带着古典式的端庄典雅，在东方模特的穿着下，透着东方女性的清丽脱俗，带着东方的韵味，给人一种朴素而雅致的感觉。与此同时，设计师压低了领口的高度，这一类似浴袍的设计，又突破了古典服饰保守的特点，使模特更为性感迷人，让沉闷的黑色带着诱惑的感觉，使这款服饰更具有创作性，使得民间的艺术更与当今时尚接轨。而其袖子和裙摆的设计则相当干练，简单的设计让模特良好的身姿有了充分的展现，更为服饰增添了几分柔媚。它采用类似丝绸的光滑布料，在光的映衬下，闪烁着古典的性感与美丽，使服饰更为灵动，为其简单的外形增添了生命力，给人强大的视觉冲击力。

35　灰色休闲西装

设计：赵伟国

中国，2006

作品赏析

　　该服装以传统的职业女装为基础，同时在传统的基础上又增

添了几分流行元素，一眼看去，该服装给人的整体感受是既典雅又清新自然，没有鲜艳亮丽的颜色，没有华丽的装饰，整个服装就是一个深灰色，非常淡雅。不仔细打量，大体感觉和其他同类西装没什么很大的差别，不过细心品味，该服装有着它与众不同的一面。

与传统女装相比，该服装在布料的选择上独具匠心，它不像传统女装布料粗糙，而是精细光滑，让人看了有眼前一亮的感觉。不像传统服饰那样使人沉闷。在款式的设计上，与传统女装相比，它上衣明显偏短，这样既可以把女性完美的身材展示出来，同时也不像传统女装那么庄重严肃，增添了几分休闲自然的感受，同时让人感觉更容易亲近。它的衣领一直到胸部下，更好地把女性性感的一面展示出来了，而不像传统女装保守古板。对裤子的设计也十分新颖，不同于传统的直筒裤，而是上半截明显偏紧，越往下裤腿越大，这样，既与上衣的搭配自然和谐，把女性的胸部、腰部、臀部完美地表现出来，同时穿着又十分舒适，给人整体感觉十分休闲。

总之，这套服装于传统中又不落后于时代潮流，淡雅中带有几分亮丽，无论是正式场合还是娱乐休闲，都不失为好的服装选择。

36 黑纱晚礼服

设计：武学伟

中国，2006

武学伟于1987年7月毕业于青岛大学纺织服装学院。1991年获第二届大连服装节销售优胜奖。1995年获中国青年服装设计大赛铜奖。1995年获"兄弟杯"中国国际青年服装设计作品大奖赛金奖，作品被收藏于服装服饰博物馆。1997年获第六届全国"金剪奖"大赛银奖。获首届中国服装设计博览会"金榜"设计师称号。1999年，荣获中国时装设计"金顶奖"。

从武学伟身上，人们不能不感受到武学伟对于服装的灵性和痴迷，正是这种灵性给予他在设计上的天赋与才华，而痴迷则促成了其在服装设计上的专注、用功直至成功。

作品赏析

此件服饰的设计风格以深郁的黑色为代表色调。晚礼服的款式独特、富有韵意，特别是那折叠起伏的尾裙让我们联想到高贵典雅的黑玫瑰。服饰的风格简洁而摒弃琐碎，线条流畅而绝少装饰，整体质朴而拒绝奢华，造型清爽而不繁杂。黑色纱质的运用更是锦上添花，传递给人们一种神秘高贵的时尚风格，远远望去带给人一种神秘而古朴

的感觉。不同于其他款式的晚礼服，它的美绝非是因为它有豪华的珠宝装饰和怪异的服装设计，而是带给人一种新颖的时尚气息，带给人一种质朴简约的风格，符合21世纪精神风貌和对流行元素的推崇。蕾丝荷叶边透出模特半露的香肩，层层累加的黑纱裙摆，胸前的装饰一点一点散发若隐若现的幽幽光晕，随着轻移的莲步缓缓而动，更将肌肤衬得犹如凝脂一般，勾勒出完美的曲线。加之长裙下摆处细细的褶皱随着脚步轻轻波动，仿若踏波而来的仙子。

37 黑红镂空裙

设计：武学凯

中国，2007

作品赏析

　　此款服装主要运用了黑色与红色为主色调，黑色与红色象征了情感与理智，同时既奔放热情又神秘含蓄。设计者巧妙地将艳丽轻柔的红色抹胸长裙与黑色吊带的针织镂空衫形成鲜明对比，既有颜色的对比，又有材料的对比。在人体行走中，黑色针织衫呈长方体，与红色抹胸长裙下摆呈圆形而形成几何对比。可以说此款服装运用的对比环环相扣，紧密联系，突出了设计者的巧妙心思。在紧贴身的红色抹胸长裙的外面套有宽松的黑色吊带针织衫，给人以轻松自在的感觉。在黑色与红色之间运用了少量的浅红色，中和了两种单色调，使整套服装色彩丰富和谐，体现了设计者的设计风格注重细节，追求服装的完美。无袖的裙装，露出女性圆润的肩和修长的双臂，使女性散发出迷人的成熟魅力。黑色针织衫有大小不一的镂空，即黑色中有红色，黑色与红色疏密把持得当，同中国线描画的"疏可走马，密不透风"有异曲同工之妙。在颈部佩戴有针织线

圈，花形针织物在线圈上作装饰，突出女性柔美之感，并有数根针织线自然下垂，轻轻摆动，使整套衣服线条流畅，富有动感。整套衣服不需任何首饰就给人以简洁大方、高贵时尚之感，符合了现代人追求时尚而又经济的服饰要求。

参考文献

REFERENCES

[1]（英）克莱尔·威尔科克斯，瓦莱丽·门德斯，希阿娜·巴斯著．王浙，方靖译．世界顶级时尚大师作品典藏——詹尼·范思哲．上海：上海人民美术出版社，2005

[2]（英)克莱尔·威尔科克斯著．谢冬梅，方茜，谢翌暄译．世界顶级时尚大师作品典藏——维维安·维斯特伍德．上海：上海人民美术出版社，2005

[3]吕衣，杨文军．2005－2006秋冬巴黎伦敦高级成衣发布．济南：山东美术出版社，2005

[4]吕中元．日本现代时尚服饰．武汉：湖北美术出版社，2002

[5]陈晓渝等．优雅与浪漫：欧美经典服饰欣赏·制作．重庆：重庆出版社，2000

后记

POSTSCRIPT

《世界经典服装设计》一书以现代时装发展历程为脉络，采用按国别时序分类的编写顺序介绍现代服装设计师、设计事务所及其设计理念和风格，同时对所遴选的佳作，力求进行客观、深入的分析。编写过程中，按照服装流行特点大致以二十年为界，将现代时装设计划分为"现代主义设计诞生时期"、"典雅之风回归时期"等6个时期。作品归类均以其品牌创始年代归属风格时期，故有部分作品实际设计推出时间在本年代区间之外；有少数作品因设计时间不详而未标出。在国别选择上充分考虑到体系的完整性，以传统服装设计强国为主，兼顾其他服装设计艺术价值较高的国家。因作品种类繁多且考虑到造型结构在服装设计中的重要地位，对佳作的遴选和介绍以服装的造型结构为主，制作工艺为辅。

本书主要作为高校服装设计专业师生案例教学用书，带有教学研究性，亦可供广大设计专业人士收藏参考。我们在编撰过程中努力做到以下几点：第一，所遴选的时装作品以普遍认可的佳作为主，做到客观、真实、可靠；第二，对佳作的评价，根据多种途径查看到的原文资料及在学术刊物上发表的各类相关文章，做到有理有据，力求客观、清晰，同时兼顾赏析深度；第三，在行文表述时，尽力做到精准，有条理、层次分明，以求达到详尽而不累赘的效果。

本书在编写过程中，某些图片来源于设计书籍、专业网站，首先对相关作者表示感谢。其次，由于诸多原因，一时无法联系上图片版权所有者，烦请您见到本书后与我们取得联系，我们将按有关规定支付使用费。

由于时间紧迫，加之水平所限，书中难免会有不足之处，敬请广大读者提出宝贵意见。

编者

2009年11月